로게 박사의 위대한 육아조언

Der grosse Erziehungsberater
by Jan—Uwe Rogge

로게 박사의 위대한 육아 조언 ⓒ들녘 2007

초판 1쇄 발행일 2007년 9월 10일
초판 3쇄 발행일 2007년 11월 30일

지은이 얀-우베 로게
옮긴이 추기옥
펴낸이 이정원

책임편집 김상진

펴낸곳 도서출판 들녘
등록일자 1987년 12월 12일
등록번호 10-156
주소 경기도 파주시 교하읍 문발리 출판문화정보산업단지 513-9
전화 마케팅 031-955-7374 편집 031-955-7381
팩시밀리 031-955-7393
홈페이지 www.ddd21.co.kr

값은 뒤표지에 있습니다. 잘못된 책은 구입하신 곳에서 바꿔드립니다.
ISBN 978-89-7527-580-7(03590)

로게 박사의

위대한
육아조언

얀-우베 로게 지음

추기옥 옮김

들녘

contents

1

생각보다 너무 쉬운 육아

아이의 행동은 고유한 개성의 표현

그리스의 사상가 소크라테스는 예수가 탄생하기 400년 전 "오늘날 청소년들은 사치품을 좋아한다"며 "그들은 예의 없고, 권위를 무시하고, 더 이상 노인을 존경하지 않을 뿐더러 일터에서 수다만 떤다. 부모에게 반항하고 선생에게는 폭력을 행사한다"고 썼다.

그로부터 정확히 2,100년 후 영국의 철학자 존 로크는 단호하게 말했다. "나는 자기 아이들을 어떻게 길러야 할지 모르겠다고 고백하며 조언을 구하는 부모들 때문에 지쳤다. 요즘 청소년들이 버릇없다는 것은 공공연한 사실이다. 이 문제를 공개적으로 토론에 부치고 아이들을 선도할 수 있는 좋은 방법을 모색할 때가 된 것 같다."

어린이들과 성장기 청소년들에 대한 회의적이고 비판적이며 비관적인 생각들은 오늘날에도 변함없다. 기성세대는 새로운 세대의 행동양식을 암울하게 생각하는 경향이 있다. 지구의 종말이라도 임박한 것인양 호들갑을 떤다.

▬ 부모들에게 일상의 행복과 완벽한 육아를 약속하는 거창한 제목의 책들도 해마다 쏟아져 나온다. 자녀 양육에 어려움이 많다는 사실을 짐작할 수 있는 대목이다. 아빠나 엄마들이 자녀 양육을 천국행 기차표를 얻는 일쯤으로 생각하는 것이 아닌가 의심스러울 정도다. 물론 아이들을 키우다 보면 비참한 느낌이 들 때도 있고, 의무감에 허덕이는 적이 많으며, 늘 완벽해지려고 노력하기도 한다. 하지만 우리는 보다 행복하고 여유만만하게 아이들을 돌볼 수 있다.

악셀 학케는 『작은 육아 지침서』에서 이 점을 정말 멋있게 표현했다. 전통적인 교육관을 지지하는 그는 글을 통해 난감한 순간에 처한 부모들에게 용기를 준다. 하지만 아이들은 정작 부모가 교육 지침서를 읽거나 세미나에 가서 뭔가 배우려는 의도를 이해하지 못한다. 육아와 관련된 세미나 혹은 강연회에 간다고 말하면 아주 웃기는 일을 하는 것처럼 생각한다. 한술 더 떠 "엄마는 순전히 너 때문에 가는 거야!" 하며 비난이나 경고의 메시지를 풍기면 아이는 더 우습게 여긴다. 강연회에 참가 신청서를 제출하고, 강사의 말 한 마디를 놓칠세라 필기까지 해대는 부모의 행동을 코미디 그 자체라고 생각하는 것이다.

▬ 열한 살짜리 마르쿠스는 이렇게 비아냥거렸다. "우리 엄마는

선생님 강연만 듣고 오면 엄청 달라져요. 선생님이 얘기한 걸 나한 테 전부 시험해 보려고 한다니까요. 하지만 일주일 정도 기다리면 엄마는 다시 옛날로 돌아가는 걸요!" 마르쿠스는 '교육하는 데에는 책이 필요하지만 지혜로워지는 데엔 시간이 필요하다'는 어느 인도 철학자의 말을 단적으로 표현해준 셈이다.

우리는 책에 쓰인 대로 아이들을 교육할 수 없다. 책이 부모를 대신할 수도 없다. 우리는 다만 행동을 통해서 자신의 육아 전략이나 양육 방식이 옳은지 그른지 알 수 있을 뿐이다. 옳고 그름의 결과 역시 아이들이 성장한 뒤에야 알 수 있는 경우가 많다. 할머니나 할아버지가 되면 아이들을 돌볼 수 있는 두 번째 기회를 얻는다. 이때는 보다 너그럽고 여유로운 마음으로 훨씬 자신 있게 아이들을 양육할 수 있다. 무엇이 교육적인가 하는 생각에 별로 얽매이지도 않는다. 하지만 이들 역시 젊었을 때에는 그렇지 못했다.

스위스의 교육학자 마르셀 밀러—빌란트는 실생활에서 서로 조심하고 존중하는 '밝고 명랑한 분위기'가 양육의 전제 조건이라고 말했다. 한 가지 더 갖추어야 할 것은 완벽함을 추구하지 않는 용기다. 그럴 용기만 있으면 부모도 아이들에게 많은 것을 배울 수 있다. 아이들은 불완전하면서도 경이로운 존재다. 그들은 A에서 바로 옆에 있는 B로 가지 않는다. 일단 Z 쪽으로 가다가 M을 발견하면 그리로 방향을 돌린다. 또 M부터 시작해서 W를 배울까 말까 생각하다 아예 포기하고 B로 가기도 한다.

아이들은 지름길보다 우회로를 좋아한다. 빙 돌아가면서 그 지역의 특성을 더 많이 알게 된다. 거기서 오래 산 부모보다 더 많이 알기도 한다. 그들은 자기의 실수를 인정하는 부모를 사랑한다. 자기의 잘못을 확실하게 인식하고 솔직하게 용서를 구하면서 같은 실수를 반복하지 않으려는 부모를 좋아한다. 아이들은 너그럽다. 부모가 두 번, 세 번 똑같은 잘못을 저질러도 용서한다. 아이들은 인내심도 많다. 부모가 언젠가는 잘못을 깨달을 거라고 생각하며 참을성을 발휘한다.

— 아이들은 매사 완벽을 추구하면서 날마다 '최고 교육자 상'을 받고자 하는 엄마 아빠와 마찰을 빚는다. 열두 살짜리 야콥은 이런 편지를 보낸 적이 있다. "『아이들에겐 경계가 필요하다』는 선생님 책은 순 엉터리예요. 우리 아이디어를 낱낱이 적어 놓았잖아요. 이젠 새로운 게 떠오른다 해도 절대 가르쳐주지 않을 거예요. 그러면 우리 엄마는 어떻게 대처해야 좋을지 몰라 쩔쩔맬 걸요! 날 원망하는 대신 선생님을 원망할 거고요. 책에 쓰인 대로 되지 않을 테니까요."

부모들은 이처럼 영리하면서도 혼란스러운 문구의 편지를 쓰지 않는다. 어린이 양육에 관한 내 관점을 칭찬하는 사람도 있지만, "다음에 새 책을 낼 때는 색인을 넣어주세요. 그러면 박사님 책을 잘 활용할 수 있을 것 같아요"라고 제안하는 사람도 있다. 아이를 키우는 일은 처방전대로 되지 않는다. 양육이란 부모와 자녀의 관계, 자녀에 대한 부모의 태도와 깊은 관계가 있다. 부모와 자식 사이의 관계가 견고할 때 양육은 성공적으로 이루어진다.

내가 쓴 책들은 성공을 보장하는 육아 기술을 다루지 않는다.

아이들의 생각을 읽지 못하고, 입장을 이해하지 못하는 육아 기술은 실패할 뿐이다. 그런 책들은 영혼이 없으며 정신적인 균형을 잃은 것들이다.

대중적인 육아 서적이나 지침서 혹은 잡지 등이 육아 상식에 전문적인 많은 도움을 준 것은 사실이다. 요즘 부모들은 어린아이들에 대해 아는 것도 많고, 특정한 갈등이나 문제가 생겼을 때 어떤 태도를 취해야 하는지에 대해서도 잘 알고 있다. 전문가들은 또 문제가 생길 적마다 최상의 해결책을 제시한다. 하지만 그것을 현실에서 적용하기란 쉬운 일이 아니다. 그렇기 때문에 부모들은 열등감을 느끼고 좌절한다. '왜 나는 안 될까?', '왜 나는 저런 아이를 갖게 됐을까?', '내가 뭘 잘못했을까?' 아이가 책에서 읽은 대로 행동하지 않거나 주위 사람들이 아이의 행동에 대해 특이하다는 평가를 내리면 죄책감에 시달리기도 한다. 특히 친구나 친척들이 던진 말 한 마디에 괴로워하면서 모든 책임을 혼자서 지려는 엄마들도 있다.

육아 상식이 깊고 정보가 풍부한 부모들도 많다. 그러나 아동의 발달에 대한 정보 자체가 허점투성이인 경우도 비일비재하다. 바로 이 때문에 문제가 발생하기도 한다. 자녀의 행동이 전적으로 부모의 양육 방식에서 기인한 것은 아니다. 아이의 행동 양식은 발달 단계의 반영이며, 그 아이의 성질과 특성 그리고 개성의 표현이기도 하다.

제각기 다르게 성장하는 아이들을 인정하기

아이들이 백지 상태로 태어난다면 얼마나 좋겠는가. 그렇다면 부모는 그 위에 뭔가를 마음껏 쓸 수 있을 것이다. 결과가 나쁠 경우 내용을 지우거나 수정할 수도 있을 것이다. 그러나 아이들은 빼곡하게 글씨가 적힌 종이 상태로 태어난다. 거기엔 개개인의 특성이 규정되어 있다. 부모는 그런 낱장들을 가지고 인생이라는 책을 엮어나간다. 하지만 그것 역시 처음 몇 년간만 유효할 뿐이다.

부모의 입장에서는 여러 가지 노력을 한다. 그러나 부모와 마찰을 겪지 않고 성장하는 아이는 없다. 또 반항 한 번 하지 않고 자라는 아이도 없다. 아이들의 발달 과정에는 부모가 바라는 것과 그 반대의 것이 늘 포함되기 마련이다. 간섭 받지 않고, 스스로 개척하고, 자기 판단을 따르고자 하는 아이들의 특성이 부모의 욕구와 충돌하기 때문이다. 아이들은 '부모, 자식' 관계를 풀어버리고 해방되고자 한다. 부모가 자식과의 관계를 견고하게 만들려고 노력할수록 아이들은 더 확실히 선을 그으려고 발버둥 친다.

이 책은 우리가 일상생활에서 부딪치는 갈등 상황에 "가장 훌륭하게" 대처하는 법을 다루지 않는다. 그보다 자녀에게 어떤 태도를 취해야 하는가에 중점을 둔다.

#. 아이들의 태도나 행위 하나하나를 두고 양육 방식의 잘잘못을 따질 필요는 없다. 아이의 행동은 발달 단계에 따른 특성일 수도 있다. 물론 부모의 양육 방식이 잘못되었다면 시정해야 한

다. 하지만 아이들이 반드시 거치는 발달 과정에서 나타나는 특징은 부모가 인정해야 한다. 예를 들어 아이들은 반항기와 사춘기를 지나면서 자주성과 독립성을 키워간다. 이 시기에 접어든 아이들은 이유 없이 화내거나 분노를 폭발하는 경향이 있다. 그렇다고 해서 이 시기를 건너뛰게 하거나 억누를 수는 없다. 어린아이들은 반항기를 겪고, 성장하는 청소년들은 반드시 사춘기를 경험한다. 부모가 어떤 반응을 보이든 혹은 포기하든 상관없이 아이들은 그 단계를 거쳐 간다. 양육 기술이 불필요하다는 이야기가 아니다. 양육 기술을 배우면 바람직하지 않은 대립 관계를 예방하고, 부모와 자식 간의 공통점을 발견하고, 보다 우호적인 분위기를 유지해 나갈 수 있다.

#. 아이들은 제가끔 다르게 성장한다. 하지만 아이들은 항상 긍정적으로 발달하며 성장하지 않는다는 사실을 우리는 지나온 과정을 통해 알 수 있다. 아이를 키우는 사람은 전진적 움직임과 정지, 그리고 후퇴를 경험한다. 모든 아이들은 각기 다른 속도를 낸다. 부모가 할 일은 아이가 지닌 고유의 속도를 인정하고 지원하는 것이다. 어떤 아이가 고속철이라면 다른 아이는 달팽이에 비유할 수 있다. 둘 다 자신의 길을 가되 하나는 좀 더 빠르게, 다른 하나는 좀 더 느리게 갈 것이다. 인생의 전반기에는 고속철이 달팽이를 앞지를 것이다. 그러다 중반기에 들어선 두 사람은 어쩌면 디스코텍 앞에서, 만날지도 모른다. 고속철이 달팽이에게 말할 것이다. "드디어 오긴 왔구나!" 그러면 달팽이는 이렇게 대답할 것이다. "포기하지

않고 잘 왔잖아!" 고속철이 웃으며 말할 것이다. "그래, 정말 잘했어!"

\#. 아이들을 있는 그대로 인정해야 한다는 말에 부모들은 고개를 끄덕인다. 하지만 그 말이 막상 본인에게 해당되면 받아들이려 하지 않는다. 인정한다는 말에는 아이들을 서로 비교하지 않는다는 의미도 포함된다. "요하네스, 넌 일곱 살이나 먹었는데도 밤마다 엄마를 찾는구나. 동생은 겨우 네 살인데도 혼자서 잘 자는데 말이야!" 아이들을 비교하는 것은 정당하지 않다. 그들의 특성을 제대로 고려하지 않는 태도다. 비교란 통계적으로 이상적인 평균의 아이에게 통하는 것이다. 하지만 그런 아이는 세상 어디에도 없다. 달력으로 따지는 나이란 생일잔치를 할 때와 의사에게 정기검진을 받을 때 의미가 있을 뿐 아이를 위한 프로그램을 선택하는 데에는 도움이 되지 않는다. 그런 프로그램들은 대개 아이 자신이 아니라 부모의 욕구와 희망을 충족시켜주는 것들이다. 이 아이와 저 아이의 차이는 실로 엄청나다. 예를 들어 같은 일곱 살이라 해도 어떤 아이는 여섯 살짜리 같을 수 있고, 다른 아이는 여덟 살짜리 같을 수 있다. 아이들은 이처럼 같은 연령이라도 세 살까지 차이가 날 수 있다. 이런 다양성은 자연스러운 현상이다.

\#. 부모가 저지르는 흔한 잘못 중 하나는 개인의 내적 차이를 인정하지 않는다는 점이다. 어린이는 발달 단계별로 차이가 난다. 여섯 살짜리 율리아는 말도 잘하고 아는 것도 많다. 하지만 엄마는 "너무 자주 울고, 아기처럼 칭얼거려서 걱정이에

요"라고 말한다. 여덟 살짜리 엘리아스는 체격도 좋고, 동작이 큰 운동은 물론 섬세한 운동까지 잘해내지만, 언어적 표현이 어눌하다. 아이의 아버지는 "보통 여덟 살짜리 수준에 못 미친다"고 말한다. 아홉 살짜리 프레데리크의 엄마는 "얼마 전까지는 아무 문제가 없었어요. 그런데 어느 날 갑자기 어린 애로 돌아갔지 뭐예요. 낮에는 별별 말썽을 다 부리고 밤에는 남편과 제 침대로 기어 들어와요"라고 한탄한다.

아이가 겪는 신체적, 감정적, 인식적, 언어적, 사회적 성숙과 발달 속도가 조화를 이루는 경우는 아주 드물다. 그렇지 못한 경우가 더 흔하다. 아이들은 내적 긴장 상태를 견뎌야 한다. 발달이 더디다고 해서 이를 당장 해결해야 할 장애 혹은 부분적 취약점이라고 생각할 필요는 없다. 부모는 아이 개인의 발달 속도를 고려하여 진지하게 생각해 보고, 발달을 가속화하거나 혹은 늦추고자 하는 의도적인 간섭을 최소화해야 한다.

중요한 것은 아이를 지금 그 모습 그대로 받아들이는 일이다. 자녀의 발달을 교육적 관점에서만 보면 안 된다. 그런 관점에서 자녀를 주시하면 유감스럽게도 대부분 아무런 소득이 없는 교육 프로그램이나 훈련 프로그램에 아이를 밀어 넣게 된다. 물론 부모들이 늘 하는 소리가 있다. "1년 후면 우리 아이가 유치원(초등학교/중학교)에 가야 한다고요!" 그러나 다섯 살이면 다섯 살일 뿐 일곱 살이 아니다. 아이들은 자신만의 속도로 모든 발달 단계를 거치고자 할 뿐 특정 단계에 머물려고 않는다. 그러니 재촉을 받을 이유가 없다.

내가 중요하게 생각하는 것이 하나 더 있다. 부모와 자식 사이의 협력 관계다. 협력 관계란 우정을 뜻하지 않는다. 부모와 자녀는 동급이 아니다. 부모는 인생 경험이 많은 선배이기 때문에 자녀들은 성장하는 과정에서 위기를 겪을 때 그들에게 의지할 수 있다. 그러나 이 같은 앞선 경험들이 아이의 후견인이나 보호자 역할을 하는 데 제대로 쓰이지 못한다면 역효과를 낼 뿐이다. 부모와 아이는 모두 소중하다. 부모는 교사일 뿐 아니라 학생이다. 아이 역시 학생인 동시에 교사다. 때로는 아이들이 더 참을성이 많고, 자발적이며, 감정이 훨씬 풍부하고 더 관대한 경우도 있다. 아이들과 함께 산다는 말은 아이들을 위해 산다는 의미가 아니라 함께 배우며 산다는 뜻이다.

▬ 아이들은 부모가 자신을 지원해주길 바란다. 집착하는 부모를 원하는 게 아니다. 아이들에겐 뿌리가 되어주고 날개를 달아줄 어른이 필요하다. 아이는 뿌리를 통해 존재의 근원에 대해 인식하고, 전통의 의미를 생각한다. 아이는 이를 바탕으로 인생이란 배낭 속에 어떤 규범과 가치를 넣을 것인지, 어떤 것을 포기할 것인지 스스로 결정하고 자신만의 길을 떠난다. 필요한 것은 "잘해라! 넌 할 수 있어"라는 부모의 격려다. 좀 빠르게 길을 찾는 아이도 있을 것이고, 속도가 느린 아이도 있을 것이다. 쉽게 길을 찾는 아이가 있는가 하면 아주 어렵사리 길을 발견하는 아이도 있을 것이다. 그 길은 곧 목표이기도 하다. 아이들은 자신이 걸어 나갔던 넓은 세상에 대해서, 잘못 갔던 길과 빙 돌아갔던 길에 대해서 이야기하고,

다음 여행을 준비하기 위해 잠깐 되돌아올 수도 있다.

탈무드에는 부모가 해야 할 일들이 적혀 있는데, 다섯 번째 계율의 내용은 이렇다. "자녀에게 수영을 가르쳐라." 미국의 교육학자 웨인 도식은 "왜 하필 탈무드는 수영을 가르쳐야 한다고 고집하는가?"라고 묻는다. 그리고 답을 제시한다. "아이에게 수영을 가르치려면 물에 빠지지 않도록 언제까지 받쳐주어야 할지 그리고 언제 놓아주어야 할지 알아야 한다." 아이를 놓는다는 것은 새로운 미래를 위해 두 손을 풀어준다는 의미다. 빈손을 바라보며 과거에 매달린다면 결코 현재에 도달하지 못한다. 하물며 자신의 미래를 개척하기란 더욱 어려운 일이다.

2

순진무구한 젖먹이에서 미운 일곱 살까지

정지, 전진, 후퇴

마리온은 "아이가 순식간에 자라서 학교에 가면 얼마나 좋을까 하는 생각이 들어요"라고 말한다. "사실 아이가 태어난 후에도 여전히 불안하잖아요. 물론 처음에는 아주 기뻤죠. 아이한테 모든 걸 완벽하게 해주고 싶었고요. 그런데 바로 그 때문에 주눅이 드는 거예요. 제대로 해주지 못한다는 자책감 때문에. 당연히 그 기분은 아이한테 옮겨 가고요." 그녀는 깊은 생각에 잠겼다. "딱 한 번만 시계를 되돌릴 수 있으면 좋겠어요. 그럼 좀 더 잘할 수 있을 텐데." 그녀는 웃음을 터트리며 말했다. "좀 더 여유 있게, 좀 더 즐기면서 아이를 키울 수 있을 거 같거든요."

"맞아요." 코넬리아가 맞장구친다. "우리는 아이가 거치는 발달 단계를 함께 지나가잖아요. 아이를 자랑스러워하면서요. 자신에 대해서도 좀 그렇고요. 어떤 때는 아이가 아주 빠르게 성장하는 것 같아요. 한번에 그렇게 많은 걸 할 수 있다는 사실도 아주 놀랍고요. 부담이 될 수도 있을 텐데 어찌 그리 빨리 배우는지 신기할 뿐이죠." 그녀는 잠깐 생각을 가다듬었다. "저도 우리 딸 율리아 덕분에 그렇게 성장했어요. 적응해야 했으니까요. 태어나서 처음 몇 달간은 돌보기 쉬웠는데 점점 힘들어지더라고요. 네 발로 기어다닐 무렵부터는 진짜 힘들었어요. 온종일 발발거리며 어디 한 군데 가만히 있질 못하는 거예요. 게다가 얼마나 날쌘지 아이 뒤만 쫓아다니느라 정신이 없었죠."

"난 아기가 완전한 존재로 세상에 태어난다는 게 정말 놀라웠어요." 베아테가 말한다. "태어난 지 몇 주 만에 보고, 반응하고, 호기심을 갖잖아요. 아니, 며칠밖에 안 됐을 때부터 그래요. 우리 니콜라가 그렇더라고요. 시간이 지날수록 관심이 늘어가고 호기심도 커졌죠. 모든 걸 만지고, 입에 넣고, 뭔지 알아내려고 야단법석을 떨었으니까요."

"야니스가 걷기 시작할 때 말이죠……." 소녀가 말을 이었다. "그 애가 저한테서 떨어져 나간다고 생각했어요. 한편으론 자랑스러웠지만, 고통스럽기도 했어요." 그녀는 이마를 만졌다. "언젠가 아이를 놓아주어야 한다는 걸 염두에 두고 있었는데도 말예요. 그게 단순한 이해 차원의 문제가 아니더라고요. 감정이 섞이니까요."

앙케가 말을 받았다. "나는 다른 문제도 겪었어요. 우리는 왜 종종 아이를 정확하게 관찰하라는 말을 듣잖아요? 게다가 주워듣는 정보랑 충고는 또 얼마나 많아요. 거의 머리가 돌 지경이죠. '이 나이엔 이런 걸 해야 해, 다른 아이들은 이미 하고 있어, 나 같으면 이렇게 하겠어요' 뭐 그런 종류의 은근한 압박과 충고들 말이죠! 정반대 말을 하는 친구들도 있고요. 그러니 방향을 잃고 허우적댈 수밖에요. '소신대로 하라'는 말도 있긴 하지만." 그녀는 한참 망설이다 덧붙였다. "하지만 어느 부모가 아이한테 소홀했다는 비난을 받고 싶겠어요?"

베라가 동조했다. "맞아요. 비난 받고 싶은 사람은 없다고요. 전 늘 저 자신한테 되물어요. '힘닿는 데까지 최선을 다한 거 맞아?' 요나스가 잠자다 깼다거나 마녀 때문에 무섭다고 하면 '애가 왜 그럴까, 혹시 내가 뭘 놓쳤나, 잘못한 건 없었나' 하고 반문하고 의심하게 되더라고요." 그녀는 웃음을 터트렸다. "아이들이 강하게 태어났기에 망정이지 안 그랬다면 우리 부모들은 그저 걱정하고 애만 쓰느라 세월을 다 보냈을 거예요."

세상에 태어나서 학교에 들어가기 전까지의 기간은 다음과 같이 세 단계로 분류할 수 있다.

#. 아이의 성장은 이미 출산 전부터 시작된다. 운동 능력 역시 다른 감각 활동과 마찬가지로 이때 형성된다. 어머니와 자식의 관계는 임신 기간 중 발전을 거듭하다 출산과 더불어 격상된다. 첫 만남의 특징은 강력한 관심이다. 어린아이에게는 어머니의 관심과 사랑, 보호가 필요하다. 태어난 지 몇 주 또는 몇 달밖에 되지 않아 잠만 자는 것 같은 시기에도 아기들은 활동을 하고 반응한다. 젖먹이 역시 나름대로 의사소통을 하며, 호기심을 갖고, 무엇이든 바로 경험하려 든다. 아기가 신호를 보

내면 환경이 반응한다. 때로 아기가 환경에 반응하기도 한다. 아기는 자신을 둘러싼 사람들과 인간관계를 유지하며 그들이 자신을 존중한다고 생각하면 발달한다. 젖먹이는 견고한 울타리를 원하지만, 그것에 얽매이려고 하지는 않는다.

#. 배밀이를 하다 기어가고, 벽을 짚고 두 발로 일어섰다가 혼자 힘으로 걷는 과정을 거치면서 아이는 천천히 자신의 운동 능력을 깨닫는다. 그리고 어머니 혹은 어머니를 대신해서 자신을 돌봐주던 친숙한 사람들로부터 떨어져 나온다. 어린아이는 가까이 있는 세상에 대해 묻고 탐구하는 과정에서 자의식을 획득한다. 또 신체적 능력을 발견하면서 더욱 자율적이고 독립적으로 행동하려고 노력한다. 어린아이는 부모와의 관계에서 경계를 설정하고, 혼자 있고 싶어 하며 스스로 행동하려고 한다. 자신이 아빠와 엄마 그리고 주위 환경에 영향력을 행사하는 존재라는 사실을 깨닫는다. 아이는 주변 환경에 자신의 도장을 찍고 발자국을 남기려 한다. 단순히 학습만 하는 존재가 아니라 일상생활에 영향을 끼치는 위대한 스승으로서 행동하는 것이다.

#. 유치원에 들어가면서부터 성장 단계에 맞는 교육이 시작된다. 아이들은 지적, 정서적, 언어적, 사회적 발달을 경험하면서 자신이 영향력을 행사할 수 있으며 힘을 발휘할 수 있다는 것을 알게 된다. 부모는 아이들이 안정감을 느끼고 과제를 수행해 갈 수 있도록 여건을 조성해 주어야 한다. 그렇다고 해서 발달 과정이 가속화되는 것은 아니다. 어린이는 각자 다른

발달 속도를 지니고 세상에 태어났다. 고유한 속도를 바꾸려 들면 아이들은 궤도에서 벗어나게 된다.

모든 아이들은 이러한 발달 단계를 거치며 개성을 드러낸다. 이는 연속성을 띠는 동시에 균형 잡힌 전진적 발전이다. 엄밀한 의미의 발달이란 전진, 정지 그리고 후퇴가 서로 맞물린 것이다. 따라서 어떤 발달 과정에 머무르거나 주저하면서 앞으로 나아가지 못하는 것 역시 드문 일은 아니다. 어린이가 자신의 능력을 깨닫는 데엔 시간이 필요하다. 이따금 그 전 단계로 후퇴하는 경우도 볼 수 있다. 부모의 요구가 지나치거나, 진도가 너무 많이 나갔거나, 주위 사람들이 자기보다 더 어린아이에게 관심을 많이 쏟는 경우가 그러하다.

친숙한 환경을 만들어줘야 쑥쑥 큰다

동적 발달은 임신 기간 중 시작된다. 아기의 신체는 자궁 안에서부터 단계별로 행동한다. 임신한 지 6주가 되면 팔다리를 움직이고, 3개월이 되면 손가락, 몸통, 머리를 움직인다. 5개월이 되면 팔다리를 활발하게 움직이기 시작한다. 그러다 8, 9개월이 되면 신체의 모든 부분을 움직인다. 아이들이 생후 2년간 보이는 동적 발달은 놀라울 정도다. 신체적 발달과 인지적 발달 간의 상호 작용 역시 주목할 만하다.

신생아는 뇌간에서 조정되는 반사 작용으로 움직이기 시작한다. 가장 중요한 반사작용은 젖을 빠는 행위다. 이를 통해 아기는 생명을 유지할 수 있을 뿐 아니라 보호받을 곳을 찾고 유대관계를 발견한다. 아기는 젖을 빨면서 어머니가 아주 가까운 곳에 있다는 것을 온몸으로 느끼며 하나가 된다. 또 식량도 공급받는다.

생후 6개월이 지나면 아이는 앞으로 나가기 시작한다. 모든 공간을 점령하려고 한다. "작은 병아리 한 마리 혼자서 넓은 세상으로 나가요……"라는 노래처럼 행동한다. 처음 몇 달은 지구의 중력을 이기지 못한다. 그러다가 중력과 맞서 자신의 몸을 꼿꼿하게 세우려고 노력한다. 신생아는 생후 3개월이 되어야 머리를 가누고 배를 땅에 댄 자세로 주위를 둘러볼 수 있다. 하지만 그것에 만족하지 못하고 않고 팔꿈치나 손으로 바닥을 짚은 채 상체를 들어 올린다. 4~9개월에 아기는 자기 몸을 축으로 삼아 엎드리거나 드러누운 상태에서 뒤집기를 시도한다. 좀 더 늦게 시작하는 경우도 있지만 보통 7~10개월이 되면 아기는 배밀이를 하거나 기어 다니기 시작한다. 손과 발 모두를 이용해 걷기도 한다. 그러다 어느 순간 두 발로 걸음마를 시작하고 자유롭게 앉을 수도 있게 된다.

━━ 아이들이 이 같은 단계를 모두 거쳐야 한다고 생각이 든다면 스위스 출신 의사 레미 라고의 조언을 새겨들을 필요가 있다. 어린이들의 행동 발달 방식은 아주 다양하다. 기어다니는 시간이 긴 아이가 있는가 하면 짧은 아기도 있다. 앉은 자세로 엉덩이를 밀면서 움직이는 아기가 있는가 하면 스스로 잘 걸을 때까지 오랫동안 네

발로 기어다니는 아기도 있다. 그러다 한번에 걸음을 내딛는다. 어느 날 갑자기 걷기 시작하는 것이다. 다른 방면의 발달이 좀 지체된다 하더라도 아이는 걸을 수 있다는 사실을 자랑스러워한다. 걷기 시작한 아이들은 모든 공간을 정복한다. 이리저리 뛰어다니는데 만족하지 않고 자신이 습득한 능력을 모든 사람에게 보여주고 싶어 한다. 움직임에 대한 욕구는 아이들마다 다르다. 아이들은 남의 시선을 끌려고 움직이지 않는다. 그렇다고 지나치게 움직이지도 않는다. 그러나 아이가 움직이지 않거나 팔짝거리지 않고 지칠 때까지 걷지 않으면 부모들은 큰일이라도 난양 안절부절못한다. 무작정 겁을 집어먹는다.

내가 부모들에게 강조하고 싶은 것은 다음 세 가지다.

#. 동적 발달은 내재된 법칙을 따르는 성숙의 과정이며, 개인에 따라 다르다. 아이들에겐 제각기 고유한 시간이 필요하다. "늦게 걷기 시작한 아이는 자신감이 부족하다", "아이가 늦게 걸음마를 떼는 건 부모와 유대감이 적기 때문이다" 등의 말은 전혀 근거가 없다. 동적 발달이 진행되는 속도와 다른 발달 사이에는 어떤 상관관계도 없다. 동적인 면에서는 발달이 늦는 아이라 해도 지적, 언어적, 정서적 면에서는 아주 뛰어날 수 있다.

#. 발달 속도를 가속화하려는 연습은 아무 효과가 없다. 스스로 걷지 못하거나 걷지 않으려는 아이에게 그런 목적으로 연습을 시키면 아이는 오히려 두려움과 반항심을 갖게 된다. 친밀

한 관계 형성에 실패하거나 부모나 아이 모두 열등감을 느끼게 된다("하필 이런 아이를 갖게 되었을까?" "내가 이걸 해내지 못하면 엄마, 아빠는 날 사랑하지 않을 거야."). 일정 단계의 동적 능력이 성숙해지면 아이는 그것을 자연스럽게 실행에 옮기려 한다. 그런 과정에서 어른들이 이를 자랑스럽게 여기면 아이의 자존감과 학습 능력은 향상되어 새로운 과제 수행에 대한 동기를 부여받는다.

#. 부모는 여러 가지 면으로 자녀의 동적 발달을 지원할 수 있다. 움직임에 대한 욕구와 호기심을 억누르지 않는 환경을 조성해주면 아이는 새로 습득한 능력을 펼칠 기회를 갖는다. 그 대신 부모는 아이가 위험해지지 않도록 신경을 써야 한다.

라스는 만 세 살 적에 이미 집에서 300m 떨어진 할머니네 집까지 혼자 걸어갈 수 있었다. 그곳으로 가려면 작은 길을 하나 건너야 했는데 횡단보도를 이용할 줄도 알았다. 아이는 오른손을 들고 조심스럽게 길을 건너면서 자신만만한 태도를 잃지 않았다.

라스의 엄마인 피아는 '라스는 할 수 있어! 난 라스를 믿어도 돼!'라고 생각했다. 그러나 친척, 친지, 이웃들은 그녀가 라스에게 충분히 주의를 기울이지 않으며 세상일을 너무 쉽게 생각한다고 비난했다. 그녀는 점점 불안해졌고 속이 상했다.

"전 꿈속에서 온갖 끔찍한 일을 다 겪어요. 라스가 사고 당하는 꿈에 시달리는 거예요. 땀에 흠뻑 젖어 잠을 깨면 제 앞에 무서운 얼굴을 한 재판관이 떠억 버티고 앉아 있는 것 같아요." 피아는 불안해지기 시작했다. 결국 그녀는 라스에게 할머니의 집이나 친구의 집에 혼자 가면 안 된다고 주의를 주었다. 그러나 라스는 엄마 말을 듣지 않았고 늘 하던 대로 했다. 아무 일도 일어나지 않았지만, 라스는 불안에 시달리는 엄마에게 날마다 야단을 맞았고 벌도 점점 무거워졌다. 그래도 라스는 혼자 외출하는 행동을 멈추지 않았다.

라스의 아빠 롤프는 아내가 아이에게 지나치게 관대하다고 비난했다. "이제 내가 손을 써야겠어"라며 만약 라스가 다시 한 번 허락 없이 집을 나서면 방에 가두겠다고 협박했다. 라스는 여러 가지 경험을 통해 아빠가 일관성이 없다는 것을 알고 있었다. 그런 협박이 무서울 리 없었다. 그러나 이번에는 라스의 판단이 틀렸다. 다시 한 번 몰래 집을 빠져나갔다 저녁 식사 시간을 넘겨 집에 도착하자 아빠가 무섭게 말했다. "내일은 네 방문을 잠그겠다. 그럼 다시는 밖으로 나가지 못하겠지." 다음 날 엄마는 그 말을 실행에 옮겼다. 하지만 라스는 창문을 열고 고양이처럼 기어 나가 할머니의 집에 숨었다. 다음 날도 똑같은 일이 반복되었다. 집안 분위기는 날이 갈수록 험악해져 갔다. 라스의 귀에는 어떤 말도 들리지 않았다. 아이는 자기에게 아무 일도 일어나지 않았다고 주장했다.

"그러다 무슨 일이 일어날 수도 있잖아!"

"하지만 한 번도 그런 일이 없었어, 엄마!"

"내일은 집에 있어라!"

"왜 그래야 하는데?"

"제발 엄마 말 좀 들었으면 좋겠다!"

라스가 열 번째로 "왜?"라고 되묻고 방을 나가자 부모의 마음은 갈기갈기 찢어졌다.

"아무래도 우리가 잘못한 것 같아, 여보." 피아가 화제를 돌렸다.

"저 녀석은 지금 제정신이 아니야!" 롤프는 화를 냈다. 한 번 그렇게 말을 내뱉자 다음 말은 더욱 거칠어졌고, 목소리도 날카로워졌다.

"잘 들어. 내일 라스가 다시 집을 빠져나가면, 녀석을 묶어버릴 거야! 누가 이기는지 두고 보라고! 한번 지켜보란 말이야!" 피아는 남편이 그 말을 실행에 옮기지 않도록 설득했으나 효과가 없었다. 다음 날 아침, 롤프는 식탁에서 라스에게 경고했다.

"만약 네가 오늘도 집에서 나가면 내일은 차고에다 너를 묶어놓을 거야. 알겠어?" 라스는 대수롭지 않은 듯 고개를 끄덕였다.

그날 오후 라스는 다시 할머니의 집에 갔다. 그리고 그다음 날 라스는 차고 문에 묶이는 신세가 되었다. 아빠가 6m나 되는 긴 끈으로 꽁꽁 묶어놓은 것이다. 라스는 설마 그런 일이 일어나리라고 꿈에도 생각하지 못한 터라 몹시 당황했다. 매듭을 풀려고 발버둥 쳤으나 소용이 없었다. 라스는 우리에 갇힌 사자처럼 몸을 뒤틀었다. 그래도 빠져나갈 길이 없었다. 라스는 고래고래 소리를 지르기 시작했다. 고함 소리는 점점 날카로워졌고 결국 아빠가 다가왔다. 라스는 아빠에게 통사정했다. "아빠, 날 풀어주면 다시는 밖에 나가지 않을게요." 아빠는 마음이 약해져 끈을 풀어주었다. 그러나 며칠 되지 않아 라스는 다시 혼자서 친구의 집에 놀러 갔다.

아빠는 어찌할 바를 몰랐고, 엄마는 절망했다. 그들은 더 이상 어떻게 해볼 도리가 없었다. 엄마가 말했다. "그대로 둬야겠어. 나는 내 아들을 믿어!" 그녀는 생각했다.

'이제까지 라스에게 아무 일도 일어나지 않았잖아!'

'그런데 만약 그런 일이 생긴다면?'

'그래도 아직까지 아무 일도 일어나지 않았어!'

━━━ 라스의 엄마는 자신이 처한 상황을 가족 세미나에서 소개하고 그사이 만 4세가 된 자신의 아들에게 혼자서 길을 나서도 좋다고 허락해도 좋은지 알고 싶어 했다. "저는 라스가 혼자서 할 수 있다는 걸 알아요. 하지만 제 머릿속에서는 아직 애가 어리다는 말이 들리는 걸요."

"난 할 수 있어요!" 라스가 자신 있게 말했다.

우리는 피아와 라스가 모두 안심할 수 있는 해결책을 찾고자 노력했다. 라스는 목적지에 도달하면 전화를 하고, 항상 똑같은 길을 다니며, 정확한 시간에 집에 도착하기로 약속했다. 라스는 그런 조건들을 받아들였고 약속을 지키겠다고 다짐했다.

그렇게 해서 가족 내 갈등은 완화되었으나 이웃의 경고는 좀처럼 사그라지지 않았다. 불행을 바라기라도 하는 듯했다. 물론 아무 일도 일어나지 않았다. 오히려 라스는 자신감에 넘쳤고, 시간이 갈수록 용감한 아이로 성장했다. 상담 시간에 내가 물었다. "라스, 너한테는 아무 일도 일어나지 않았지, 안 그래?" 라스는 미소 지으며 고개를 끄덕였다.

"난 인디언이었어요!" 아이는 의기양양하게 대꾸하면서 주머니에서 인디언 그림을 한 장 꺼냈다. 아이는 싱긋 웃으며 "제일 친한 친구예요. 항상 가지고 다녀요. 얘가 날 도와주거든요!" 아이는 다시 미소 지으며 그림을 집어넣었다. "얘가 날 돕는다고요!"

내가 이 이야기를 하면 청중은 남녀를 불문하고 많은 반론을 제기한다. 바깥세상은 어린아이 혼자 감당하기에 너무나 위험한 곳인데, 그 사실을 알면서도 혼자 나갈 수 있도록 허락하는 엄마가 잘못됐다는 거였다. 라스의 상황을 일반화하기는 어렵다. 다른 상황에 적용하는 것도 난처한 일이다. 하지만 부모가 결정한 문제 해결 방식은 자녀를 대상으로 행하는 모든 교육적 행위의 방향과 색깔에 영향을 끼친다. 엄마는 라스와의 갈등을 경솔하게 처리하지 않았으며 자신이 관찰한 바를 토대로 결정을 내렸다. 관찰을 통해 그녀는 자신의 아들이 또래 다른 아이들보다 더 믿음이 간다는 느낌을 받았던 것이다.

#. 부모가 아들의 능력보다 다른 사람들의 의견을 더 존중한다는 것을 안 순간부터 라스와 부모의 힘겨루기가 시작됐다. 아이는 부모를 무기력하게 만들고 골려주기 위해 계속 전쟁을 벌였고 부모에게 복수하려 했다.

#. 라스는 자기의 행동에 자신이 있었다. 아이는 자기 존재가 사람들 사이에서 독특한 개성과 특별한 능력, 장점을 갖춘 자율적인 존재로 인정받기를 원했다.

부모가 마침내 라스의 생각을 인정하고 또래 아이들에 비해 훨씬 믿음직스럽다는 것을 받아들이자 아이는 부모에게 협조하면서 건설적인 관계를 맺기로 마음먹었다.

▬ "안 보는 사이에 정말 많이 컸구나!" 할머니 힐데가 9개월 된 손녀 카트린에게 말했다. 지난번에 봤던 카트린은 며느리의 표현대로 아직 "작은 꼬마"에 불과했다.

"박사님도 보시면 알겠지만, 티모는 엄청 빨리 자라요. 크는 게 눈에 보일 정도라니까요. 어쩜 저렇게 빨리 자랄까요? 하루가 다르게 크는 바람에 정신이 없을 정도죠! 전 애를 관찰하는 게 아주 기뻐요. 박사님이 같이 못 보는 게 무척 안타깝네요." 안톤이 자랑스럽게 말했다.

신체 성장은 생후 첫해에 가장 빠르게 진행된다. 생후 5개월 된 젖먹이는 태어날 때 몸무게의 두 배가 되고, 첫돌 때는 세 배가 된다. 생후 석 달 동안 아기는 매달 3~4cm씩 키가 자라지만, 3년째 접어들면 고작 7mm씩밖에 자라지 않는다. 앞에서 지적했듯 동적 발달은 아이마다 차이가 있다. 키나 몸무게도 마찬가지다. 시간이 오래 걸리는 아이가 있는가 하면 무서운 속도로 자라는 아이들도 있다. 아이들을 비교하는 것은 무의한 일이다. 아이의 키가 너무 큰지 혹은 작은지, 체중이 너무 많이 나가는지 아니면 너무 가벼운지 따지는 것 역시 의미가 없다. 중요한 것은 아이가 주 혹은 월 단위로 몸무게가 늘고 키가 자라는가 하는 점이다. 몸무게가 늘고 있다는 것은 아이가 성장하고 있다는 확실한 증거다.

아이는 성장하면서 모습이 변한다. 신체 비율도 변한다. 수정된 지 2개월 된 태아는 전체 키의 절반이 머리지만, 신생아 때는 1/4에 불과하다. 동시에 머리 자체의 비율도 변한다. 신생아는 머리 전체 크기에 비해 얼굴이 작다. 그러나 성장할수록 얼굴이 차지하는 비율이 커진다. 신체나 모양뿐 아니라 내장 기관도 발달한다. 특히 뇌에 가장 중요한 변화가 생긴다. 출생할 때 뇌의 크기는 성인 뇌의 1/3 정도다.

신생아의 감각기관은 출생과 동시에 분화된다. 아기들은 태어날 때 이미 감각을 느낄 수 있는 완전한 체계를 갖추고 있다. 그래서 주위에서 소음이 들리면 그쪽으로 관심을 돌린다. 아기는 특히 엄마를 찾아내고 엄마의 냄새를 구별하는 데 뛰어나다. 또 미각이 아주 예민하다. 물인지 보리차인지 쉽게 구별하고, 단맛이나 짠맛에 각기 다른 반응을 보인다.

이 시기엔 시각적 인지도 가능하다. 신생아는 처음 몇 달 동안 호기심을 유발하거나 움직이는 사물에 관심을 보이며 큰 차이만 인식한다. 그러나 생후 4~5개월이 되면 관심이 분산되고, 대상을 섬세하게 구별할 줄 알게 된다. 익숙한 얼굴을 좋아하고, 낯선 얼굴을 보면 고개를 돌리거나 불안해한다.

청각, 후각, 촉각은 생후 몇 달 동안 신생아에게 절대적으로 중요한 감각이다. 아이들은 이처럼 느낌이 강조된 감각기관을 통해 환경을 인지한다. 이때 부모는 아이가 믿고 의지할 수 있는 친숙한 환경을 조성해주어야 한다. 생후 1년 동안 생긴 환경에 대한 부정적 인식은 어린이가 성장하는 데 오랫동안 악영향을 미친다.

자위행위는 신체감각의 발견이다

일단 "성"이 화제가 되면 우리는 어른의 시각에서 그 문제를 파악하려 든다. 어린아이가 자신의 몸을 인식하는 것은 어른들이 말하는 "성"과 전적으로 차원이 다르다. 아이들에겐 "만짐으로써 느낀다"는 원칙이 통한다. 아이들은 직접 몸을 만져 보면서 몸에 대한 감각을 익혀나간다.

폴커의 딸, 안나는 일곱 살이다. 어느 날 안나는 아빠에게 아기가 어디서 나오느냐고 물었다. 폴커는 그 질문을 받고 기뻤다. 다른 아이들은 진즉부터 그런 질문을 한다는데 왜 자기 딸만 묻지 않을까 궁금하던 터였기 때문이다. '내가 뭘 잘못했나? 우리 부부가 너무 점잖게 행동하고 있나?' 라는 생각이 들어 일부러 그런 주제를 다룬 책을 거실에 놓아둔 적도 있었다. 그러나 안나는 아무런 관심을 보이지 않았다. 아이들은 대개 그 문제에 대해 묻고 부모들은 대답을 해주는 게 보통이었다. 그는 관심을 보이지 않는 딸아이가 오히려 이상했다.

마침내 기회가 온 것이다. 폴커는 안나가 묻는 말에 바로 대답하는 대신 아기가 만들어지는 과정을 설명해주었다. 그는 사랑의 행위 자체에 관해 자세하게 이야기했다. 그런 행위를 통해 얻는 즐거움과 자신의 성기, 엄마의 질에서 느끼는 촉촉함, 사정, 그리고 수정된 난자가 어떻게 자궁에 착상하는지 설명하면서 그는 아이의 수준에 맞는 단어를 쓰려고 애를 썼다.

아빠는 딸이 놀라워하는 데도 아랑곳하지 않고 이야기를 계속했다. 그는 세미나에 참석한 강사처럼 강의를 계속했다. 설명을 보충해줄 두툼한 책도 가져왔다. 엄마의 배가 점점 뚱뚱해지는 건 그 속에 작은 아기가 자라고 있기 때문이며 시간이 지나면 뱃속에 있는 아기가 움직이는 걸 느낄 수 있고, 아기는 9개월이 넘어 이 세상으로 나오는 순간까지 자란다는 것, 좀 빠르게 나오는 아기가 있는가 하면 천천히 나오는 아기도 있다는 설명도 덧붙였다.

"아파요?"

"뭐라고?"

"아기가 만들어질 때 말이에요."

"뭐?"

"아빠 고추가 엄마 몸속에 들어가면 아프냐고요?"

그가 전혀 예상하지 못했던 질문이었다. 이미 출산까지 다 말했는데 딸은 아직 아기를 만드는 단계에 머물러 있었다. "촉촉하다면 아프지 않을 거야……."

"어떻게 촉촉해지는데요?"

폴커는 호르몬과 즐거움, 느낌에 대해 '아이의 수준에 맞춰' 이야기하려고 노력하면서 제법 완벽하게 해냈다고 자신했다. 이야기가 다 끝났다고 생각할 즘 안나가 폭탄선언을 했다. 안나가 똑똑한 목소리로 자기는 나중에 아이를 낳지 않겠다고 선언한 것이다. 모든 과정이 다 아프기 때문이라고 했다. 처음에 촉촉하지 않으면 아플 거고, 아기를 낳을 때도 아플 거라는 이야기였다.

안나의 마음은 확고했다. 아이는 절대 아기를 낳지 않겠다고 했다. 안나는 자리에서 일어나 잠시 아빠의 손을 쓰다듬었다. 그리고 이렇게 말하면서 방으로 들어갔다. "아빠가 이야기한 것은 나쁜 짓이에요. 더 이상 듣고 싶지 않아요!"

아이들은 다양한 동기를 품고 성에 대해 묻는다.

#. 5, 6세 된 아이에게는 알고자 하는 욕구가 중심 동기다. 알고 있는 지식을 총동원해 관찰해 보았지만 뭔가 선명하지 않을 때 아이는 새로운 정보를 요구한다.

#. 자기가 원하는 대답을 듣고 싶을 때다. 그러나 어른들은 종종 아이의 말을 제대로 이해하지 못한다. 아이가 원래 알고자 했던 것이 무엇인지 제대로 파악하지 못하거나 잘못 해석하는 경우가 많다.

#. 어른들이 연령대별 특성과 인지 능력을 이해하지 못하고 사실에만 입각해 이성적으로 대답할 경우 오해가 발생한다. 사실에 입각해서 대답할 것이 아니라 어린이의 상상과 환상을 고려해서 대답해주어야 한다.

부모가 자녀의 질문에 대답할 때 고려해야 할 원칙은 다음과 같다.

1. 우선 질문의 의미를 정확히 파악해야 한다. 어린이들은 대개 추상적이거나 학문적인 것보다는 인간에게 대해 알고 싶어 한다. 그러므로 아이가 성에 대해 물었을 경우에도 학자들처럼 강연하지 말아야 한다. 부모들은 자녀에게 자기가 해박하고 설명 능력이 뛰어나다는 것을 보여주고 싶어 한다. 하지만

부모가 알고 있는 모든 지식을 아이에게 다 알려줄 필요는 없다. 자칫 질문의 의미를 놓칠 수 있고, 아이의 인식 수준 또한 간과할 수 있기 때문이다.

2. 자녀의 나이가 어릴수록 구체적이고, 명확하며, 간결하고 이해하기 쉽게 대답해주어야 한다. 질문의 요지를 왜곡하지 말아야 하고, 질문하는 용기를 높이 사야 한다.

3. 아이들은 용기를 얻으면 다른 질문도 하게 된다. 이런 과정을 반복하면서 아이들은 대화가 이루어지고 있다는 느낌을 받는다. 그러므로 대답할 때는 어린이가 어떤 느낌을 받을지 고려해야 한다.

4. 부모는 자녀의 질문에 대답하면서 "너는 어떻게 생각해?"라고 되물을 수 있다. 아이는 연상과 상상력을 동원해 자기의 의견을 말하고, 부모는 아이의 대답을 들으며 지적·정서적 수준을 가늠할 수 있다. 아이는 자기만의 생각과 상상의 세계에 어른들이 관심을 보여주기를 바란다. 아이가 처한 현재 상황과 연결되지 않은 질문은 모두 지나친 것이다.

5. 성교육은 평생의 과제다. 아동기, 청소년기와 장년기를 거쳐 고령이 될 때까지 파트너에 따라 여러 가지 국면을 맞는다. 아동기와 사춘기는 이후에 전개될 인생에 두고두고 영향을 끼치는 중요한 시점이다. 그러나 성교육은 그 시기에 끝나지 않는다. 부모와 교육자들은 이 사실을 염두에 두어야 한다. 어린이는 작은 어른이 아니다. 그러므로 어린이의 수준에 맞춰 설명하면서 넉넉한 시간을 두고 답변해야 한다. 모든 것을

지금 이 순간에 다 해결하려 들지 말고 여유를 갖되 아이의 경험과 발달 단계에 맞추라는 뜻이다. 여유를 가지면 절박한 생각으로 성교육을 하거나 좋은 결과를 만들어야 한다는 압박감에서 벗어날 수 있다.

자녀의 질문에 어떻게 대응해야 할지 몰라 곤란해지는 경우도 있다. 그런 상황에 처한 부모들이 어떤 시각을 갖는지 몇 가지 예를 통해 살펴보자.

▬ 도로테아는 어려움을 겪고 있었다. 하지만 부모 세미나에 참석해서도 쉽게 문제를 털어놓지 못했다.

"제 아들 베노는 엎드려 있는 걸 좋아해요. 그리고 가끔……." 그녀는 내가 자기 말뜻을 이해했는지 궁금한 듯했다.

"자위행위를 한다는 말이군요." 내가 대신 말했다.

"네." 그녀의 목소리는 낮았고 깨어질 듯 위태로웠다.

"그러고 나면 얼굴은 아주 붉어지고……. 막아 보려고 했지만 도저히 안 돼요." 그녀는 천장을 응시하며 고개를 저었다. 그리고 다시 나를 바라보았다. "어디서 읽었는데, 자위로 인한 자기만족은 성적 학대와 연관이 있대요. 하지만 베노는 성적 학대를 받은 일이 없어요. 정말이에요. 그런 일은 절대 없었어요. 어쩌면 좋죠, 전 이제 지쳤어요."

"전 두려워요." 기젤라가 더듬더듬 운을 뗐다. 여덟 살 먹은 딸 야스민이 늘 자위행위를 한다는 것이다.

"항상?"

"늘 그러진 않지만 눈에 자주 띄어요……." 그녀는 불안해했고 절망에 빠진 것 같았다.

"두려우세요?"

"네. 그런 짓을 하는 건 아이들한테 위험하잖아요."

"야스민이 위험에 빠진 적 있었나요?"

"아니요!" 기젤라는 단호하게 대답했다.

"그럼 누가 그러던가요?"

"사람들이 그래요. 그런데 모르겠어요……. 진짜로." 그녀의 눈에 눈물이 고였다. "전 두려워요. 야스민한테 무슨 일이 생길 것 같아 불안해요."

"도대체 무슨 일 때문에 그러세요?"

마침내 기젤라는 자기가 어렸을 때 얼마나 자주 자위행위를 했는지 털어놓았다. 한번은 친척에게 그 모습을 들켰다. 그 친척은 예전부터 그녀에게 항상 친절하게 대했다. "그날 밤 저는 그 여자 침대로 가야 했어요. 그녀는 저를 유혹했죠. 당시엔 그게 무슨 뜻인지 잘 몰랐어요. 겨우 여섯 살이었거든요. 그런데도 기분이 좋았어요……." 그녀는 울었다. "언젠가부터 그러고 싶지 않았어요. 그런데도 늘 그 친척한테 가야만 했어요. 거부하면 엄마한테 말하겠다고 날 협박했거든요. 그 여자가 이사 갔을 때 얼마나 기뻤는지 몰라요." 그녀는 몸을 떨었다. "그런데 나중에 혼자가 되니까 오히려 그 여자가 그립더라고요." 기젤라는 진지하게 나를 쳐다보았다. "야스민한테 똑같은 일이 생길까 봐 두려워요."

사람들은 보통 자위행위, 수음행위에 대해 부정적으로 이야기한다. 과거에는 성적 자기만족이 체벌을 받거나 시정받아 마땅한, 비뚤어진 성도덕으로 치부되었다. 그러나 오늘날은 이것을 학대의 관점으로 이해한다. 따라서 잦은 자위행위는 성적 학대의 반증이 될 수 있으며, 아이가 타인의 관심을 끌고자 벌이는 행동일 수 있다. 어떤 특정한 순간을 노렸다면 그 동기가 주요한 원인이 될 수도 있다. 어쨌든 자위행위는 아이의 시각에서 볼 때 아주 다양한 의미가 있다.

#. 자위행위는 아이 스스로 자신의 신체를 발견하고 정서적, 성적 발달을 이루는 과정의 일부다. 이런 표현 방식은 눈에 잘 띄지 않지만 부모들이 생각하는 것보다 훨씬 횟수가 잦다. 자위행위는 자신의 신체와 신체의 감각을 발견하는 것과 관계있다. 그뿐 아니라 성인이 되었을 때 성에 중요한 역할을 한다.

#. 신체를 만져 보며 재미를 느끼는 것은 옷과의 마찰, 배를 깔고 누운 자세에서 느끼는 만족에 비하면 작은 만족에 불과하다. 남자 아이들은 성기를 만지거나 부드러운 깔개에 성기를 대었다 떼었다 하는 동작을 리드미컬하게 반복한다. 여자 아이들은 성기를 손으로 만지거나 베개나 헝겊으로 된 인형을 다리 사이에 넣어 점점 기분 좋은 느낌을 받는다.

#. 아이들에게 자위행위는 재미를 의미하며 신체나 정신에 손상을 입히지 않는다. 그러므로 감각이 발달하는 과정에서 일어나는 자위행위에 대한 욕구는 금지할 필요가 없다. 잦은 자위

행위는 '조금 더' 재미를 추구하려는 것이며, 자신의 몸을 놀이에 이용할 수 있다는 가능성을 발견하는 것과 관련이 있다.

#. 아이들은 관찰을 통해 이성의 성기를 발견하고, 서로 성적인 자극을 주기 시작한다. 특히 자기가 하는 행동이 옳은 것인지 그릇된 것인지 판단하기 힘든 어린아이들에게서 많이 나타난다. 관찰은 금지나 제한을 의미하지 않는다. 금지나 제한은 숨기는 행위를 부추길 뿐이며, 그렇게 되면 아이는 건강한 성의식과 신체에 대한 자의식을 형성하기 힘들다.

경계를 정할 때엔 규칙과 의식을 명확히 해야 한다. 성적 놀이는 같은 또래, 동성 사이에서만 이루어져야 한다. 나이가 더 많은 아이와 어린아이, 소년과 소녀 혹은 그 반대의 경우를 허용해서는 안 된다. 또 강제적이어서도 안 되며, 놀이로 인해 어떤 해를 입어서도 안 된다. 예를 들어 어떤 물체를 여아의 질이나 항문 속에 넣어서는 안 된다.

아이들은 아무 때나 성적 욕구를 충족하고 자위행위를 할 수 없다는 것을 배우게 된다. 유치원에서 배변하는 시간이나 할머니가 방문하는 일요일 오후는 적절한 시간이 아니라는 사실을 알게 된다. 교사나 부모는 이때 "안 돼!"라고 금지하는 대신 유치원 한쪽 구석에 앉아 있게 하거나 자기 방에 들어가게 하여 욕구를 뒤로 미루도록 하는 게 좋다. 이처럼 이성적으로 지시를 내려주면 아이는 성적 욕구를 충족하는 대신 다른 상황에 몰입하여 즐거움을 느끼고 충동을 이길 수 있다.

마리온은 여덟 살 먹은 파트리치아의 엄마다. 그녀는 "어떻게 손쓸 방법이 없어요. 우리 앤 날마다 손가락을 빨고 또 빨아요. 엄지손가락이 항상 입속에 들어가 있어요. 그러면 안 된다고 야단치고, '너 꼭 원숭이 같다!' 며 볼 때마다 핀잔을 했죠."

"도움이 좀 됐나요?" 나는 결과를 알고 싶었다.

"아니요." 그녀의 목소리에 아이러니가 묻어났다. "이번에는 미친 듯이 자위행위를 하는 거예요. 예전엔 늘 엄지손가락을 입에 물고 있더니, 이젠 허벅지 사이에 헝겊 인형을 끼고 엎드려 있는 거예요." 그녀는 곰곰이 생각하다 말했다. "차라리 엄지손가락을 빨도록 내버려 둘 걸 그랬어요."

여섯 살짜리 카타리나는 오전마다 반복하는 일이 있다. 유치원에 있는 자기의 책상 앞에 다리를 벌리고 서서 자위행위를 하는 것이다. 아이는 다리 사이에 모서리를 끼고 규칙적으로 부딪치는 일에 몰두하느라 다른 생각을 할 겨를이 없다. 얼굴은 빨갛게 상기되고 눈은 꿈꾸는 것처럼 보인다. 이 순간만큼은 아무 말도 통하지 않는다. 하지만 10분쯤 지나면 카타리나는 제정신으로 돌아와 친구들과 어울려 논다. 친구들은 카타리나의 행동을 이해하지 못한다. 유치원 교사들은 그 사실을 알고 있으나 정상이라고 판단한다.

카타리나의 엄마 율리아는 걱정이 이만저만이 아니었다. 집에서도 비슷한 행동을 하기 때문이다. 아이는 의자 모서리를 도구로 이용했다. 그 때문에 질 입구가 심하게 충혈되었고 통증도 있었지만, 아이는 그 행동을 그만두지 않았다.

"카타리나가 언제 자위행위를 하나요?"

"거의 늘 그래요!"

"정확하게 언제죠?" 내가 캐물었다.

엄마는 곰곰이 생각했다. 그녀는 딸이 자위행위를 하던 상황을 떠올렸다.

"쉬고 싶을 때요."

"그 전엔 무얼 하는데요?"

"그야 애들도 할 일이 많으니까요. 카타리나는 시키는 대로 공부도 잘해요."

"엄마가 너무 많은 걸 요구하는 건 아닌가요?"

"그러니까……, 좀 그렇기는 해요. 하지만 전 아이를 훌륭하게 키우고 싶어요."

자위행위가 아이에게 어떤 의미를 주는지 평가하려면 먼저 일상생활과 하루 일정을 면밀히 검토해야 한다. 대다수 아이들은 스트레스 속에 살고 있고, 꽉 짜인 일정 때문에 시간을 자유롭게 보낼 여유조차 없다. 또 많은 아이들이 부모에게 압력을 느낀다.

아이들은 지속적인 긴장 상태를 이겨낼 수 없다. 부모가 긴장을 늦출 수 있는 기회를 주지 않으면 아이의 몸은 권리를 주장한다. 손가락을 빠는 유아기의 행동으로 되돌아가거나, 부드러운 사랑에 목말라 기저귀를 채워달라고 보챌 수 있고, 자위행위를 할 수도 있다. 우리는 자위행위를 두 가지로 구분할 수 있다.

#. 자신의 몸에 대한 감각을 발달시키고 이해하며 손으로 탐구하고자 하는 것(발달 조건적 자위행위).

#. 신체적으로 느끼는 스트레스를 제거하기 위한 자위행위.

발달 조건적 자위행위는 관심을 돌리거나 승화하여 극복할 수 있는 것이 아니다. 반면 후자는 긴장을 완화하려는 표현으로 이해된다. 그 경우 아이에게 가해지는 스트레스나 과도한 요구를 전반적으로 줄일 수 있는 방법을 모색해야 한다. 또 다양한 방식으로 몸을 느끼게끔 아이와 함께 명상, 요가, 자율 훈련법, 운동 등을 함께하면서 긴장을 완화하는 것도 좋다. 무조건 금지한다고 자위행위를 하는 습관이 고쳐지는 것이 아니다. 그러므로 아이에게 다양한 기회를 제공하고 나이와 상황에 맞춰 긴장을 풀어가게끔 유도하는 것이 좋다.

육아의 기본은 상황에 따른 유연한 대처 능력

마크와 야콥은 갓 일곱 살이 넘은 아이들이다. 둘은 스테파니 선생님에게 성적으로 접근하기 위해 힘겨루기를 하고 있다. 교사의 블라우스를 물어뜯기도 하고, 블라우스를 열려고도 하며, 교사의 양다리 사이에 체육복 꾸러미를 던지기도 한다. 스테파니는 경고도하고, 위협도 해 보았지만 소용없었다. 두 아이에게 한계를 분명하게 그어주었지만, 아이들은 멈추지 않았다. 벌을 준다고 위협해도마찬가지였다. 오히려 강도를 더해갈 따름이었다.

어느 날, 아이들 모두가 스테파니를 중심으로 빙 둘러섰을 때였다. 마크가 갑자기 그녀에게 뛰어들었다. 아이는 발뒤꿈치를 들고 그녀의 가슴을 손으로 조심스럽게 받히더니 갑자기 꽉 깨물었다. 스테파니는 경악했다. 하지만 곧 평온을 되찾았다. 그녀는 반사적으로 마크를 향해 몸을 굽히고는 재빨리 아이를 잡아 안은 후 "쪽" 소리가 나도록 뺨에 뽀뽀했다.

"전 재빨리 대응해야 했어요." 스테파니가 그때를 회상했다.

"그때까지만 해도 제 말은 더 이상 통하지 않는 분위기였어요. 마크가 계속 그런 행동을 했거든요. 마크하고 저는 아무런 문제가 없었어요. 하지만 조치를 취해야만 했어요. 마크는 정말 귀여운 아이에요. 전 그걸 알아요. 물론 다른 아이들과 함께 어울려 놀 때만 그렇죠. 그 애는 강력한 왕초 노릇을 해요. 마크한테 맞서는 아이가 없을 정도죠. 저는 마크한테 제 반응을 분명하게 보여줘야 한다고 생각했어요. '네가 나를 아프게 했다'는 걸 알려주고 싶었죠. 사실 교육적으로 봐도 정상적인 행동은 아니거든요. 저는 그 점을 알고 있었어요. 신기하게 아이는 절 이해했고, 그날부터 평화를 되찾았지요."

그녀는 계속 말을 이었다. "처음엔 멈칫하고 저를 관찰하더군요. 하지만 집에 갈 때는 평소와 다름없이 작별 인사를 했어요." 그다음 날, 마크가 당당하게 다가와 손을 내밀고 미소 지었다.

"또 물려고?"

"아니요, 나한테는 독이 있어요." 아이는 이렇게 말하면서 소매를 걷었다. 팔에 색깔이 화려한 뱀 문신이 있었다. 아무리 보아도 전혀 무서워 보이지 않았다. "보여요? 나는 독이 있다고요. 그래서 이젠 선생님을 물면 안 돼요." 성적으로 과장되게 표현되었던 아이의 접근 방식은 그렇게 끝났다.

이 상황에서 아이들의 성교육 전략과 관련하여 알아두어야 할 것이 하나 있다.

> #. 상담을 해 보면 아이들이 부모나 교사, 아니면 다른 가까운 사람들에게 상해를 입힌 사례가 드물지 않다는 사실을 알게 된다. 그런 사례가 늘고 있는 추세이기도 하다. 그러나 반대의 경우도 있다. 신뢰받는 자기의 신분을 악용하는 부끄러운 어른들도 있다. 이들은 심지어 아이들을 신체적, 성적으로 악용한다. 그러나 여기서 다루고자 하는 것은 그런 이야기가 아니라 어른과 아이의 예측할 수 없는 관계의 다양성이다.

스테파니는 자기 몸을 보호해야 한다고 다짐했다. 한계를 긋고 서로 존중하는 법을 가르쳐야한다고 생각한 것이다. 어린이의 특수성을 이해한다고 해도 양육자가 신체에 손상을 입는다면 당연히 한계를 설정해주어야 한다. 이때 말로 충분하지 않다면 적절한 행동으로 대응하는 것이 중요하다.

> #. 마크가 볼 때 교사의 대응은 지극히 모순적이었다. 아이는 스테파니가 그렇게 반응하리라고 예상하지 못했다. 교사는 마크에게 구체적이고 설득력 있는 행위를 통해 "나는 너한테 공격받았고 그 때문에 마음이 다쳤다"는 것을 보여주었다. 그동

안 두 사람의 감정적 관계가 안정적이었기 때문에 마크는 그녀의 교육적 간섭을 수용할 수 있었다. 마크는 스테파니를 좋아했고, 스테파니도 마크의 태도를 수용했다. 그녀는 마크를 웃음거리로 만들지 않았고, 대신 딱 한 번, 그가 불편해할 상황을 연출했다. 어린이는 말이 아니라 경험에서 배운다.

#. 아이들은 사람과의 관계 속에서 성장한다. 이러한 관계는 자신의 정체성과 나아갈 방향 그리고 금지사항 등을 설정하는 데 중요하다. 아동기의 발달은 청소년기에 영향을 미친다. 어린이들의 내적 현실은 신화, 판타지, 상징물, 이야기 등에 잘 나타난다. 마크의 행동 역시 현실적이기는 하지만 마술과 같은 방식을 드러낸다. 마크가 남을 괴롭히는 행동이나 힘겨루기의 이유에 대해 의식하지 못하는 것은 당연하다. 아이는 단지 행위의 결과인 승리만을 볼 뿐이다. 또 그런 문제에 대해 이야기하고 토론할 수 있는 능력을 갖추지 못했으므로 교사역시 이야기나 토론을 하는 대신 행동으로 보여준 것이다. 그후 마크는 해결책을 찾아냈다. 요술처럼 멋진 방법이었다. 스스로 뱀으로 변신하여 두 사람을 모두 보호하려 든 것이다. 뱀은 '난 독이 있어! 난 이제 그만 할 거야'라는 뜻으로 보호차원의 상징이기도 하고 한편으로 자기를 방어하기 위한 표현이기도 하다. 즉 "선생님이 나한테 다시 뽀뽀를 하면 이번에는 내가 선생님을 깨물 거예요!"

아이들이 종종 괴물, 위험한 동물, 유령 등을 입에 올리는 것은 꿍

장히 구체적인 의미를 지닌다. 그런 상징들은 아이들을 두려움에 빠트리는 동시에 두려움을 이기게 한다. 독 있는 뱀은 위험하고 사람들은 뱀을 두려워한다. 따라서 거리를 두는 것이 바람직하다. 누군가 독을 가진 뱀이라면, 만약 그런 역할을 한다면 그는 강한 자로서 스스로를 보호하고 자신의 주장을 관철할 수 있다. 이런 상징은 규칙을 지키라는 경고로 약속을 준수할 것을 상기시켜 준다.

마술과 상징은 아이가 내적 현실을 정립하는 데 큰 역할을 한다. 놀이와 마찬가지로 내적 갈등을 극복하는 도구로 사용된다. 아이들은 두려움과 불안을 상징적인 방식으로 표현한다. 상징물에 자신의 두려움을 묶어두어 이를 극복하고, 두려움과 불안의 세계에서 탈출한다.

말썽이 생겼을 때는 문제를 해결하기 위한 관점에서 구체적인 행동 방식을 찾으려고 노력해야 한다. "마크는 왜 그렇게 행동했을까?"라고 원인을 찾기보다는 말썽이 난 행동에 관계되는 사람들 모두가 수용할 수 있고 지속적으로 영향을 미칠 수 있는 방법을 찾는 것이 더 중요하다. 갈등과 힘겨루기를 건설적으로 해결할 수 있는 방법을 찾는다면 한쪽에게 패배감을 안겨주지 않을 것이다.

━━ 여섯 살 반인 안젤라가 아빠 침대로 갔다. 아빠 모리츠는 잠이 깨긴 했지만 여전히 침대에 누워 있었다. 안젤라는 아빠 옆으로 파고들었다. 고양이처럼 가르랑거리며 아빠의 머리카락을 쓰다듬었다.

"아빠, 같이 놀아요" 하고 안젤라가 말했다.

"지금은 안 돼!"

"그래도 놀아요." 안젤라가 보챘다. 모리츠는 딸의 부탁을 들어주기로 했다.

"그럼 장난감을 이리 가져오렴. 맘에 드는 걸로 가져와도 돼."

"싫어! 여기서 놀래!"

모리츠는 의아한 눈초리로 딸을 바라보았다. "무슨 말이니?"

안젤라가 아빠의 손을 잡았다. "아빠가 엄마랑 같이 노는 것처럼 말이야!" 안젤라의 요구는 거의 명령조였다.

"내가 엄마랑 뭘 했는데?" 그가 재빨리 물었다.

"엄마가 이불 속에 누우면 아빠가 손으로 했잖아."

안젤라는 아빠가 싫다고 하는데도 아빠의 손을 잡고 자기 배를 세게 눌렀다. "아빠가 이렇게 했잖아요. 그럼 엄마는 눈을 감고." 안젤라가 눈을 감았다. "엄마가 아빠한테 이렇게 말하던 걸. '모리츠, 나랑 같이 하자······. 당신의 요술 손으로' 그렇게 하면 되잖아."

안젤라는 엄마를 따라 하고 있었다. 모리츠는 불편했다. 이런 저런 생각으로 머릿속이 복잡해졌다. "아빠! 나한테도 마술을 부려줘요. 제발!" 그는 깜짝 놀라서 정신을 잃을 뻔했다.

"안젤라, 너 왜 그래? 나쁜 꿈이라도 꿨니?"

안젤라는 아빠의 태도를 무시하고 당당하게 말했다. "얼마 전, 엄마가 늦게 집에 온 날 있었잖아요. 아빠가 내 침대 옆에서 나한테 뽀뽀해줬어요. 엄마는 들어와서 나를 쓰다듬어줬고. 그때 나는 아직 잠들지 않았어요. 그런데 엄마가 아빠한테 '모리츠, 이리

와요' 하고 말했어요. 그리고 내 방에서 나갔잖아요. 나한테 뽀뽀를 딱 한 번만 해주고. 그래서 난 엄마한테 뽀뽀를 한 번 더 해주려고 침대에서 일어났어요. 안방으로 갔는데 아무도 없는 거예요. 어디 밖으로 나간 줄 알았어요. 그런데 엄마, 아빠가 거실에 있었어요. 엄마는 의자에 앉아 있고 아빠는 그 앞에 있었고." 아이가 말을 더듬었다. "아빠가 손으로 마술을 부렸잖아요. 볼 수는 없었지만, 엄마가 계속 그렇게 말했어요."

모리츠는 그 상황을 똑똑히 기억하고 있었다. "그런 경험은 요즘 들어 처음이었어요." 그는 부모 세미나에서 털어놓았다. "아무것도 들리지 않았고 보이지도 않았죠. 정상이잖아요?" 나는 고개를 끄덕였다.

안젤라는 물러설 생각이 없었다. "아빠, 어떻게 마술을 부린 거예요?"

"어떻게든 대응해야 했어요." 그가 말했다. "다행히 안젤라가 그 상황을 다 이해하지 못했다는 것을 알았지요. 물론 아이의 상상을 깨고 싶은 마음도 없었고요. 그때 갑자기 좋은 생각이 떠올랐어요."

"가서 마술 인형들을 가지고 와. 우리 마술 연극 하자."

"와, 신난다!" 안젤라는 얼른 일어나 밖으로 나갔다. 잠시 후 아이는 아빠가 자기를 재울 때 쓰는 마술 인형들을 가지고 왔다. 안젤라는 비키니 수영복을 입고 있었다. 아이는 아빠의 곁에 앉아 자기 배꼽을 쓰다듬으며 말했다. "자, 무대는 나의 배입니다. 이제 무대가 열렸습니다."

안젤라가 인형을 가리키며 말했다. "미라콜리가 마술을 부려 내 배꼽을 없앨 수 있을까?"

"어디 한번 해 보자." 둘이 낄낄거리며 마술놀이를 하고 있는데 엄마 에바가 들어왔다. "뭐 하는 거야?"

"아빠가 엄마한테 마술 걸었던 것처럼 우리도 마술 걸고 있는 거예요."

에바는 깜짝 놀랐다. 순간적으로 어린이 성적 학대에 대한 보도 사례들이 떠올랐다. 모리츠는 아내의 생각을 읽고 미소 지으며 고개를 저었다. "아니야, 안젤라. 엄마랑 했던 마술이랑 달라. 이건 너를 위한 거야!"

안젤라가 아빠를 보았다. "맞아요!"

■■■ 성에 대해 아이들이 던지는 질문 가운데는 대답하기 곤란한 것도 있다. 부담스러운 질문도 많다. 모든 질문에 정확하게 대답해야 한다고 생각하기 때문에 더욱 난처해지는 경우도 있다. 또 아이들은 예상을 초월한 질문을 해서 어른들을 불안과 무력감에 빠트리기도 한다. 그러나 모두 정상이다. 어린이에게는 사람이 필요하다. 그러나 교육학으로 무장한 로봇 같은 전문가가 아니라 보통 사람이다. 아이를 키우며 다양한 일상의 상황과 질문에 접할 때마다 어떤 때는 현실적이고 도덕적으로, 또 어떤 때는 마술이나 놀이처럼, 또 어떤 경우에는 직관으로 대처할 수 있는 유연한 능력과 해결책을 찾도록 하자.

육체와 정신의 총체적인 문제, 오줌싸기

플로리안은 여덟 살이다. 대담하고 개방적이며 다방면에 관심이 많지만, 조금 허약하고 밤에 이따금 지도를 그린다. 신체적으로 문제가 있는 것은 아니지만 아이는 실수한 것을 부끄러워하고, 지도를 그리고 난 뒤에는 스스로 바지를 갈아입고 침대 커버도 갈아 끼운다. 부모는 별의별 방법을 다 써 보았다. 모르는 척 눈감아주기도 하고, 아이를 붙잡고 설득하기도 했다. 바지가 축축해지면 어떤 느낌이 드냐고 물어도 봤지만, 아이는 이렇게 대답할 뿐이다. "나는 실수할 때마다 선장이 되는 꿈을 꿔요. 폭풍을 만나요. 아주 높은 파도가 일고요. 그러면 오줌을 싸고 추워져요. 깨 보면 바지가 젖어 있고요."

"그런 꿈이 시작되면 제발 좀 일어나." 부모가 해줄 수 있는 충고란 이것이 전부였다. 플로리안은 잠드는 게 무서워졌다. "꿈꾸지 않을래요. 이젠 꿈꾸는 게 무서워요. 꿈만 꾸면 오줌을 싸는 걸요." 마침내 플로리안의 부모는 나에게 도움을 요청했다. 나는 플로리안이 유치원에 다닐 때부터 알고 있었다. 점심을 먹고 나서 우리는 푹신한 의자에 기분 좋게 앉았다. 플로리안은 꿈 이야기를 들려주었다. 꿈속의 배가 어떻게 생겼는지 구체적으로 설명했다. 그 배는 커다란 유조선이었다. 아이는 선장에 대해서도 이야기해주었다. 선장은 통솔력이 강하고 힘이 넘쳤으며, 늘 다른 사람을 도우려는 젊은이였다. 나이가 많지 않은데도 다른 사람을 먼저 배려하고 부하들을 능수능란하게 부렸다.

나 역시 오랫동안 항해했던 경험이 있었다. 나는 플로리안에게 몇 가지 전문적인 것을 물었다. 아이는 깜짝 놀랐다. "아저씨도 그 배를 알아요?"

"그럼, 알다마다. 선장 친구들도 많은 걸. 그중에는 벼룩 선장도 있어. 벼룩처럼 불쑥불쑥 나타난다고 붙여준 이름이지. 그 벼룩 아저씨가 대형 유조선의 선장이었어. 함부르크에서 아프리카까지 식수를 날랐지."

플로리안은 귀를 쫑긋 세웠다. "사람들이 목마를까 봐요?" 나는 고개를 끄덕였다.

"벼룩 선장은 한 방울의 물도 흘리지 말라는 임무를 받았어. 몇 방울일지라도 사람들한텐 아주 중요하니까."

플로리안은 이야기에 푹 빠져 의자 위로 뻗었던 다리를 딱 붙이고 앉았다.

"북해를 지날 때였어. 벼룩 선장은 아주 따뜻하게 옷을 입고 있었지."

"당연하지요. 거기는 춥잖아요." 플로리안은 아는 체를 했다.

"운하를 통과하는데 갑자기 커다란 폭풍이 불고 있다는 연락을 받았어. 곧 큰 폭풍을 만났지. 빌딩처럼 높은 파도가 몰아쳤어. 유조선은 널을 뛰듯 흔들렸지. 배의 중간까지 바닷물이 차올랐어. 그러더니 마침내 밸브까지 잠기게 됐지. 벼룩 선장은 흥분해서 갑판 이리저리 뛰어다니며 소리쳤어. '밸브 쪽으로 가라!' 그는 폭풍우보다 더 큰 소리로 외쳤지. '단단히 잠가라! 꼭 잠가!' 그러다가 지친 목소리로 외쳤어. '절대로 밸브를 열어선 안 된다!' 선원들은 구명조끼를 입고 로프로 몸을 단단히 묶었어. 그리고 밸브를 하나하나 조사했단다. 선원 세 명이 힘을 합해 주 밸브를 막았어. 벼룩 선장은 지휘대 갑판에 서서 '더 단단히, 청년들이여, 더 단단히!' 하고 혼신의 힘을 다해 외쳤지."

플로리안은 입술을 꼭 다물고 다리를 꽉 붙인 채 내 이야기를 듣고 있었다. "그들은 해낼 수 있어요!" 아이는 이야기에 취해 숨을 헐떡거리며 말했다. "해낼 수 있어. 난 알아요. 그들은 해낼 수 있어요!"

"배가 기우뚱하며 요동쳤어. 경험 많은 벼룩 선장도 그런 폭풍우와 파도는 겪어본 적이 없었어. 그래서 밸브를 조사하고 아직 단단하게 붙어 있다는 걸 알았지. 밸브는 안전했어. 그는 기뻐하며 사장한테 전화했지. '해냈어요. 나 벼룩 선장은 물 한 방울 흘리지 않았다고요.' 그러다 어느 순간 벼룩 선장의 배는 고요한 수면 위로 미끄러져 들어갔어. 햇살도 더 따뜻해졌지. 벼룩 선장은 며칠 만에 두꺼운 옷을 벗어 던지고 여름옷을 걸쳤단다. 그는 항해를 계속했고 마침내 아프리카 항구로 들어가게 되었어. 물 한방울 흘리지 않고 아프리카까지 무사히 온 벼룩 선장에게 사람들은 뜨거운 박수를 보냈지."

"너무 너무 재미있어요." 다음 날도, 그다음 날도 플로리안은 계속 그 이야기를 해달라고 졸랐다. 나는 그 이야기를 다시 해주었고, 플로리안은 처음 들을 때처럼 이야기에 빠져들었다. 처음 이야기를 들었을 때와 다름없이 상상력을 잃지 않았다.

━━ 그러다 한동안 플로리안을 못 보게 되었다. 유치원 교사는 플로리안이 "이제 벼룩 선장 꿈을 꿀 시간이에요"라며 낮잠을 잔다고 했다. 밤에도 수면 장애가 줄었다고 했다. 한 달 뒤 나는 유치원에서 엄마와 함께 있는 플로리안을 만났다. 나는 벼룩 선장 이야기가 플로리안에게 어떤 영향을 미쳤는지 알고 싶었다. 플로리안은 그 이야기를 들은 이후 잠자리에서 오줌을 한 번도 싸지 않았다고 했다.

"플로리안, 어떻게 그 일을 해냈어?"

"벼룩 꿈을 꿨어요. 유조선도요. 그런데 제 꿈속의 선원들은 항상 뱃멀미를 해요. 막 토해요. 그래서 제가 밸브 쪽으로 가서 잠 갔어요. '좀 더 단단하게, 좀 더. 아주 단단하게' 하고 외쳤죠." 아이의 얼굴에 미소가 번졌다. "한번은 잠잘 때 손에 아기 곰을 가지고 있었는데요, 밸브인 줄 알고 목을 비틀었다니까요."

플로리안은 벼룩 선장의 이야기를 통해 의미를 파악하고 문제 해결 단계에 이르렀다. 결국 아이는 꿈속에서 스스로 결론을 내렸다. 꿈에 그리던 행복한 결말이었다. 어린이들의 불가사의한 발달 단계 원칙들을 진지하게 수용한 결과다. 아이들은 자신의 에너지로 사물을 변화시키는 창조자들이다.

그러나 모든 오줌싸개들을 마술로 치료할 수는 없다. 그 원인과 배경이 아주 다양하기 때문이다. 사람들은 성급하게도 그런 아이들을 모조리 오줌싸개라고 부르지만, '오줌싸개'라 하여 다 같은 '오줌싸개'는 아니다.

#. 야뇨증은 주로 낮잠을 자는 동안이나 취침 시간에 발생한다. 소아과 전문의인 알렉산더 폰 곤타르트는 5세 어린이들 중 20~25%가 여기에 속한다고 한다. 잠자리에서 이불을 적시는 것은 장애가 아니라 위생 개념을 확립해가는 과정의 단계이다. 아이마다 다르게 나타나고, 일정하지 않으며, 때로 지속적이다. 놀이를 할 때나 친구와 싸울 때 화장실 가는 것을 잊어버리는 경우라면 오줌싸개라고 볼 수 없다. 성숙해가는 과정은 아이마다 다른 속도로 진행되고, 외부 요인은 오직 제한적으로 영향을 끼친다. 위생 관념을 습득하는 진행 속도와 과정은 생물학적 요인에 훨씬 더 많은 영향을 받는다. 위생 교육을 일찍 시작한 아이라고 해서 다른 아이들보다 먼저 자기 몸의 위생을 챙기는 것은 아니라고 한다. 용변 관리의 경우도 마찬가지다.

#. 야뇨증은 1차적 오줌싸개나 2차적 오줌싸개와 구별되어야 한다. 1차적 오줌싸개는 아직 기저귀를 떼지 않은 상태를 말하고, 2차적 오줌싸개란 기저귀를 떼었는데도 일정 시간이 지나면 다시 오줌을 싸는 현상을 이른다.

#. 아이가 6세가 넘은 경우 다른 의학적 원인이 없는데도 이부자리를 적시는 일을 반복하거나 본인의 의지와 상관없이 밤에 실례를 하면 일단 장애로 본다. 이때 횟수가 중요한 기준이 된다. 8세 이하의 어린이는 월 2회, 8세 이상은 월 1회를 기준으로 삼는다. 그리고 오줌을 싸는 일이 적어도 3개월 이상 계속되어야 하며, 의도적으로 싼 것이 아니어야 한다. 6세

까지는 오줌을 싸서 옷 적시는 일을 정상적인 성숙해가는 과
정의 단계로 본다.

아이 스스로 화장실을 찾아가 방광을 비워내는 단계에 이르려면
복잡한 정신적, 신체적 과정을 거쳐야 한다.

소변이 방광에 모이면 압력이 증가한다. 만 1~2세 사이의 아
이들은 그것을 인식한다. 아이들은 그런 위기의 순간을 "엄마, 쉬!"
라는 말로 표현한다. 3~5세의 어린이는 의식적으로 배뇨를 통제할
수 있다. 참고 미룰 수도 있고, 자발적으로 소변을 볼 수 있다.

방광이 꽉 찼다는 신호를 받으면 아이는 화장실에 도착할 때
까지 괄약근을 조이고 있어야 한다. 하지만 이것은 말하기는 쉬워도
실제 행동으로 옮기기에는 어려운 과제다. 일상생활에서 받는 수많
은 자극 가운데 특별히 "오줌이 꽉 찼다"는 신호를 구분해내야 하기
때문이다. 놀이에 빠져 있는 아이에게는 다른 신호가 더 중요하고
재미있다. 그래서 종종 그런 신호가 와도 억누르거나 무시한다.

▬ 화장실에서는 옷을 벗고 방광을 열었다 닫아야 한다. 그리고
다시 옷을 입고 손을 닦아야 한다. 또 한 가지 어른들이 잊지 말아
야 할 것이 있다. 유치원이나 학교에 있는 화장실은 아이들이 "볼
일"을 보기에 그렇게 편한 장소가 아니라는 점이다. 그래서 일부
아이들은 그곳에서 볼일—때로는 대변까지도—을 보기보다는 차
라리 참으려 하고, 이 때문에 가끔 실수하는 일이 발생한다. 최근에
는 야뇨증을 부모의 과도한 양육 방식이나 너무 이른 조기 위생 교

육 등 정신적인 요인과 관련지어 생각하기도 한다. 하지만 정신적인 측면에서 원인을 찾기 전에 아이의 몸에 문제가 있는 건 아닌지 혹은 아이가 신체적인 생리현상에 즉시 대응하지 않고 게으름을 피우는 것은 아닌지 살펴볼 필요가 있다.

방광이 차면 화장실에 가야겠다는 생각에 잠이 깨기 마련이다. 하지만 자다가 오줌을 싸는 아이들은 이런 준비가 되어 있지 않다. 낮에는 아무 문제없이 소변을 보면서 밤마다 실수하는 아이들은 대개 잠에서 깨어나지 못하는 경우가 많다. 오줌 생산량은 많은데 남보다 잠을 더 깊이 자기 때문에 극심한 부조화를 겪는 것이다. 밤에 오줌을 싸는 아이들은 발달이 늦다고 볼 수 있다. 그러나 이런 아이들도 보통 9세 정도가 되면 '방광이 꽉 찼다'는 것을 인식하고, 잠자리에서 일어나 화장실로 간다.

아직 오줌싸개에 관련된 유전자는 발견되지 않았다. 그러나 다른 문제가 없는데도 야뇨증이 지속되는 경우 유전적 요인이 중요한 것으로 드러났다. 이러한 아이들 가운데 50% 이상이 배뇨 문제에 어려움을 겪었던 친척을 두고 있는 것으로 조사됐다.

━━ 일곱 살짜리 파트리크는 용변을 잘 가리던 아이였다. 그런데 몇 달 전부터 다시 오줌을 싸기 시작했다. 파트리크의 동생 마누엘은 이제 네 살인데, 몸이 많이 아프다. 그래서 부모는 늘 동생 때문에 전전긍긍한다. 파트리크는 평상시에 대단히 '합리적인' 아이이며, 부모의 말도 잘 듣는다고 한다. 부모는 "우린 그 애가 일부러 그런다고 생각했어요. 그런데 증상이 점점 심해져요. 밤낮을 구별

하지 않게 되었거든요."

여섯 살 요한나는 1년 전 도시에서 농촌 마을로 이사 왔다. 아이는 친한 친구들과 헤어져 새 유치원에서 낯선 아이들과 지내야 했다. 요한나는 이사 온 지 반년 뒤부터 다시 오줌을 싸기 시작했다. 뿐만 아니라 철없이 말하고, 행동했고, 어리광을 떨었다.

미카엘라의 경우도 비슷하다. 일곱 살짜리 미카엘라는 여동생인 야니나가 15개월이 될 때까지 용변을 잘 가렸다. 그랬던 아이가 최근 들어 오줌을 싸면서 다시 기저귀를 차겠다고 칭얼거린다.

2차적 오줌싸개는 용변을 가린 지 6개월 이상 된 아이에게 해당된다. 이처럼 퇴행적인 행동을 유발하는 원인은 다양하다. 동생의 출생, 이사, 학교 입학, 가족 구성원의 사망이나 부모의 이혼 등이 가장 큰 원인으로 지목된다.

하지만 의사 알렉산더 폰 곤타르트는 그런 외적 요인들이 커다란 영향을 끼친다고 진단했다. 2차적 오줌싸개의 경우도 정신적인 문제에 영향을 받는다. 문제가 있는 아이들은 오줌 싸는 행동을 통해 자기가 느끼는 정신적 부담에 반응한다. 그러므로 2차적 오줌싸개들은 먼저 문제를 발생시킨 요인을 찾아 치료해주어야 한다.

#. 나는 파트리크의 부모에게 세 사람만 함께하는 의식을 가지라고 권유했다. 파트리크에게 이야기책을 읽어주거나 함께 몸을 부딪치며 노는 시간을 가져 보라는 것이었다. 병약한 어린 동생 때문에 걱정이 많지만, 부모는 절대 파트리크를 잊은 적이 없으며 많이 사랑한다는 사실을 보여줄 필요가 있었다.

#. 요한나는 급작스러운 이사 때문에 전에 다니던 유치원 친구들과 작별 인사조차 나눌 기회를 갖지 못했다. 그래서 새로 옮긴 유치원을 받아들이지 못했다. 아이는 "이방인" 느낌을 받았고, 누구와도 친해지지 못했다. 요한나는 익숙한 환경에 작별을 고하는 의식을 치르고 나서 새로운 환경을 받아들였다.

#. 미카엘라 역시 혼자만의 의식을 갖게 되었다. 유치원이 끝나는 시간이면 엄마는 늘 동생을 데리고 함께 왔다. 하지만 이제부터는 이틀에 한 번 동생을 다른 사람에게 맡기고 엄마 혼자만 오기로 했다. 그러고 나서 미카엘라는 엄마가 자기만의 사람이라는 느낌을 갖게 되었다.

위의 어린이들은 성격과 정신 상태에 따라 약간 차이가 있었지만 모두 오줌 싸기를 멈췄다. 요한나는 6주가 걸렸고, 파트리크는 2주, 미카엘라는 8주가 걸렸다. 미카엘라는 새로 시작한 의식을 믿는 데 시간이 좀 더 많이 걸렸다.

1차적 오줌싸개는 아이가 용변을 가리기 시작한 지 6개월 이상 넘어가지 않은 경우를 말한다. 물론 여기에도 여러 가지 원인이 있다.

#. 압박감을 느끼지만 장애가 있는 경우다. 이런 아이들은 주로 갑자기 압박감을 느낀다. 그 경우 곧장 화장실로 뛰어가거나 참아야 한다. 그래서 오후에 몸이 피곤해져 있거나 집중력이 떨어져 있을 때 흔히 일을 저지른다.

#. 화장실에 가기를 미루는 경우다. 이런 아이들은 화장실을 잘 가지 않고 용변을 누려는 욕구를 참는다. 아주 긴 시간 동안 화장실에 가기를 미룬다. 그러나 이같이 미루는 현상은 다른 행동 영역에서도 곧잘 찾아볼 수 있다. 물건을 뒤죽박죽으로 만들고, 거부하고, 부모에게 반항한다. 그래서 다툼이 잦다.

#. 신체 기관의 부조화에 기인하는 경우다. 주로 요도와 방광, 괄약근의 기능이 서로 조화를 이루지 못해 발생한다. 아이가 소변을 보기 시작할 때 힘을 주면 두 근육이 서로 조이기 때문에 계속해서 오줌이 흘러나온다.

신체 기관의 부조화로 장애가 발생한다면 가장 먼저 의사와 상담해야 한다. 특별한 훈련 프로그램을 통해 배뇨 감각의 장애를 극복한 아이들도 많다. 즉 배뇨의 욕구를 감지하는 즉시 화장실로 가는 훈련이다. 이런 프로그램 역시 가정이나 정신과 의사와 논의를 거친 후 실행에 옮겨야 한다.

부모들은 자녀가 오줌을 싼다고 해도 신체 기관에 문제가 있지 않는 한 병이 아니라는 사실을 인지해야 한다. 유전적 요인과 관련하여 아이가 조금 늦게 성장하고 있을 따름이다. 이런 상황에서 오줌 싸는 것을 문제시하면 정말 문제를 만드는 꼴이 된다. 부모들이 자신에게 지워진 부담감을 아이에게 전가하여 1차적 증상이 있는 아이나 야뇨증세가 있는 아이를 2차적 증상을 보이는 아이로 문제를 확대시킬 뿐이다.

이때 아이는 압력을 감지하는 동시에 부모의 실망과 불안을 느낀다. 아이들이 오줌을 싸는 이유는 신장, 방광, 요도 괄약근에만 원인이 있는 것이 아니라 아이의 총체적인 문제라는 사실을 명심하라. 그러므로 무조건 정신의학 전문가에게 데리고 가거나 약물을 투여하는 대신 의사의 진단을 받아야 한다. 먼저 몸에 이상이 생긴 것인지 아닌지 밝혀야 하기 때문이다.

용변관리에 관한 조언

세 살 반 먹은 니나는 "왕관(아기 변기)"에 앉아 용변을 보고 있다. 부모는 그 옆에서 잔뜩 기대에 부풀어 어린 딸이 "일" 보는 것을 지켜보고 있다.

아빠는 딸의 곁에 쪼그리고 앉아 '이렇게 하는 거야' 하며 본보기를 보인다. 덕분에 얼굴이 빨갛게 상기되었다. 하지만 니나는 자기의 엉덩이에서 금덩어리라도 나오는양 흥분하는 부모가 신기할 따름이다. 아이는 마침내 변기에다 첫 번째 작품을 떨어뜨렸다. 부모가 환성을 지르며 칭찬하자 니나는 따라 웃었다.

그러나 엄마 아빠가 왜 그렇게 흥분하는지, 자신이 만든 작품이 정말 대단한 것인지 이해하기 전에 아이들 대부분은 뜻밖의 상황에 부딪히게 된다. 부모가 찬탄해 마지않았던 그것을 커다란 백색 변기 안에 쏟아넣더니 단추를 눌러 사라지게 만든 것이다. 아이는 자기의 작품을 칭찬하던 부모가 왜 그렇게 행동하는지 이해하지 못한다. 두려움을 느끼고, 충격적으로 받아들이기도 한다. 또 커다란 변기가 자기의 작품을 어두운 구멍 속으로 요란하게 빨아들인다 믿고 거기 앉는 것 자체를 두려워하기도 한다.

하지만 아이는 시간이 지날수록 욕구를 미룰 줄 알게 된다. 또 하고 싶거나 재미있는 일이 있어도 즉시 해서는 안 된다는 것을 깨닫게 되고, 뭔가 다른 방법으로 원하는 바를 대체할 수 있다는 사실도 알게 된다. 괄약근을 가지고 장난치는 게 재미있다는 것도 알아챈다. 용변 시간이나 과정을 늘이고 줄이면서 이를 부모에 대항하는 도구로 활용할 줄도 알게 된다. 정확하게 일을 봐서 인정을 받거나 시간을 맞추지 않아 실망을 안겨주는 것이다.

아이들 가운데는 적시에 일을 보지 못하고 바지에 변을 묻히는 경우도 있다. 4~9세에 이르는 아이들 중 6세 어린이의 3%, 8~9세 어린이의 2%가 여기 속한다. 또 남자 어린이들이 여자 어린이들보다 서너 배 더 많다. 대변을 보는 행위는 세 가지로 나눌 수 있다.

#. 스스로 대변보기를 통제할 수 있다. 이런 경우 아이는 적당한 장소에서 대변을 본다.
#. 아이가 대변보기를 완전히 익히지 못했다.
#. 아이가 대변을 참는다. 직장이 확대되고 변은 딱딱해져 변비 증세가 온다. 장이 막히고 변이 녹아 속옷이나 침대에 묻게 된다.

하지만 '똥 싸기' 보다는 '오줌 싸기' 가 더 흔하다. '똥 싸기' 는 오줌을 싸는 경우와 달리 전혀 예기치 못했던 장소에서 그것도 낮에 주로 발생한다. 대변보는 일에 영향을 미치는 요인에는 위장 질환이나 변비통 같은 신체적 문제도 있지만 역시 개인의 환경이 중요하다.

━━ 만 5세 반 된 미르코는 이미 용변을 가릴 줄 안다. 그런데 얼마 전부터 유치원 곳곳에 일을 보고 있다. '향기 나는 그것'이 발견된 장소는 대부분 유치원 정원이었다. 미르코는 압박이 심한 환경에서 생활하고 있다. 그 때문에 독립적이지 못하고, 사람을 잘 믿지 못한다. 미르코의 아빠는 지난 15개월 동안 여러 번 집을 나갔다. 아이는 부모의 갈등을 피부로 느끼며 괴로워했지만, 정작 아빠와 엄마는 미르코를 '자기편'으로 만들기에만 혈안이 되어 있었다.

9세짜리 팀은 요즘 학교 화장실 대신 다른 사람의 눈에 띄지 않는 풀숲에서 '큰일'을 보았다. 며칠 연달아 학교 복도에서 일을 본 적도 있었지만 아무도 팀을 의심하지 않았다. 어느 날 점심시간, 체육관에서 '큰일'을 보던 아이를 다른 사람이 발견했다. 덕분에 그동안 발생했던 사건들이 모두 팀의 짓이었음이 밝혀졌다. 팀은 과보호하는 엄마와 권위적이고 권력 지향적인 아빠와 함께 산다. 부모는 아이를 교육하는 데 매사 의견 일치를 보지 못하고 서로 자기의 생각만 고집하며 다투기 일쑤다. 엄마는 우유부단하고 일관성이 없고, 아빠는 엄격한 데다 양보심이라곤 눈곱만큼도 없다. 팀은 엄마와 아빠 사이에서 상처를 받았다. 아이는 부모 중 누구도 의지할 수 없다고 느꼈고 결국 어찌해야 좋을지 모르겠다는 신호로 사방 천지에 '냄새를 풍기' 게 된 것이다. 정신적 요인 때문에 발생하는 2차적 '변보기' 는 다음과 같은 원인이 있을 수 있다.

#. 아이는 주변 사람과 갈등이 생기거나 불분명한 생활환경에 처하면 자신에 대한 통제력을 상실한다. 아이는 이런 상황에 절망감을 느끼며 변보기를 통해 도와달라는 신호를 보낸다. 열 살짜리 랄프는 "난 엄마가 무슨 일이냐고 물을 때까지 계속 변기에 앉아 있어요"라고 했다. 랄프의 부모는 서로 헤어지기로 마음먹었지만 아직 아들에게 말을 꺼내지 못하고 있었다.

#. 일관성 없는 양육 방식은 아이에게 상처를 준다. 아이들은 어느 쪽을 따라야 할지 몰라 고민하다가 변보는 행위로 갈등을 표현한다.

#. 부모가 너무 일찍 또는 아이의 상황을 전혀 고려하지 않고 용변 훈련을 시키면 아이는 변보기로 복수를 한다. 용변을 제대로 가리지 못한다고 벌을 받으면 아이는 이런 식으로 저항한다.

용변 처리에 문제가 생기면 어떤 경우든 정신과 전문의나 심리상담사와의 먼저 상담하는 게 좋다.

#. 변비일 경우에는 섬유질이 풍부한 음식을 섭취하고 규칙적인 생활을 하도록 하며 정기적으로 화장실에 가는 습관을 들여

야 한다. 주스나 말린 과일은 변을 부드럽게 한다.

\#. 환경에 원인이 있는 경우 소아 전문상담사나 가족 상담사와 상담해야 한다. 변보기 방식을 통해 아이가 도와달라고 요청하는 신호를 진지하게 받아들여야 한다. 만일 이를 간과한다면 훨씬 더 심각한 행동들(거짓말, 훔치기, 파괴, 방화)로 표출될 수 있기 때문이다.

방광과 장을 의식적으로 통제할 수 있다는 것은 아이가 중요한 발달 과정의 하나를 이루었다는 뜻이다. 아이는 자기의 몸을 다루는 법을 배워가면서 서서히 어른들에게서 독립한다. 발달 과정의 아이에게 과도한 요구를 하면 아이는 오줌을 싸거나 변보기 행위를 통해 부모와 힘겨루기를 한다. 물론 승리는 대개 아이의 몫이다.

용변 관리는 단계적으로 이루어진다. 우선 장을 통제하기 시작하여 야간 배뇨 통제가 이루어지고 마지막으로 주간 배뇨 통제 능력을 얻게 된다. 이러한 발달은 성숙 과정에 따라 이루어지나 개인차가 심하므로 조기에 강도 높은 훈련을 시킨다 해서 발달 속도가 달라지는 것은 아니다.

언어능력 키우려면 감각과 행동을 먼저 발달시켜라

태아는 임신 2개월부터 외부 소음을 인지한다. 가장 좋은 예가 엄마의 심장 소리다. 태아는 양수를 마시며 나중에 소리를 만드는 데 꼭 필요한 입 근육을 움직인다. 소리를 내려면 턱, 혀, 잇몸, 입술, 호흡 등의 조건을 고루 갖추어야 한다. 말을 배우는 데에도 여러 감각이 필요하다.

아기는 처음에 구별하기 어려운 소리를 낸다. 그 소리에 부모가 반응을 하면서 최초의 대화가 성립된다. 생후 6~8개월에 이르러 아기는 옹알이를 한다. 그리고 모국어와 유사한 소리를 만들기 시작한다.

생후 10~12개월에 아기는 입술을 움직여 처음으로 단어를 만든다. 아기들은 "엄마", "맘마" 등 쉽고 뜻이 분명한 소리부터 합성해내기 시작한다. 아이의 입장에서는 한 단어가 많은 의미를 지니고 있다. 예를 들어 "멍멍"은 "저기 멍멍이가 있다"라는 뜻이다. 혹은 "멍멍이를 만져 보고 싶다"거나 "멍멍이에게 가고 싶다"는 의미일 수도 있다. 이 시기의 아이들은 다른 사람의 말을 잘 흉내 낸다. 아이가 어른의 말을 따라 하는 모습이 우스꽝스러울 수 있지만, 그러한 행동을 통해 언어 습득 능력은 촉진된다.

아이는 처음으로 단어를 말한 뒤 약 반년이 지나면 두 단어를 쓰게 된다. "맘마 먹어!", "멍멍 봐!", "엄마, 물!"과 같은 말은 한 단어를 말할 때와 마찬가지로 여러 의미를 지닌다. 어른은 아이의 행동을 정확하게 관찰하거나 진지하게 말을 들으면서 상황에 따라 아이의 의중을 감지하게 된다. 함께 놀면서 눈높이를 맞추다 보면 아이가 전달하고자 하는 의미를 깨닫게 된다.

어휘력은 만 2세가 될 때까지 개인차를 보이며 천천히 발전했다가 그 뒤 급속하게 성장한다. 만 3세 이후의 어린이는 자기만의 독특한 언어 구사 능력을 발휘하기도 하고, 자신만 아는 개념을 부여하며 물건을 소유하기도 한다. 동사의 시제를 맞추거나 조사를 사용하거나 혹은 문장을 만드는 등의 문법 능력은 18개월부터 생성되기 시작해서 만 3세가 되면 문장을 법칙과 순서에 맞게 쓸 수 있게 된다.

━━ 언어는 감각과 행동을 통해서 발현된다. 이는 또한 의미를 파악하는 데도 중요한 역할을 한다. 아이는 어떤 물건을 만질 때 촉각 외에도 시각, 후각, 미각 등을 함께 느낀다. 여러 감각기관의 느낌을 종합적으로 연결하여 말을 배우는 것이다. 사과와 오렌지, 두 과일은 각각 둥글고 표면이 매끄럽고 서로 다른 맛이 나는 주스를 만든다. 그러나 시각적으로 생각하면 모양과 색깔이 서로 다르다. 또 사과에는 꼭지가 달려 있지만, 오렌지에는 없다. 사과를 베어 물면 "아삭" 하는 소리가 나지만, 껍질을 벗기지 않은 오렌지에서는 그런 소리가 나지 않는다.

생후 1년이 되어갈 무렵, 아이는 상황을 접하면서 언어를 습득한다. 상황을 더 명확히 구분하게 될수록 언어에 대한 이해력도 배가된다. 또한 언어에 대한 멜로디와 리듬 감각이 더해진다. 아빠와 엄마가 같은 공간에 있을 때 엄마가 웃음 띤 목소리로 아이를 바라보며 "아빠는 어디 있지?" 하고 물으면 아이는 질문을 인식하고 반응한다. 덩달아 웃으며 손을 들어 아빠를 가리킨다.

하지만 주의해야 할 점이 있다. 여기 예로 든 나이는 대략적인 것으로 언어 습득은 아이마다 편차가 크다는 점이다. 아이들의 성장 속도는 저마다 다르다. 차이가 엄청날 수 있다는 뜻이다. 그러므로 부모는 절대 자녀를 다른 아이들과 비교해서는 안 된다. 자녀에 대해 그릇된 판단을 내릴 수 있을 뿐더러 부모, 아이 모두 압박에 시달리게 되기 때문이다. 부모는 자녀에게 "좀 똑똑히 말해라!", "그렇게 빨리 말하지 마!", "무슨 말인지 하나도 모르겠다"고 말하며 대화와 의사소통의 채널을 막고, 이에 위축된 아이는 나중에 아예 대화 자체를 거부하게 된다.

▬ 언어와 언어 습득 능력은 여러 감각기관과 관계가 있다. 그래서 언어장애가 있는 아이들은 대개 다른 감각기관에도 장애가 있는 경우가 많다. 언어 습득과 언어 구사는 대단히 복잡한 과정으로 쉽게 장애를 입기도 하고, 지연되기도 한다. 이런 현상은 특히 부모가 자녀의 성장 속도와 반응을 무시한 채 일찍부터 너무 많은 것을 기대할 때 심해진다. 부모는 언어장애나 언어 발달 장애에 관련하여 다음 사항을 점검해 보아야 한다.

#. 6개월 정도 된 아기가 더 이상 옹알이를 하지 않는다면 아기의 청각 능력을 정확하게 검사해 보아야 한다.

#. 10~18개월의 아기가 부모의 요구를 이해하지 못하고 늘 똑같은 음절만 되풀이한다면 부모는 아기를 잘 관찰해야 한다. 아기가 의미가 통하는 단어를 10개 이하로 알고 있는 경우 역시 그렇다.

#. 2~3세인데도 제대로 발음하지 못하고 문장을 구성하지 못하

는 아이가 있다. 의미 없는 소리를 낼 뿐 여러 단어로 이루어진 문장을 만들 수 없을 때는 이를 경고의 신호로 받아들여야 한다. 장애나 지연이 5세까지 이어진다면 일단 의심해 보는 게 좋다. 5세 정도 되면 자유자재로 언어를 구사할 수 있기 때문이다.

　#. 언어 구사 능력의 퇴보와 같은 언어 발달 장애와 일반 장애를 구분하는 것 역시 중요하다.

장애는 다음과 같이 네 가지로 구분할 수 있다.

　#. 언어에 대한 이해가 부족한 경우. 단어와 문장의 의미를 모르므로 아이는 상황을 보고 판단한다.
　#. 어눌하거나 잘못된 발음. 예를 들어 혀 짧은 소리, 말을 더듬거나 소리를 잘 못 내거나 아예 못 내는 경우.
　#. 사용할 수 있는 어휘가 제한된 경우.
　#. 문법에 문제가 있는 경우. 아이가 단어나 문장의 일부를 말하지 않거나 동사를 제대로 사용하지 못하고 복수의 개념을 잘 모르는 경우.

아이가 위의 네 가지 항목에 걸쳐 어려움을 겪는다면 언어 발달 장애가 있다고 본다. 이런 경우 광범위하고 근본적인 검사가 필요하다. 정서, 사회성, 인식 발달뿐 아니라 감각기관의 발달에 대한 총체적인 검사가 필요하다. 이와 달리 일부분(발음, 문법 또는 어휘)에서만 문제가 드러나면 발달 지연이다.

4~6세에는 발달 과정 가운데 정체기도 생성된다. "말더듬 증"은 생후 5세경에 발생하기 쉽다. 단어를 반복하거나 똑같은 말을 반복하며 발음을 길게 끌기도 하고 말하는 도중에 쉬기도 한다. 아이들의 언어장애는 다음의 네 가지로 나누어 볼 수 있다.

#. 첫째, 신체 조직에 문제가 있는 경우다. 예를 들어 출산 시 또는 질병으로 인한 신경계의 손상, 언어 구사 기관의 기형 그리고 난청 등의 청각 장애가 그 예이다.

#. 둘째, 유전적으로 언어 구사 능력이 약한 경우다.

#. 셋째, 심리적 요인으로 언어 장애가 발생하는 경우다. 아이에게 가해지는 압력, 일관성 없는 양육 방식 그리고 부모와 아이가 겪는 삶의 위기 등은 아이의 언어에 흔적을 남긴다. 아이의 언어에는 당사자의 일상생활이 반영되어 있다. 언어를 구사하는 태도와 언어 이해를 통해 아이들은 행복과 불행을 표현한다.

#. 넷째, 사회·문화적 요인이다. 예를 들어 가족 간에 거의 말을 하지 않거나 서로 뜻을 전달하고 유대를 맺는 기회가 부족한 경우, 그리고 텔레비전이나 컴퓨터가 의사소통을 대신하는 경우다. 그 반대의 경우도 아이가 언어를 구사하는 태도에 문제를 일으킬 수 있다. 만약 부모가 끊임없이 수다를 떤다면 아이는 언어적으로 압력을 느껴 말을 더듬게 된다.

우선 언어 발달 장애와 발달 지연을 구분해야 한다. 또 언어장애가 단독으로 나타났는지 아니면 유전적 요인이나 가족력 때문인지 검사해야 한다. 그러나 이는 심리적 또는 사회·문화적인 것에 원인이 있는 지극히 일반적인 발달 위기의 표현일 수 있다. 이 경우 광범위한 진단을 통해서만 장애가 있는지 판단할 수 있다. 표면적인 위로나 호들갑을 떠는 것 역시 아무런 도움이 되지 않는다.

언어장애를 진단하려면 수많은 절차를 거쳐야 한다. 청각과 언어 기관의 검사를 시작으로 청각 테스트, 시각 능력 검사를 통한 중앙의 청각 처리 검사, 뇌의 처리 능력 검사, 그리고 다른 신경계통의 검사에 이르기까지 그 범위가 다양하다.

전문의나 심리치료사의 검사를 통해 장애나 지연 판정을 받은 아이에게는 다양한 방법의 지원이 필요하다. 일반 유치원에서 언어 구사 촉진 조처를 받거나 특수 유치원에서 언어장애 치료를 받을 수 있다.

일반적인 위기 때문에 장애나 지연이 발생한 경우라면 전문 치료사나 교육 전문가에게서 포괄적이고 적절한 조치를 받아야 한다. 이때 언어 하나에만 초점을 맞춰서는 안 된다. 대인관계 장애가 언어장애를 초래하는 경우가 드물지 않으므로 부모 역시 치료와 상담에 참여해야 한다. 그렇지 않으면 부모가 양육의 책임을 다른 사람에게 전가할 수 있다. 부모가 양육에서 발을 뺄수록 아이들은 친밀한 관계를 형성하지 못해 제멋대로 행동하고, 방향을 잃게 된다. 언어장애 때문에 부모나 가족에게 놀림을 받거나 무시를 당하는 경우에도 같은 결과를 낳는다. 그러므로 부모는 언어 치료나 심리 치

료 과정을 긍정적으로 받아들이고 아이를 지원해주면서 치료 과정
에 동참하는 게 중요하다. 여기 몇 가지 주의할 원칙이 있다.

#. 모든 아이는 고유한 속도로 언어를 배우고 이해한다. 그러므
로 자녀를 다른 아이와 비교하는 식의 말을 하지 말아야 한
다. 더구나 '왜 내가 이런 아이를 낳았을까?', '내가 무엇을
잘못했지?' 라고 생각한다면 아이는 압력을 느끼고 부모에게
반항심을 품게 된다.

#. 언어를 이해하고 말하는 데 문제가 있다면 우선 조용한 곳에
서 아이의 말을 듣고 얼굴 표정이나 제스처로 아이에게 대꾸
하는 것이 좋다. 웃으며 고개를 끄덕이는 것도 좋고, 이해한
단어나 문장 일부분을 반복해주는 방법도 좋다. "아! 너는 지
금 사과에 대해 이야기하고 있구나." 혹은 이해한 것을 질문
형식으로 되물어도 좋다. "그래, 사과로 무엇을 하고 싶니?"
그러면 아이는 자연스럽게 대답하게 될 것이다.

#. 어휘, 문법, 발음에서 이상이 있다면 무조건 교정하는 것보다
잘된 부분을 강화하는 방식이 더욱 중요하다. 자동차에 관심
이 있는 아이가 그것을 이야기 대상으로 삼는다고 하자. "저
기 차가 많아!"라고 말하면 어른은 아이의 말을 맞장구치며
"그래, 저기 차들이 많이 있네. 그리고 그 뒤에 트럭도 있는
걸!"이라고 말할 수 있다. 또는 아이가 "얀이 날 때렸어"라고
말한다면 "얀이 너를 때렸어? 왜 그런 일이 일어났어?"라고
대답할 수 있다. "그것 봐. 너도 이제 잘할 수 있어"와 같은 평

가는 언어 발달 장애가 있는 아이가 정확하게 표현을 하거나 문법을 정확하게 사용했을 때 칭찬을 퍼붓는 것과 마찬가지로 피해야 할 사항이다.

#. 부모가 항상 아이의 말을 되받을 필요는 없다. 특히 친척들이 있는 자리에서는 더욱 그렇다. "할아버지 앞에서 한번 더 해봐라!" 같은 표현은 피해야 한다. 그런 경우 아이들은 사람들이 자신을 주목하고 있는 상황을 의식하고 격렬하게 반응하거나 거부하게 된다.

#. 아이들은 부모를 따라 언어를 구사하게 된다. 부모가 아이와 대화를 많이 하고 상황을 설명하려고 노력할수록 아이는 언어의 의미와 가치를 쉽게 깨닫는다. 단어 선택, 문장 구성, 문장의 길이는 아이의 언어와 지능 발달 수준에 적합해야 한다.

알렉산더는 태어날 때 다른 아기들과 마찬가지로 우렁차게 첫울음을 터뜨렸다. 아이는 배가 고프거나 지루하면 큰 소리를 내서 알렸고, 옹알이를 하고 중얼거리면서 소리를 만들어냈다. 또 엄마의 목소리가 들리는 쪽으로 고개를 돌렸다.

하지만 태어나서 6개월쯤 지났을 때부터 입 밖으로 나오는 소리가 줄어들더니 이후 거의 소리를 내지 않았다. 첫 번째 생일 케이크에 촛불을 켤 때도 아이는 거의 똑같은 음절만 반복했다. 또래 아이들이 처음으로 다른 사람이 이해할 수 있는 말을 하기 시작했을 때도 알렉산더는 무슨 뜻인지 알 수 없는 소리만 웅얼거렸다. 알렉산더의 아빠와 할아버지는 말문이 늦게 열린 터라 별로 이상하게 생각하지 않았다. 알렉산더를 청각 전문의에게 데려가는 대신 가족은 '할아버지랑 아빠가 말이 늦더니 애도 그러네' 하는 정도로만 생각했다.

그사이 알렉산더는 세 살 반이 되었다. 하지만 여전히 기초적인 단어 몇 개만 정확하게 구사할 뿐이었다. "응", "아니!", "아빠!", "엄마!" 등이었다. 엄마는 아이의 말을 이해시키려고 통역사역할을 했다. 다행히 알렉산더는 친구가 많았고, 새 친구도 쉽게 사귀었다. 아이는 말 대신 얼굴 표정과 제스처로 자신의 의사를 전달했다.

알렉산더 집안의 주치의가 이 문제를 조심스럽게 언급했지만, 아빠는 "사내 녀석들은 원래 말이 느려요" 혹은 "때가 되면 하겠지요"라고 말할 따름이었다. 알렉산더가 유치원에 들어갈 나이가 되자 부모는 드디어 "말이 트일 때"가 왔다고 좋아했다. 다행스럽게도 유치원에는 경험 많은 교사가 있었다. 그는 알렉산더에게언어 발달 지연이 나타나고 있으며, 대근육 운동과 소근육 운동에도 문제가 있음을 발견했다. 알렉산더는 보통 아주 큰 소리로 이야기했고, 작은 소리만 나도 쉽게 주위가 산만해지곤 했다. 교사는우선 청각 장애를 의심했다.

"그 말은 충격이었어요." 엄마가 말했다. "그나마 다행이었지요. 너무 늦기 전에 밝혀졌으니까요." 아빠가 거들었다. 가족은 언어장애와 청각 장애 전문 치료기관을 찾았다. 첫 번째 검사에서 언어장애가 있을 뿐 아니라 섬세한 근육을 사용하는 데 장애가 있는사실이 밝혀졌다. 청각 전문의는 가벼운 난청으로 진단을 내렸다.

알렉산더가 다섯 살 때의 일이다.

알렉산더는 일주일에 한 번 감각 통합 치료와 언어 치료를 받고 부모와 함께 별도로 하는 상담에 참여했다. 아이가 느끼는 압력을 제거하는 동시에 부모에게서도 오랫동안 아들을 방치했다는 죄책감을 덜어주기 위한 조치였다. 부모는 언어 치료만 전문으로 하는 유치원에 알렉산더를 보낼까 잠시 고민했지만 결국 다니던 유치원을 택했다. 아들이 친구를 잃어 고립될까 봐 걱정했기 때문이다. 하지만 아이가 유치원을 옮겼더라면 전문 교사가 적절하게 언어 치료를 해주었을 것이다.

치료를 시작한 지 얼마 되지 않아 시각과 청각이 많이 개선되었다는 결과가 나왔다. 알렉산더는 자존심을 회복했다. 부모 역시 '왜 우리가 진즉 손을 쓰지 않았을까?'라고 후회하면서 아들을 더욱 소중하게 여겼다.

그사이 알렉산더는 아홉 살이 되었다. 감각 통합 치료와 언어 치료는 오래전에 끝났다. 아이는 또래 아이들과 비슷하게 발음하고 어휘를 구사하고 문법에 맞는 말을 하게 되었다. "말수가 적긴 해도 알렉산더가 마침내 해냈답니다." 엄마가 말했다.

관심 받고 싶어서 생기는 언어 퇴행 현상

언어 발달은 계속 진행되는 과정이다. 언제든 문제가 생길 수 있고, 정지될 수 있으며, 후퇴할 수도 있다. 말을 하고 언어를 습득하는 데는 정신적 요인이 큰 역할을 한다. 그러므로 언어장애나 발달 지연이 발생했다는 것은 부모와 아이 사이가 멀어지고 긴장이 생겼다는 반증인 경우가 많다.

다섯 살 반짜리 요하네스는 또래에 비해 영리하고, 감정이 풍부하며, 운동과 언어능력이 발달한 편이다. 부모와 교사는 아이를 "햇살"이라고 불렀다. 어느 날, 아이가 평소와 다르게 징징거리더니 소파 한쪽에 앉아 낮고 불분명한 목소리로 중얼거렸다. 그러더니 아기처럼 말을 했다. 유창한 말솜씨를 뽐내던 아이가 겨우 단 두 단어로 된 말밖에 하지 않았다. 빵을 먹을 거냐고 물으면 "그거 할래!"라고 대답했고, 우유가 먹고 싶으면 들릴 듯 말 듯한 목소리로 "요하네스, 우유 먹어!"라고 했으며, 집 안에서 기르는 고양이를 보고는 "고야"라고 불렀다. 부모가 말 좀 똑바로 하라고 부탁하면 "안 돼!"라고 대답했다.

부모는 처음에 요하네스의 이상한 행동을 어리광으로 생각했다. 그러나 일주일이 넘자 아빠의 표현대로 "참을성의 끈"이 끊어졌다. 부모는 아들이 말할 때마다 잘못된 부분을 짚고 넘어갔고, 때론 윽박질렀다. 아이가 감자튀김을 가리키며 "감!"이라고 하면 부모는 못들은 척했다. 하지만 부모의 이러한 대응 때문에 요하네스의 문제는 더욱 심각해졌다. 아이는 이제 노력조차 하지 않았다. 오히려 젖병을 빨면서 기저귀를 채워달라고 보챘다. 부모는 걱정과 분노 사이를 오락가락했다. 아빠는 "요하네스는 아예 이야기를 못하는 아이 같았어요. 아이가 우리를 놀리는 것 같은 느낌까지 받았다니까요!" 아이는 나중에 유치원에 등교하기를 거부했다. "선생님이 멍청해!", "매일 욕하고 때려!", "애들 바보!"와 같은 말들을 아기처럼 칭얼칭얼 늘어놓았다. 부모는 상담을 받기로 결정했다.

▬▬ 아기 같은 발음과 문법을 사용하는 언어 퇴행 현상은 아이들이 주위의 관심을 끌고자 하는 시도다. 이런 식의 퇴보는 대개 다른 퇴행 현상을 수반한다. 갑자기 고무젖꼭지를 물고 싶어 하거나 밤마다 부모의 침대로 파고 들어온다. 언어 퇴행은 대개 아이가 위기를 느끼고 있거나 부모의 기대감이 너무 높을 때 나타난다. 때로 삶의 방식이 바뀌었을 때 혹은 과도기를 겪고 있을 때 일어나기도 한다. 언어 퇴행이 일어나는 전형적인 상황을 몇 가지 들어보자.

#. 병치레를 크게 했거나 사고를 겪고 나면 아기처럼 이야기할 수 있다. 가족 중 누군가가 병에 걸리거나 사망했을 때도 그럴 수 있다. 아이는 언어 퇴행을 보이면서 섬세한 보살핌이 필요하다는 것을 표현한다.

#. "우리 강아지", "우리 귀염둥이"와 같은 말을 끊임없이 반복하면 아이는 자신이 과도하게 보호받는다고 생각한다. 또 아주 작은 아이로 취급 받는다고 생각한다. 예를 들어 부모가 고양이와 개라고 하는 대신 "야옹이", "멍멍이"라고 표현하면 아이는 자기 자신을 더욱 어리게 생각하게 된다. 결국 아기처럼 보채고 징징거리게 되는 것이다. 또 일상적인 태도에서도 퇴행 현상을 보인다. 가족 안에서 어린아이로 취급을 받으면 다른 사람들 역시 자신을 보호할 것이라 생각한다. 부모가 자

신을 돌보는 데만 신경 쓰기를 바라며 남편이나 아내 역할을 못하게 방해하기도 한다. 엄마와 아빠가 부모 역할에 지나치게 열중한 나머지 아이가 자주적이고 독립적이지 못할 수도 있다. 이런 부모는 아이가 반항할 기미를 보이면 아예 싹을 자르거나 사랑과 관심을 주는 대신 외면하기도 한다.

#. 유치원을 졸업하거나 초등학교에 진학할 무렵 아기 같은 말투로 퇴행하는 아이들이 있다. 머리가 좋고 인식 능력이 뛰어나며 감각이 성숙한 어린이 중에 그런 경우가 많다. 이때의 언어 퇴행은 일종의 브레이크 같은 것으로, '진짜 삶의 현장'이 시작되는 학교에서 겪을지 모르는 과도한 부담에서 자신을 보호하려는 것이다. 이성적이고 합리적으로 보이는 아이의 뒤편에 이 같은 감정적 갈등이 숨어 있다는 것을 명심하고 관심을 기울여야 한다.

#. 동생이 태어나면 다시 아기 시절로 돌아가는 경우가 있다. 처량한 '큰 갓난아기'가 되어 사랑과 관심을 요구하는 것이다. 물론 그 이면엔 질투심이 숨어 있다. 아이는 아기가 옹알이를 하여 어른들의 시선을 사로잡고 관심을 받는 것을 본다. 그리고 자기 역시 비슷한 방법을 써서 부모의 관심을 얻으려 한다.

언어 퇴행은 조산아나 중병을 앓은 아이에게 나타나는 "조화를 이룬 성장 지연"과 구분되므로 언어 이해 능력, 어휘 사용, 문법 구사 그리고 발음에도 주의해야 한다. 이런 아이들은 대근육과 소근육을 사용하는 운동감각, 감정적 또는 사회적 행동에 지체를 보인다.

다시 요하네스의 행동을 살펴보자. 첫 번째 상담에서 요하네스는 동생인 막시밀리안이 태어난 지 약 8개월 되었을 때부터 퇴행 현상을 보인 것으로 밝혀졌다. 순하고 밝은 성격을 타고난 막시밀리안에게 요하네스는 자신의 자리를 쉽게 빼앗기고 말았다. 엄마, 아빠는 물론 할아버지, 할머니까지 막시밀리안의 옹알이에 어쩔 줄을 몰라 했다. "하지만 요하네스도 관심을 많이 받았어요. 말을 잘한다고 얼마나 칭찬해줬는데요! 아닐 거예요. 우린 그 애를 장남으로 대접했고, 굉장히 멋있다고 말해줬다고요." 엄마가 말했다. 나는 상담가의 입장에서 "그걸로 충분하지 않았던 거지요" 하고 답변했다. "아이는 다시 어린 요하네스가 되고 싶었던 거예요. 부모가 안아주고 얼러주는 그런 아기 말이에요." 그 말에 부모는 최근에 요하네스가 무척이나 안기고 싶어 했다는 이야기를 했다. "우리는 그 애 마음을 몰랐어요. 밥을 떠먹여달라고 했지만 허락하지 않았죠. 기저귀는 더 말할 것도 없고요." 상담이 진행되는 동안 부모는 언어 퇴행의 이면에 요하네스가 부모를 차지하고자 하는 질투심이 숨어 있다는 것을 인정하게 되었다.

우리는 작전을 짰다. 엄마, 아빠는 그날부터 요하네스만을 위한 '요요 시간'을 만들었다. 엄마, 아빠가 번갈아가며 같이 놀았고, 부드럽게 몸을 만져주거나 안고 토닥여주었다. 아이는 다시 엄마, 아빠의 품 안에 들어갈 수 있었다. 부모는 그 시간만큼은 막시밀리안을 시야에 두지 않기로 했다. 요하네스가 기저귀를 요구하면 기저귀를 채워주기로 했고, 일주일에 두 번쯤은 엄마나 아빠가 밥을 떠먹여주기로 했다.

그 뒤 부모는 요하네스에게 일어난 일을 들려주었다. 몇 주 지나고 나니 요하네스가 더 이상 징징거리지 않았으며 아기 같은 말투도 그만두었고, 기저귀도 요구하지 않더라는 것이다. 밥도 혼자서 먹는다고 했다. 아이는 '요요 시간' 만큼은 거부하지 않았다. 처음에는 매일 5~10분 정도 '요요 시간'을 즐겼지만, 나중에는 2~3일에 한 번 정도로 줄었다. 요하네스는 그 사이 아홉 살이 되었고, 더 이상 아기 같은 말투를 하지 않았다. 그러나 아직도 일주일에 한 번 자기만의 '요요 시간'을 원했다.

━━ 여섯 살 된 파트리크는 말을 더듬기 시작했다. 말더듬증은 아주 천천히 진행되어 처음에는 부모가 전혀 눈치를 채지 못했다. 일주일이 지나자 파트리크는 말하는 데 심각한 어려움을 겪었다. 문장 전체를 반복할 정도였다. 아이는 "내가 그것을 하려고……, 내가 그것을 하려고……" 하고는 다음 말을 잇지 못했다. 단어의 발음도 점점 길어졌다. "내애에가, 그그그, 애애애와……." 부모는 전문의를 찾았다.

파트리크는 발달 과정 중에 나타날 수 있는 말더듬 증상이 있는 것으로 판명됐다. 실제 말더듬증과 다른 것이다. 발달 과정에 나타나는 말더듬 증상은 4~6세에 시작되어 9개월 정도 지속된다. 아이가 많은 것을 수용하고 인지하게 되면서 자신의 표현 능력보다 더 많은 것을 한꺼번에 말하고자 할 때 대개 말더듬 현상이 나타난다.

발달 과정의 말더듬증은 단어와 문장을 반복하면서 문장의 첫 단어를 길게 끄는 특징이 있다. 문장 중간에서 말을 멈추었다가 처음부터 다시 시작하기도 한다. 발달 과정의 말더듬이 예상보다 오래 지속되면 전문의를 찾아가 실제 말더듬증의 초기 증상이 아닌지 검사를 받아야 한다.

'실제 말더듬증'에 걸린 아이는 말하기를 두려워한다. 긴 대화를 피하고 싶어 하며 온몸이 긴장된다. 또 몸과 입술을 떨면서 더듬거리고, 상대방과 눈을 마주치지 않으려 한다. 만성적인 말더듬증의 경우엔 아이 스스로 자신에게 장애가 있다는 것을 인식한다. 같은 음절을 반복하는 가운데 말하는 속도가 빨라지거나 한 음절을 발음하는 데 1분 이상 걸리기도 한다. 때문에 말하고자 하는 욕구를 아예 잃어버리거나 안쓰러울 만큼 힘을 들이기도 한다.

말더듬증의 원인에 대해서는 확실하게 밝혀진 게 없다. 유전적 요인도 중요하고, 정신적 환경도 중요하다. 그러나 지적 능력과는 상관없다. 말더듬증은 아이의 의지와 상관없이 일어난다. 그러므로 어른들은 "천천히 이야기해!"라거나 "좀 노력해 봐!" 등의 말을 피해야 한다. 그런 말들은 아이에게 더 큰 좌절감을 안겨줄 뿐 마음을 가라앉혀주지 못한다. 아이가 말더듬 증세를 보이면 부모는 다음과 같이 행동해야 한다.

#. 아이가 말을 '더듬지 않을 수 있는' 상황을 조성하라.

#. 말하고 싶은 상황을 조성하라. 그래서 아이가 말하는 데 재미를 느끼도록 하라.

#. 말의 형식보다 아이가 전하는 내용에 주의를 기울여라.

#. 무조건 아이와 눈을 맞춰라.

#. 아이의 현재 모습을 있는 그대로 수용하라.

성장할수록 두려움이 커진다

"전 도무지 이해가 안 돼요." 세미나에 참가한 어느 엄마가 말문을
열었다. "우리 아이 둘은 서로 너무나 달라요. 일곱 살짜리 베티나
는 자기 문제를 깔끔하게 처리하고, 어려운 상황도 잘 해결해나가
요. 생각하는 것도 균형 잡혀 있고요. 큰딸 도로테아는 아홉 살이
나 됐는데도 부끄럼쟁이에 수줍음이 많고, 잘 놀라요. 큰애는 이제
자기 스스로 동생과 비교하면서 점점 기가 죽어가고 있어요!"

아이들은 불안한 상황에서 각기 다른 반응을 나타내며 자신
의 두려움을 없애기 위해 전략을 짠다. 불안해하거나 잘 놀라는 것
은 타고난 성격이다. 물론 아이의 기질과 성향에도 많은 영향을 받
는다. 똑같은 갓난아이라 해도 반응하는 모습은 천차만별이다. 빨
리 안정을 찾고 잠도 잘 자며 넉넉한 성격에 쉽게 긴장을 푸는 아
이도 있지만, 겁이 많고 낯가림도 심하며 작은 일에도 흥분을 잘하
고 환경이 바뀌면 몹시 혼란스러워하는 아이도 있다.

아동에게 잠재된 불안 성향이 성격이나 기질적 요인과 관계
있다고 말할 때는 다음 사항을 잊지 말아야 한다. 환경은 태아기부
터 이미 인격에 영향을 미친다. 임산부의 알코올중독, 약물중독,
흡연은 아이의 몸에 영향을 미친다. 임신 기간 중 엄마의 태도 역

시 아이에게 큰 영향을 준다. 조사 결과 임신 기간 동안 바쁘거나 스트레스를 많이 받은 임산부가 출산한 아기는 불안한 반응을 보였고, 마음의 평정을 유지하며 균형 잡힌 생활을 한 임산부들은 아기에게 긍정적인 효과를 준 것으로 나타났다.

하지만 유전적인 요인이나 타고난 기질이라고 해서 평생 짊어지고 갈 필요는 없다. 수줍음을 잘 타고 불안한 아이도 자라면서 자신감을 가질 수 있고, 안정적이고 균형 잡힌 아이더라도 커가면서 불안해하고 수동적으로 변할 수도 있다. 괴팍하거나, 잘 놀라거나, 유난히 불안해하거나, 수줍음이 많은 아이라면 부모가 그 성향과 기질을 빨리 파악하는 것이 좋다. 이런 요인들은 서서히 발현되다가 어느 순간 아이의 특징으로 고착될 수 있다. 마음의 평정을 얻지 못하는 아이들은 비교 대상이 될 때 더욱 심각한 어려움에 부딪친다. 자기 스스로가 충분히 인식하고 있기 때문이다. 그래서 이런 성향이 우울증으로 이어지기도 한다.

아이는 자기가 아무것도 해낼 수 없다고 생각하고, 스스로 부정적인 자화상을 만들어낸다. 그러다 보면 부모나 양육자 역시 인내심을 잃게 된다. 아이에게 바람직한 환경을 조성해주기 위해 노력하고 감동적인 분위기를 만들어 보지만, 아이는 그런 상황에서조차 수줍어하고 부끄러워하며 용기를 내지 못한다. 감정의 기복도 심하고 식사나 수면도 불규칙하다. 아예 잠들지 못하는 경우도 있다. 이쯤 되면 '다른 형제나 아이들은 아무 탈 없이 잘 크는데 얘는 왜 그럴까?' 하는 생각이 부모의 머리를 지배한다. 두려움과 불안감이 커지고 거부감도 생긴다. '왜 하필 나한테 이런 문제가 닥쳤을까?' 하면서 속마음과 반대로 비교하게 된다.

성향과 기질은 숙명이 아니다. 중요한 점은 환경이 아이의 기질에 어떤 영향을 끼치느냐 하는 것이다. 자신의 고유한 특성이 사람들에게 받아들여지면 아이는 괴팍한 성격을 타고 났다 할지라도 자의식과 자신감을 구축한다. 쉽게 긴장하거나 용기가 없는 아이라 해도 그대로 받아들이고 묵인하는 가운데 자기만의 속도로 전진하게 된다. 하지만 남들과 비교하면 아이들은 후퇴한다.

부모가 제 아이와 다른 아이의 기질을 비교할 때 문제가 발생한다. 때로 아이들이 일부러 "나쁜 짓"을 하거나 "비도덕적으로" 행동하는 것은 아닌지 의심하기도 한다. 하지만 아이들은 부모를 화나게 하거나 쇼를 하기 위해 나쁜 일을 벌이지는 않는다. 그 또래의 어린아이들은 절대 그런 짓을 못한다. 그러므로 부모가 자녀의 성향과 태도의 특징을 잘 이해한다면 무의식중에라도 자녀에게 상처를 주는 행동은 하지 않을 것이다.

▬ 아이들의 불안감은 다양한 방식으로 생성된다. 덴마크의 철학자 키르케고르는 두려움은 자유의 이면이라고 말했다. 꿈을 펼치고, 새로운 것을 개척하며, 무엇인가를 하고, 세상 밖으로 나가도록 용기를 불어넣는 자유는 두려움과 불가분의 관계에 있다. 우리는 두려움을 느끼며 창조적이고 생산적이며 창의적인 생각과 행동을 하게 된다. 실패할 수 있다는 생각은 긴장과 스트레스와 연결되지만 동시에 강한 자의식과 독립성을 부여해준다.

자유와 두려움에 맞설 용기가 없는 사람은 독립적이지 못하고 자의식이 발달하지 못하며 스스로를 기만한다. 새로운 것에 직면하길 꺼려 하고 자기 안의 두려움 속으로 스스로를 감추며 도전을 회피하는 사람은 두려움에 대한 두려움만 키워나갈 뿐이다. 두려움은 이런 사람에게 생산적인 힘이 아니라 발전을 방해하고 병들게 하는 방해물이다.

어린아이들은 기어 다니기 시작하고 걸음마를 떼놓을 무렵 친숙한 환경에서 벗어난다. 한정된 공간 안에서 부딪치고 벽에 부딪치지만, 그 한계를 넘어서고자 노력한다. 한계 저편에 있는 자유로운 공간에 도달하기 위해 노력하는 것이다. 아이들에게 이런 공간은 자유인 동시에 두려움을 의미한다. 새롭고 재미있지만 길을 잃거나 방향을 잃을까 봐 두려움도 느낀다.

생후 1년 동안 아이는 급속하게 성장한다. 각기 다른 성장 단계를 거쳐나가며 삶을 향해 활짝 열린 문으로 전진한다. 이때 부모는 아이를 충분히 응원해야 한다. 자기 스스로를 믿으면 마음껏 능력을 펼칠 수 있다는 점을 인식시켜주어야 한다.

▬ 생후 5년 동안 아이들은 다섯 가지 형태의 두려움을 경험한다. 이 두려움들은 평생을 따라다닌다. 가장 원초적인 두려움은 신체적 접촉을 차단당할지 모른다는 것이다. 그다음 단계의 두려움이 '낯가림'이다. 기어 다니고 걸음마를 배우는 생후 12~18개월에는 이별에 대한 두려움이 생기며 이는 3~4세에 최고조로 달한다. 4세경에는 자신이 제거될지 모른다는 두려움(제거 불안 : 혼자 힘으로 감당하기 어려운 대상이 자신을 해치거나 없앨지 모른다는 두려움—옮긴이)을 느

끼게 되고, 5~6세경엔 죽음에 대한 두려움이 생긴다.

두려움은 극복되었다가도 다시 나타난다. 동생이 태어나거나 부모가 이혼할 때 혹은 이사를 가게 될 때도 아이는 이별의 두려움을 느낀다. 간접적이거나 직접적 재앙은 제거에 대한 두려움을 불러일으킨다. 그러나 불안과 두려움이 없는 환경에서 아이를 키우겠다는 생각은 무의미하다. 중요한 것은 아이가 두려움을 극복하도록 용기를 북돋아주고, 의지가 되어주며, 아이를 안심시키는 것이다. 부모는 아이가 저절로 큰다는 사실을 염두에 두어야 한다. 두려움의 요소를 모두 제거하여 발달 단계에 수반되는 두려움조차 모르게 만든다면 아이는 문제에 부딪칠 때마다 어찌할 바를 모르고 스스로 속박하며 아무런 방어력도 지니지 못할 것이다. 결과적으로 두려움을 두려워하게끔 만드는 것이다. 발달 단계에서 생성되는 두려움은 자연스레 소멸되거나 위력이 약해진다.

만 6세가 될 때까지 아이들은 대개 갑자기 어떤 소리를 듣거나 뭔가 움직이는 것을 보면 두려움을 느끼고 부모에게 안기려 하거나 은신처를 찾는다. 밤에 잠자는 동안 부모와 떨어지면서 느끼는 두려움은 시간이 지나면 자연스레 해결되는 문제지만, 잠들기 전 시간과 꿈에 대한 두려움은 꽤 오랫동안 지속된다.

━━ 태어나자마자 탯줄이 잘림으로써 아이는 엄마에게서 분리된다. 그러나 엄마의 영향력을 벗어나지는 못한다. 엄마의 보살핌과 존재가 아이의 신체적, 정신적 생존을 의미하기 때문이다. 젖을 먹고 엄마의 품속에서 욕구를 충족하는 동안 아기는 자신과 엄마에

대해 믿음을 쌓는다.

생후 몇 달 동안 아기는 전적으로 엄마에게 매달린다. 목소리와 냄새로 엄마를 알아내고 타인을 배척한다. 자기를 돌봐주는 친밀한 사람과 그렇지 않은 사람을 구별하는 능력은 생후 6개월부터 생긴다. 하지만 아이가 날마다 다른 얼굴을 경험하게 된다면 낯을 가리지 않고 아무에게나 갈 수 있다. 구체적인 인물에 대한 의미를 발견하지 못하기 때문이다.

아기는 접촉을 좋아한다. 특히 품에 안기는 것을 좋아한다. 신체 접촉은 원초적인 욕구다. 엄마의 가슴은 아이에게 편안한 은신처다. 아기는 엄마에게 찰싹 달라붙어서 몸을 만지고 냄새를 맡는다. 신체 접촉 욕구는 생후 몇 달 동안 최고조에 이른다. 신생아는 배가 고프거나 불편할 때, 피곤하거나 놀랐을 때 반응한다.

신생아는 신체적 접촉이 없을 때 몹시 불안해하며 생존에 대한 두려움마저 느낀다. 아기가 소리를 지르거나 큰 소리로 울면서 뭔가 붙잡으려고 하는 것은 살아남으려는 투쟁이다. 친밀한 사람, 그중에서도 특히 엄마의 지원을 요청하는 투쟁이다. 아이가 좀 더 크면 스스로 두려움을 극복할 수 있지만, 이 시기만큼은 절대적으로 부모가 아이를 지원해주어야 한다.

#. 신체적 접촉

#. 관심과 달래주기, 즉각적인 욕구의 충족

스위스의 인류학자 프란츠 렝글리의 말을 빌리자면 어린아이들에게 신체적 접촉은 "만병통치약"이다. 아이가 불안을 느끼면 신체적 접촉을 통해 안정감을 주어야 하는데, 요즘에는 "두려워할 필요 없어!", "혼자 견딜 수 있어야 해"라며 내버려두는 가정이 늘고 있는 추세다.

안정을 느끼는 아이들이라고 해서 위기 상황을 차분하게 견뎌낼 수 있는 것이 아니다. 그들 역시 불안, 슬픔, 외로움을 경험한다. 그러나 이런 아이들은 일찌감치 문제를 해결할 수 있는 능력을 갖추게 된다. 양육자에 대한 근본적인 신뢰감이 어려운 상황을 헤쳐 나가고 극복할 수 있도록 독려해주기 때문이다. 사람 사이의 탄탄한 관계는 질적으로 견고하고 신뢰하는 분위기 속에서 구축되는 것이지 부모가 단순히 물질적으로 풍요로운 환경을 조성해준다고 이루어지는 것은 아니다. 아기가 소리를 지르고 운다고 해서 반드시 고무젖꼭지와 우유병을 줄 필요는 없다. 그보다는 아기가 안정을 취할 수 있도록 부드러운 목소리로 달래주고 온기를 느낄 수 있게 품어주는 것이 좋다. 신체적 접촉으로 형성된 부모, 자식 간의 관계는 물질적 풍요와 지원보다 훨씬 중요하다.

생후 2~3개월의 아기는 중요한 경험을 한다. 아이는 더 이상 엄마와 일체가 아니다. 일체감은 파괴되었고 탯줄도 잘렸다. 하지만 신체적, 감정적, 정신적, 사회적 친밀감의 측면에서 아이는 여전히 엄마에게 막대한 영향을 받는다. 아이는 신체적 접촉을 유지하고 필요한 것을 얻고자 울고, 소리 지른다. 관심과 위로를 얻기 원하고, 팔로 안아주기를 바라고, 안정을 느낄 수 있는 말을 듣기 원하며 토닥여주기를 바란다. 천천히 흔들어주거나 몸을 가볍게 만져주기를, 사랑스럽게 쓰다듬어주고 배가 고프면 젖을 주길 바란다.

아동기의 초기에 원초적 신뢰감과 안정적인 관계를 형성하려면 양육자가 아이의 욕구를 지속적으로, 그리고 즉시 충족시켜주어야 한다. 아이가 울거나 칭얼거릴 때마다 바로 달려가면 버릇이 나빠질 거라고 생각하는 사람들이 있다. 그러나 이런 생각은 아이의 감정 발달에 부정적인 영향을 끼칠 수 있다.

아이는 그 순간, 그 시점에서 뭔가를 원한다. 이를 부정적으로 생각하는 것은 6개월짜리 아기를 여섯 살짜리로 보는 처사와 다를 바 없다. 아이들은 생후 2~3년쯤 되어야 자신의 욕구를 미루고 두려움을 억누를 수 있는 능력을 갖춘다. 신생아나 어린 아기들에겐 기다리는 능력이 없다. 일부러 그러는 게 아니다. 그렇게 하고 싶어도 그럴 수 없다. 부모들은 이 점을 이해해야 한다. 아이들은 폭군이 아니다. 그저 시도하고 경험하면서 시행착오를 거쳐 필요한 능력을 얻는 존재일 뿐이다.

영국의 학자 벨과 아인스워스는 울거나 감정을 폭발시켰을 때 부모가 즉시 반응을 보이지 않았던 아이는 즉각적인 관심을 받고 자란 아이에 비해 돌이 될 무렵, 훨씬 더 많이 운다는 연구 결과를 발표했다. 부모의 반응이 늦으면 아이는 불안을 느낀다. 그래서 더 크게 울어버림으로써 부모를 자기 곁으로 부른다.

근본적인 신뢰, 자의식, 자존심, 호기심의 기반은 일찍 생성된다. 엄마는 여기에 아주 중요한 역할을 한다. 엄마나 보살펴주는 다른 사람과의 튼튼한 관계는 아이가 자라서 쌓아나가야 할 사회적 능력, 탐구적 태도, 불안을 퇴치하는 능력 등의 토대가 된다.

▃▃ 생후 1년 반 된 프레데리크는 조숙한 아이다. 성격도 밝고 낯
가림도 하지 않는다. 그런데 몇 달 전부터 아이가 변하기 시작했
다. 낯선 곳에 가면 엄마나 아빠에게서 떨어지지 않으려 하고, 부
모 근처에서만 머뭇거렸다. 처음 보는 사람에게 선뜻 다가가지 않
으며, 심하게 낯을 가렸다. 아이는 자기만의 방법으로 친근한 사람
을 구별한다고 했다.

엄마는 최근 프레데리크를 데리고 병원에 갔다. 사람들은 귀
엽게 생긴 아이에게 관심을 보였으나 프레데리크는 이를 외면했
다. 대기실 한쪽 구석에는 장난감 코너가 있었다. 아이는 그곳으로
같이 가자며 엄마를 끌어당겼다. 엄마는 몇 번 거절했지만 결국 아
들과 함께 나무토막 두 개를 골라 가지고 왔다. 마침내 아이는 혼
자 장난감 코너로 갔다. 그 옆에 앉아 있던 남자가 호의적인 미소
를 보냈지만 아이는 모르는 척했다. 잠시 후 아이는 남자 앞으로
나무토막들을 던졌고, 남자는 조심스럽게 그것들을 주웠다. 남자
는 친절하게 미소를 보냈을 뿐 아이에게 다가서지 않았다. 프레데
리크는 나무토막들을 하나하나 조심스럽게 건넸고 나중에는 깔깔
웃었다.

▃▃ 아이들은 6개월 전후로 친숙한 사람과 그렇지 않은 사람을
구별한다. 사람을 구별하는 능력이 생긴다는 것은 아이가 성숙해
간다는 징표다. 이때 비로소 아이들에게는 친숙한 환경에 대한 의

식도 형성된다. 아이는 예전과 달리 모든 사람에게 미소 짓지 않고, 모르는 사람이 만지는 것을 싫어하게 된다. 그리고 날마다 또는 정기적으로 만나고 자신에게 의지가 되어주고 자기가 신뢰할 수 있는 사람이 누구인지 구분해낸다. 이런 사람들은 자신을 보호하는 사람들이기 때문에 무조건 따른다.

신뢰는 두려움을 이기는 보호막

다비드는 지금 걸음마를 배우고 있다. 아직 몸의 중심을 잘 잡지 못해 부모 손에 자꾸 의지하지만 날이 갈수록 자세가 안정되고 있다. 아이는 눈앞에 보이는 의자나 책상 같은 물체에 의지하여 발걸음을 떼면서 두 팔을 양쪽으로 벌려 몸의 균형을 맞춘다. 몇 주 후 다비드는 엄마가 덮는 커다란 담요를 끌고 다니기 시작했다.

두 돌이 되어가는 다니엘라는 벌써 잘 걷는다. 아이는 몇 발자국 걷고 나서 아빠를 쳐다보며 한 번 웃고 엄지손가락을 빤다. 그리고 빠른 걸음으로 돌아와 아빠에게 안기고 기뻐서 어쩔 줄 모른다. 곧 다시 일어나 걸으면서 손가락을 입에 넣고 또 한 번 아빠를 흘끔 돌아본다. "나 좀 보세요! 난 뭐든지 할 수 있어요!"라고 말하는 듯 자신만만한 태도로 아빠를 보는 것이다. 다니엘라는 지쳐서 쓰러질 때까지 걷고 또 걸으며 거실을 돌아다닌다.

만 3세 반 된 마레이케는 유치원에 들어온 지 얼마 되지 않았다. 마레이케는 한 손은 엄마를, 다른 한 손으로는 곰 인형을 붙잡는다. 아이는 걷기 시작하면서부터 줄곧 곰 인형을 들고 다닌다. 곰 인형을 잃어버리면 배가 아프다고 소란을 떤다. 그러면 엄마는 곰 인형을 찾기 위해 집 안 곳곳을 뒤져야 한다. 유치원에 입학한 아이는 한 손엔 곰 인형을 들고, 다른 쪽 손 엄지손가락은 입 안에 넣는다. 마레이케는 자기를 유치원에 두고 가는 엄마를 슬픈 눈으로 바라본다. 엄마가 "울지 마. 울면 안 돼!" 하고 딸과 눈높이를 맞추며 말해 보지만 마레이케는 발을 구르며 소리친다. "싫어. 울거야!"

곧 초등학교에 입학하는 야닉은 유치원에서 온갖 말썽을 피우며 싸움을 하던 아이였다. 야닉은 혼자 씩씩하게 유치원에 갔다가 오후가 되면 정확하게 집으로 돌아온다. 야닉에게는 등하교를 함께하는 친구가 몇 명 있다. 그런데 초등학교에 입학할 때가 다가오자 아이가 변하기 시작했다. 몇 주 전부터 우유를 젖병에 담아먹으려 했으며, 안아달라고 졸랐고, 부모의 침대에서 자려고 했다. 배가 아프다고 칭얼거렸고, 두 번이나 오줌을 쌌으며, 끝없이 학교 이야기를 캐물었고, 아빠한테 아침마다 자기를 데려다줄 수 있느냐고 물었다. 그러던 어느 날 엄마는 야닉이 자신이 기르는 애완용 토끼 펠릭스에게 걱정을 털어놓는 것을 들었다.

▬ 이런 모든 상황은 이별과 관계있다. 이별이란 길을 개척한다는 뜻이다. 이별이나 작별은 떠남과 믿음의 양극 사이에서 일어난다. 기본적인 믿음과 자신감이 많을수록 아이는 친숙한 환경에서 벗어날 때 더욱 자신을 믿고 세상 속으로 전진할 수 있다. 갓난아

기는 침대에서 기어 나와 방을 정복하고, 작은 아이는 걸어 다니며 집을 지배하며, 좀 더 큰 아이는 뛰어다니며 정원을 탐색하고, 그 다음에는 집 주변을 정복한다. 그러다 장소와 지역의 한계에 부딪치게 된다.

이별과 작별은 아이가 성장하여 나중에 부모의 곁을 떠날 때까지 계속되는 과정이다. 아이는 변화가 많은 도전에 직면한다. 공생 관계를 유지하던 엄마와 분리되고, 유치원과 초등학교에 입학하고, 전학을 가고, 직장을 구할 때까지 어떤 형태로든 이별과 작별은 계속된다.

이별과 작별은 살아가는 과정에서 피할 수 없는 것으로 이는 변화와 새로움을 맞는 계기가 된다. 이별과 작별 없이는 개체화, 자율적인 삶, 독립성과 고유성, 정체성 찾기, 그리고 자신에 대한 자각이 불가능하다.

아이들은 동화 속 영웅들을 통해 이별과 작별을 먼저 경험한다. 영웅들은 세상에 나가 다양한 경험을 하며 큰 위험에 빠지기도 하지만, 위기를 극복해내고 더욱 강인하고 성숙한 모습으로 돌아온다. 개체화란 평생 진행되는 과정이다. 어른이 되었다고 종결되는 것이 아니다. 어른이 된다는 것은 성장, 변화와 관계가 있으며 이별, 기회의 포착, 경계 설정, 인간관계의 재정립 등 삶의 원칙들과 관련이 있다. 그러나 고유성과 자율성은 공짜로 얻어지지 않는다. 여기엔 고통과 눈물이 따르며, 두려움과 불안이 뒤따른다.

이별에 대한 두려움은 아이가 성장하는 동안 계속 따라 다닌다. 제일 먼저 생후 12~18개월에 원초적인 형태로 나타난다. 이는 아이가 성숙했다는 것을 의미한다. 아이는 기어 다니기 시작하면서 익숙한 환경에서 분리된다. 제 발로 걸어 다닐 수 있게 된 무렵부터는 부모에게서 자신을 분리하기 위해 의도적으로 숨기도 한다. 이처럼 아이들은 혼자 힘으로 서고, 걷게 되면서 엄마에게서 신체적으로 확실하게 분리된다. 또한 정신적인 탯줄마저 자른다. 최초로 발걸음을 내딛는 것은 곧 아이가 개체화를 시작했다는 증거다.

▬▬ 그러나 이즈음의 독립성은 너무 미약한 탓에 감정의 변화에 따라 종종 후퇴할 수 있다. 자신감은 쉽게 열등감으로 바뀔 수 있다. 또 '난 그런 것을 할 수 없어'라고 주저하게 된다. 부모가 아이를 많이 믿어줄수록 아이는 자신감을 얻는다. 때로 아이들은 마음속에 들어 있는 엄마의 모습을 확인하기 위해 엄마가 입던 스웨터 같은 것들을 갖고 있으려고 한다. 그러나 곧 더 이상 엄마의 존재가 필요하지 않는 때가 온다. 아이가 무엇인가를 스스로 결정할 수 있는 단계에 진입하면 커다란 동물 인형도 도움이 된다. 어떤 때는 이별에 대한 두려움을 극복한 것같이 보이다가 다시 심해지기도 한다.

이런 현상은 특히 과도기에 많이 나타난다. 4~7세, 그리고 어린이집과 유치원을 다니는 시기에 아이들은 이별에 대한 불안에 사로잡힌다. 그리고 다시 초등학교에 입학할 무렵 친숙한 사람들과의 이별, 새롭고 불안한 시작 등을 경험하게 된다. 또한 7~12세에 이르는 시기도 이별에 대한 두려움을 극복해야 하는 때다. 아이들은 일상생활에서 다양한 위험과 위기 상황을 경험하며 성장하고 인식의 폭을 넓힌다. 버림을 받으면 어쩌나 하는 걱정, 부모를 잃어버릴지 모른다는 불안감, 부모가 헤어질지도 모른다는 생각에 사로잡히기도 한다. 이들은 부모에 대해 분노와 증오를 느끼기도 하고, 부모가 헤어지면 어떡하나 걱정한다. 어쩌면 부모와 같이 살지 않아도 괜찮을지 모른다고 상상의 나래를 편다. 특히 사춘기 전의 아이들에게는 부모와 부딪히는 일이 비일비재하게 발생한다. 부모는 아이들이 낮 동안 이별에 대한 온갖 상상으로 몹시 지쳐 있다는 것을 인식하고 아이를 많이 토닥여주어야 한다. 버림받을지 모른다는 상상은 친숙한 환경에서 안식을 찾을 때 비로소 보상을 받는다.

▬ 두려움을 극복하는 과정을 겪지 않고는 독립적이고 자의식이 발달한 인간으로 성숙할 수 없다. 아이가 이별에 대한 두려움을 극복할 수 있도록 도우려면 불안감을 조성하거나 겁을 주어서는 안 된다. 그보다 건설적인 방법으로 두려움을 극복할 수 있게끔 전략을 짜주는 것이 중요하다.

#. 아이들은 자신의 존재가 주위 사람들에 인정받고 있다 느끼면 능동적으로 불안감을 이겨낸다. 그러나 이별의 단계와 이별을 극복하는 일이 아이들의 눈에 실현 가능한 것으로 비쳐야 한다. 이별의 단계가 길고 복잡할수록, 정서적으로 충족되지 못한 상태에서 이별을 경험할수록 그 결과는 가혹하다.

#. 아이들은 이별이 가슴 아픈 경험이라 할지라도 이겨낼 수 있고, 또 그런 과정을 통해 자기가 강해졌다고 인식하게 된다. 그래서 이를 생산적으로 받아들일 수 있다. 어른들이 아이를 이별에서 감추려 하고 보호하면 할수록 혹은 이별을 과장할수록 아이의 마음은 더욱 황폐해지고 더 많은 상처를 받으며 스스로 치유하는 능력이 떨어진다. 그래서 기절을 하거나 자포자기에 빠지는 경우도 드물지 않다.

이별의 시간이 길어지면 아이는 그 여파에서 헤어나지 못할 수 있다. 비록 성장기 아동의 정신에 그리 나쁜 영향을 미치지 않는 경우라 해도 마찬가지다. 자신을 돌봐주던 사람과 잠시 이별을 하거나 엄마의 보살핌이 없어지면 아이는 스트레스를 받는다. 그러나 아이들은 다음의 조건이 충족될 때는 일, 휴가, 질병 등의 이유로 발생하는 이별을 극복할 수 있다.

#. 아이 스스로 이겨낼 수 있는 상황으로 생각될 때.
#. 보호자를 대신하여 평소 친숙한 사람이 자신을 지켜주고 있다는 것을 알 때.
#. 아이가 그전부터 그 사람을 알고 있을 때.
#. 특별한 의식을 통해 이별로 생긴 감정에 순응하고, 다시 마음을 추스르고, 또 그 이별이 일시적이라는 생각을 하게 될 때.

가장 중요한 점은 성장기의 어린이가 감정에 흔들림이 없어야 한다는 것이다. 독립적이고, 자주적이며, 흔들림이 없는 어린이는 이별 때문에 생기는 두려움을 능숙하고 적극적으로 이겨낼 수 있다. 자신의 불안을 털어놓고 이야기하며, 누가 자신을 믿고 밀어줄지를 판단한다.

그러나 그렇지 않은 아이들은 사랑해주기만 요구하고, 부모에게 매달리며, 고집을 부리거나 징징 짜고 칭얼거린다. 혹은 퇴행 현상을 보인다. 오줌을 싸거나 말을 더듬고 기저귀를 차려고 한다. 때로 엄마, 아빠를 싸움에 몰아넣거나 관심을 끌기 위해 돌발 행동을 할 수도 있다.

이런 식의 힘겨루기로 관심을 끌려는 행동은 부모를 자신에게 묶어 두려는 나쁜 행동 방식으로 이어진다. 부모가 완고한 태도를 보이면 "엄마는 더 이상 나를 사랑하지 않아!", "그럼 난 엄마를 더 이상 사랑하지 않을 거야!", "엄마는 나를 사랑한 적이 없어!"라고 반응하는 것이다. 이런 아이들은 '나중에' 라는 것을 모르며 사랑받고 싶은 욕구가 생기면 그저 즉시 채워지기를 원하고 틈이 날 때마다 관심과 주의를 끌고자 조른다.

유대감을 느끼지 못하는 아이는 결속됐다고 느끼지 못하며 자신의 존재가 진지하게 받아들여지고 있다고 느끼지 않는다. 어린이는 자신이 보호받고 사랑받는다고 느낄 때만 새로운 것을 받아들일 준비를 한다. 자신의 존재가 진지하게 받아들여지고 있다고 느끼는 어린이는 자주적으로 행동하며, 존중받는 아이는 다른 사람도 존중한다. 자신의 인격을 존중받는 사람만이 다른 사람의 자율성을 존중할 수 있다. 부모가 자녀를 사회적 명성을 얻기 위한 수단으로 이용하여 유대 관계를 과장되게 표현하거나 아주 가까운 사이인 것처럼 미화한다면 아이는 부모에게 자기의 시간을 할애하려고 하지 않을 것이다.

확고한 믿음을 바탕으로 자율성을 가르치면 아이는 자존감과 자신감을 얻을 것이다. 또 이별의 두려움을 건설적이고 적극적으로 이겨낼 것이다. 엄마, 아빠는 둘만의 시간이 필요한 것일 뿐이며, 자신에게 다시 돌아올 것이고 다만 잠시 헤어질 뿐이라고 생각할 것이다. 물론 이런 아이들도 때로 반항하고 슬퍼한다. 하지만 고무젖꼭지를 빨거나 헝겊으로 만든 동물 인형을 가지고 놀면서 자신을 달래거나 친밀함과 사랑의 상징인 엄마, 아빠의 모습을 그리며 안정을 찾는다. 이런 과정 중에 간혹 갈등이나 퇴보가 발생할 수도 있지만, 아이들은 서서히 상황을 극복해나간다.

아이의 상상력에 숨겨진 신비한 힘

어린이가 2~3세에 접어들면 권력이나 힘, 우월감 등이 발달한다. 반항기의 아이들은 수시로 "싫어!", "나 안 할 거야!"를 외치면서 자신의 의지를 관철하고, 자신의 독립성을 시위하면서 부모를 무력감에 빠지게 하거나 실망하게 만드는 경우가 많다. 아이들은 "나도 혼자 할 수 있어!"라고 자율성을 표현하면서 동시에 몸과 연관이 있는 힘에 대한 의식도 키워나간다. 속도의 차이는 있어도 이 또래 어린이들은 직접 여기저기 걸어 다니면서 어려움을 극복하는 법을 배운다. 가끔은 움직이지 않고 서 있기도 한다. 주위를 두리번거리며 뒤를 돌아보기도 하고, 앞을 보기도 한다. 그런 행위를 통해 아이들은 자신의 신체를 이용하고 통제하는 법을 배운다. 조심스럽게 꽃도 꺾을 수 있고, 종이를 찢을 수 있다. 기회를 엿보았다가 다른 아이를 때릴 수도 있고, 나무토막으로 탑을 쌓았다 쓰러트릴 수도 있다. 개를 쓰다듬어주다가도 어느 날은 주먹으로 때릴 수도 있다.

힘과 키, 몸집에 대한 감정은 어린이에게 모순된 경험을 안겨준다.

#. 아이는 힘의 '긍정적인' 면과 '부정적인' 면, 건설적인 면과 파괴적인 면을 함께 경험한다. 무언가를 만들 수도 무너뜨릴 수도 있고, 성실한 행동을 할 수도 거짓말을 할 수도 있다. 관심을 주기도 하지만 사랑을 거부하기도 한다. 협력하는 동시에 거부하기도 한다. 초기 성장 과정에서 아이들은 자신의 '좋은' 면만을 보여주고자 하기 때문에 '나쁜' 면은 종종 현실 속 혹은 비현실 속에 나타나는 다른 것과 짝을 지어 나타난다.

#. 어린이는 또한 부모를 통해서도 힘의 양면성을 경험한다. 부모 혹은 다른 양육자는 어린이를 보호하고 안식처가 되고자 힘을 사용하여 근본적인 신뢰를 얻는다. 그러나 한편으로는 자녀에게 적응을 강요하거나 무력감과 종속감을 심어주는 데 힘을 사용하기도 한다.

#. 부모 역시 반항기나 그다음 단계에 이른 자녀를 키우면서 모

순된 감정 때문에 힘들어한다. 아이들은 놀이와 상상 속에서 무질서하고 파괴적인 경험을 하며, 넘지 말아야 할 경계를 넘나들면서 부모를 지치게 한다. 어떤 아빠는 "우리 아이는 도깨비 같아요. 침대에 누워 있는 모습을 보면 저게 과연 낮 동안 그렇게 애를 먹이던 내 자식이 맞나 하는 생각이 든다니까요" 하고 말했다.

저녁이 되면 낮 동안 용기백배하던 어린이들의 모습이 한결 누그러진다. 작은 괴물처럼 설쳐대던 아이가 밤이 되면 비현실 속의 괴물을 상상하며 두려워한다. 밤에는 상상 속의 유령이 모두 등장하여 어떻게 될지 알 수 없다고 생각하는 것이다. 재빠르고, 거대하며, 아무 곳에나 나타나고, 잡을 수 없으며, 사람의 몸속으로 들어와 해를 끼치는 존재들이 나타나 자신을 잡아먹으면 어떡하나 불안에 떤다. 때로는 아주 커다란 구멍이나 통 속으로 빨려 들어가 사라져 버릴지 모른다고 두려워한다.

아이들은 천둥, 번개, 폭풍우, 불, 물과 같은 원시적인 요소들뿐 아니라 비현실적인 존재에 이르기까지 상상할 수 있는 모든 것에 두려움을 느낀다. 이미 오래전에 멸종되어 버린 야생동물이나 괴물, 유령, 뱀파이어, 악마 혹은 TV에 등장하여 아이들의 상상을 자극하는 도둑이나 강도, 살인자, 서부의 무법자와 같은 상징들은 두 가지 다른 관점을 지닌다.

#. 첫째, 어린이의 상상을 자극하고 유혹한다. 아이들은 놀면서

불과 물의 힘을 표현한다. 번개가 칠 때 아이들은 놀라서 눈을 동그랗게 뜨고 부모의 품 안으로 파고든다. 그리고 천둥소리를 듣고 흉내를 낸다. 아이들은 강하게 보이고 싶어서 카우보이나 황야의 영웅, 슈퍼맨, 작은 뱀파이어처럼 분장하길 즐긴다.

#. 둘째, 원시적인 요소들과 비실재적인 것들은 아이들을 두렵게 한다. 아이들은 마법과 환상의 힘으로 그런 것들을 정복할 수 있다고 믿으면서도 여전히 불안해한다. 자신을 위협하는 존재들이 너무 거대하다고 느끼기 때문이다. 그 결과 아이들은 두려움을 극복하는 가장 손쉬운 방법으로 부모의 곁을 찾아 파고 들어가는 것이다.

몸이 성장할수록 아이들은 자신을 위협할 수 있는 물리적인 위험에 예민해진다. 자기의 힘이 어느 정도인지 알고는 있지만, 상상 속 초자연적인 괴물에 대항할 수 있는지 확신할 수 없기 때문이다. 이 괴물들은 사실 자신의 독자성과 신체에 대한 도전이다.

어린이는 미성숙한 방식으로 자기의 신체를 의식한다. 그래서 작은 상처에도 큰일이 난 것처럼 요란을 떨기 일쑤다. 손에 작은 상처가 생기면 극도로 감정을 부풀리고, 만의 하나 피라도 보일라 치면 마치 제 몸이 산산조각 나는 것처럼 행동한다. 이때 이성적인 설명은 아무런 도움이 되지 못한다. 그러나 아이를 위로하면서 "정말 아프겠다"고 다독이며 안아주고 마술 반창고를 붙여주거나 호호 불어주면 효과는 의외로 크다. 아이들은 자기의 몸이 부서지고 녹아내릴지 모른다는 괴로운 상상을 하는 반면 스스로 치유하려는 힘도 지니고 있다.

이 시기의 어린이는 질병이나 사소한 신체 공격을 아주 위협적인 것으로 판단한다. 조금만 아파도 자신이 죽을지도 모른다는 상상 때문에 고통스러워하고, 때로는 죽음에 대해 상상한다. 병원에 치료 받으러 가는 것 역시 같은 맥락이다. 부모나 의사가 아무리 자상하게 설명하고 안심시켜도 아이는 두려움을 쉽게 극복하지 못한다. 이런 상황에서 두려움을 생산적으로 극복할 수 있는 대응 방법은 없다. 다만 치료 과정에 대해 미리 충분하게 설명을 해주고 이해시키는 방법밖에 없다. 지나치게 자세한 이야기는 피하고 아이들이 쓰는 언어를 사용해 알고 싶어 하는 범위 안에서 설명해야 한다. 대화할 때는 아이의 특성과 개성에 맞추는 것이 좋다. 형제라 해도 동생에게 효과가 있지만 형에게는 역효과를 낼 수 있고, 다른 집 아이들에게 쓸모 있는 것이 내 아이에게는 전혀 도움이 안 될 수도 있다.

아이들은 나이가 어릴수록 더 많이 불안해하고 자신이 제거 될지 모른다는 두려움을 더욱 강력하게 느낀다. 이런 불안은 대개 3세경부터 시작된다. 아이들은 밤이 되면 혼란스러워진다. 그래서 안전한 길을 찾으려 필사적으로 노력하지만 상상 속의 형상들이 짓누르는 바람에 자신의 무기력을 절감할 뿐이다. 하지만 이것들을 원천적으로 봉쇄할 필요는 없다. 아이들은 놀이와 상상 속에서 두려움을 주는 형상과 만나고 또 그것들을 제 손으로 다루면서 제 거에 대한 불안이나 두려움을 극복해나가기 때문이다. 어른들은 어떤 특정한 형상의 장난감을 가지고 놀지 못하게 하는 대신 놀이의 의미를 물어야 한다. '왜 내 아이는 그런 것에 관심을 둘까?' 라고 질문하면서 자녀를 관찰해 보면 형상과 놀이가 아이의 발달과 성숙에 어떤 배경이 되고, 역할을 하는지 해석할 수 있다. 이때 주목할 것은 아이가 상상 속의 형상을 가지고 놀면서 두려움을 극복하느냐 아니면 그 반대 상황에 빠지느냐 하는 점이다. 사실 아이들은 놀이의 의미에 대해 거의 의식하지 않는다. 아이들은 그저 행동을 통해 느낀다. 그래서 놀이 자체에 소름 끼쳐 하거나 실제 존재할지도 모른다고 상상하는 어떤 형상들에게 겁을 내면서도 놀이를 통해 두려움과 맞서고 이를 극복해나간다.

━━━ 5세가 된 벤야민은 유치원에 가는 것을 좋아하지 않는다. 아이는 불안해 보이고 자신감도 없다. 벤야민은 부모와 교사에게 공룡이 무섭다고 털어놓았다. 공룡이 없다는 것을 반복해 이야기해주어도 벤야민은 "난 유치원에서도, 우리 집에서도 공룡을 봤단 말이야!" 하고 고집을 부렸다.

사람들은 벤야민의 이야기에 웃음을 터뜨렸지만 아이는 공룡에게 잡아먹힐까 봐 두려워했다. 아빠는 야단을 쳤고, 엄마는 이해를 시키려고 애를 쓰며 아들을 안아주었지만 소용없었다. 벤야민은 유치원에서도 공룡을 보았고, 집의 정원에서도 보았다며 고집을 부렸다. 아이는 엄마에게 꽃밭에 난 어떤 동물의 발자국을 보여주었다. 정확히 어떤 동물의 발자국인지 알 수 없었지만 벤야민에게는 공룡의 흔적이었다.

나는 벤야민을 가족 세미나에서 알게 되었다. 아이는 나에게 공룡들 대부분은 착하지만 몇몇 나쁜 녀석들은 사람도 잡아먹는다고 일러주었다. 이야기를 하는 아이의 눈동자가 두려움에 확대되었다. 마치 공룡이라도 나타난 것 같았다. 내가 "우리 그 나쁜 녀석을 한번 그려 보자"고 제안하자 벤야민은 신이 났다. 아이는 종이와 색연필을 가져와서 몸에 가시가 많이 솟아 있고 코에 뿔이 난 거대한 공룡을 그렸다. "널 무섭게 하는 게 이 공룡이니?" 하고 내가 묻자 아이는 "이 공룡은 안 무서운 거예요" 하고 대답했다. 나는 무서운 공룡을 그려 보라고 말했다. 벤야민은 착한 공룡과 별반 다르지 않게 무서운 공룡을 그렸다. 하지만 얼굴을 그릴 차례가 되자 못 하겠다며 도화지를 구겨 휴지통에 던져 버렸다. "아주 무섭고 나쁘게 생겼어요. 아주 무시무시해요!" 아이의 목소리에는 힘이 잔뜩 들어 있었다. "사람도 먹어요. 정말이에요!"

우리는 먼저 색종이와 마분지로 착한 공룡을 만들었다. 아이는 종이, 헝겊, 골판지 등 가리지 않고 온갖 재료로 착한 공룡을 만들었다. 나는 벤야민이 공룡을 다 만들 때까지 기다렸다가 말했다. "네가 공룡을 손에 넣었으니 이젠 무서울 게 없겠다. 어디든 데리고 다녀도 되겠는걸." 아이는 내 말을 주문처럼 따라 하더니 공룡을 데리고 유치원에 갔다. 다른 아이들도 벤야민의 공룡을 부러워했다. 보육교사와 부모는 아이가 점점 자신감을 갖고 독립적으로 변해가는 모습을 지켜보면서 당분간 공룡에 대해서는 이야기하지 않기로 했다. 아이는 안심했다. 나쁜 공룡이 온다 해도 이제는 착한 공룡이 자기를 안전하게 지켜줄 게 확실했다. 11월에 접어들었다. 저녁 무렵, 정원에 나갔던 벤야민이 15분쯤 지나 집 안으로 들어왔다. 그리고 의기양양하게 말했다. "이젠 나쁜 놈들이 오지 않아요!" 아이는 자신감에 넘쳐 말했다. "착한 공룡 때문이에요. 나쁜 공룡들이 내 공룡을 무서워해요!" 벤야민은 정원에서 새로운 발자국을 찾으려고 노력했지만 더 이상 무턱대고 두려워하지는 않았다. 무서워하는 것을 쫓아낼 수 있는 방법을 자기 스스로 발견한 것이다.

벤야민의 발달 과정에서 볼 수 있듯이 어린이들은 대개 제거에 대한 두려움을 갖고 있으며 때로 그 공포는 확산되기도 한다.

#. 벤야민이 느끼는 공포의 원인은 공룡이었다. 다른 아이들에게는 괴물, 유령, 호랑이, 사자, 도깨비, 마귀, 강도, 도둑이 될 수 있다. 아이는 그것을 직접 그려봄으로써 불안에 대면하기 시작했고, 만들기 활동을 통해 구체적인 형상이 드러나자 차츰 혼란에서 벗어날 수 있었다.

#. 공룡은 두 가지 의미를 지닌다. 무엇이든 제거하고 파괴할 수 있을 만큼 크고 힘도 세지만, 한편으로 피난처와 보호처가 되기도 한다. '나쁜' 공룡이 얼마나 파괴력이 강력한가는 벤야민의 태도를 보면 알 수 있다. 아이는 그 공룡의 얼굴을 제대로 그릴 수 없었다. 그래서 벤야민은 나쁜 공룡을 그리던 도화지를 구겨 버렸다.

#. 벤야민은 귀엽고 '착한' 공룡을 선택했다. 그 공룡은 현실과 상상 속의 위험에서 보호해주고 위험을 통제할 수 있는 힘을

준다. 또 불안한 상황을 이겨낼 수 있는 환상을 심어주었다.

몇 달 뒤 벤야민이 책상 앞에 앉아서 두꺼운 종이로 톱니 모양을 오릴 때였다. 종잇조각이 스웨터를 입은 팔에 달라붙자 아이가 비명을 지르며 교사에게 달려왔다. "나쁜 공룡이 또 왔어요!" 교사는 요즘 들어 벤야민이 더 이상 수줍고 소극적이지 않다는 점을 알고 있었으므로 아이 스스로 문제를 해결할 수 있을 거라고 믿었다. 벤야민은 도둑과 경찰 놀이에서 도둑 역할 하는 것을 좋아했다.

벤야민은 선생님과 공룡 놀이를 했다. "선생님이 좋은 공룡을 하세요. 선생님이 먼저 날 쫓아와야 해요. 그리고 싸우는 거예요. 처음에는 내가 이기고, 그다음에는 선생님이 이겨요." 하루에 두 번씩 공룡 놀이를 하던 아이가 어느 날 갑자기 그 놀이를 그만두었다. 공룡에 대한 관심이 줄어든 것이다.

벤야민은 마침내 제거에 대한 두려움을 극복했고, 공룡 놀이를 통해 한 단계 성숙한 모습을 보여주었다. 아이는 더 이상 피하지 않고 '나쁜' 공룡을 대면할 수 있었다. 처음에 벤야민은 자신을 착한 사람으로 생각하고 오직 '착한' 공룡과 자신을 동일시했다. 자신의 거칠고, 비겁하며, 파괴적인 부분을 모두 '나쁜' 공룡 탓으로 돌렸다. 아이는 충동적이고 거친 내면의 일부를 놀이라는 의식을 통해 순화시키고 누그러뜨렸다. 일반적으로 제거에 대한 두려움은 상상 속 괴물을 쫓아 버린다고 없어지는 게 아니라 내재되어 있는 '나쁜' 부분을 발견하고 이를 인정하며 순화시키는 데 있다.

▬ 이러한 불안감은 성장하는 어린이들에게 환상과 두려움을 안겨준다. 어린이들은 부모의 품을 불안한 마음을 떨쳐 버릴 피난처라고 여긴다. 괴물과 동물에 맞서기 위해서는 확신과 믿음이 필요하다. 때로 부모는 자녀에게 피난처와 보호가 필요하다는 것을 잘못 이해하여 두려움을 극복하기 위한 전략을 세운다. 하지만 이는 대개 아이에게 맞지 않거나 적절하지 않은 경우가 많다.

> #. 자녀와 이성적인 대화를 나누며 그런 환상의 형상은 실제로 존재하지 않는다고 설득하는 부모들이 많다. 어린이의 시각을 완전히 무시하는 처사다.
> #. 자녀들이 두려워하는 것을 과장하거나 더욱 극대화하는 부모들도 있다. 아이가 느끼는 두려움을 해소해주려고 부모가 아이디어를 짜내고 끊임없이 제안을 한다면 자녀는 그런 부모를 불신하거나 지속적으로 반항하며 성장할 수 있다.

제거에 대한 두려움은 발달 과정의 한 단계다. 이런 두려움은 마술적인 요소를 좋아하는 어린이의 발달 단계에서 출몰하는데, 이 문제는 나중에 다시 다루겠다. 이 단계에서 어린이들은 환상 속에서 위협을 가하는 인물을 만들어내는데, 여기엔 다소 위험한 측면이 있다. 만약 아이 스스로가 그런 형상을 만들어낸 창조자라면 '스스로 꾸며낸' 형상이나 인물 또는 위험한 요소를 없앨 수 있다. 어른들은 아이들의 그런 상상력을 이용하는 것이 중요하다.

"우리 아이는 수줍음이 많아요"

토비아스는 몸을 가눌 무렵부터 부엌 깔개 위에 앉아 뭔가 관찰하기를 좋아했다. 아이는 물건을 손에 잡고 생각하면서 이모저모 뜯어보는 것도 좋아했다. 사람에 대해서나 어떤 상황에 닥쳤을 때도 마찬가지였다. 손님이 오면 엄마 뒤에 숨었고, 스스로 걸을 수 있는 나이가 되자 누군가 벨을 울리면 곧바로 자기 방으로 들어가 버렸다.

유치원에도 쉽게 적응하지 못했다. 아이는 소음, 소동, 변화하는 놀이에 적응하지 못했고, 다른 아이들과 어울리지 못했으며, 친구를 사귀지도 못했다. 오히려 유치원에 대한 반항심만 커졌다. 교사는 1주일에 하루는 집에서 쉬도록 조치했다. 그러나 그것으로는 충분하지 않았다. 결국 아이의 몸은 거부 반응을 보였다. 토비아스는 병이 들어 두 달 이상 유치원에 나가지 못했다.

"토비아스는 유치원에 가기 싫어할 뿐 아니라 오후가 되면 움직이려고 하지 않아요. 아무 데도 안 가려고 하고, 아무도 안 만나려 해요. 그저 저하고만 있으려 해요. 전 할 일이 많은데 말이에요." 엄마가 말했다. 그녀는 아이를 그냥 내버려 두기로 했다. 가끔씩 지나가는 말로 유치원에 대한 이야기를 건네 볼 따름이었다. 유치원 교사는 아이가 돌아올 경우를 대비해 자리 하나를 비워 두었다.

다섯 달 쯤 지난 뒤, 엄마가 토비아스에게 다시 유치원을 갈 것인지 묻자 아이는 뜻밖에 "응, 갈 거야!" 하고 확실하게 대답했다. 만 5세가 채 안 되었을 무렵이었다. 교사는 토비아스의 소극적인 성격을 알고 있었으므로 아이에게 적응할 시간을 많이 주었다. 놀이를 강요하지도 않았다. 일정한 시간이 흐른 뒤 토비아스는 다른 아이들과 어울려 놀기 시작했다. 간혹 한쪽 구석에 홀로 앉아 있기도 했다. 책을 볼 때도 있었지만, 보통은 아무것도 하지 않고 그저 혼자 있었다.

토비아스가 '정말 제대로' 유치원을 다니게 될 때까지 6개월이 더 걸렸다. 친구를 사귀는 데도 또다시 몇 달이 걸렸다. 하지만 그러고 나서 아이는 단숨에 유치원에서 제일 인기 있는 아이가 되었다.

그동안 토비아스는 말썽을 부리면서도 자신감을 얻었고, 유쾌한 여섯 살짜리가 되었다. 아직도 새로운 상황에 제일 먼저 적응하는 어린이는 아니지만, 근본적으로 변화를 거부하지 않는 아이가 되었다.

■ 소극적이고 조심성 많은 어린이들은 자신의 성격을 오해하는 경우가 많으며, 그로 인해 압박감을 받기도 한다. 그에 반해 부모와 교육자들은 아이의 '조용한' 열정을 도와주어야 한다고 생각하면서도 아이가 자신의 깍지 속으로 되돌아간다는 점을 간과한다.

어떤 조치를 취하면서 부모들이 흔히 내세우는 교육적 이유는 아이의 미래가 불안정하다는 것이다. 부모들은 자녀가 장래에 편안하고 쉽게 삶을 살아갈 수 있도록 자존심을 강화하고 안정시키려 노력한다. 부모들은 현재 자녀의 태도를 판단의 기준으로 삼으며 그것을 미래까지 연장한다. 그러나 수줍음과 소극적 성격은 평생 지속되는 짐이 아니다. 아이들은 변화한다. 그러므로 현재의 태도를 기준 삼아 미래의 삶을 예견하는 것은 부당하다. 오히려 소극적인 아이들 중 상당수가 일상생활을 자신의 성격을 통제하고 극복하기 위한 도전으로 받아들인다. 불안을 많이 느끼는 아이들 역시 새로운 상황에 닥쳤을 때 자신의 특성을 파악하여 자주적으로 대응하는 법을 배운다.

심리적으로 과도하게 반응하는 예민한 아이들도 많다. 주위가 시끄러우면 못마땅해하고, 남이 지나치게 친절을 베풀어도 거리를 둔다. 이런 아이들에게는 친밀감을 형성하는 것조차 스트레스다. 천성적으로 '수줍음의 유전자'가 있지 않아도 소극적인 태도를 보일 가능성은 아주 높다. 미국의 심리치료사 베르나르도 카두치는 모든 사람들의 대뇌에는 생각으로서의 수줍음과 에티켓으로서의 수줍음이 있다고 한다. 불안성향이 강한 어린이들의 뇌는 감정을 관할하는 오른쪽 뇌 절반이 왼쪽보다 활발하게 활동하는 것으로 드러났다. 그러므로 "제발 그러지 마! 넌 이미 컸잖아!", "사람들은 네가 최선을 다하는 걸 보고 싶어 해!"라는 말들은 아이의 수줍음을 없애는 데 전혀 도움이 되지 않는다.

신경과적 요인과 마찬가지로 환경의 영향도 소극적인 성격 형성에 중요한 역할을 한다. 최근 연구 결과에 따르면 새로운 것에 거리를 두는 대단히 예민한 아이들은 부모의 태도를 보고 배우면서 성격이 형성된다고 한다. 특이한 것은 소극적인 부모는 자녀에게 자신의 소극성을 강요한다는 점이다. 아이들은 말로 하는 조언보다는 눈에 보이는 행동들을 본보기로 삼는다. 앞의 연구 조사에 따르면 호기심이 많고 알려는 욕구가 많은 어린이는 타인을 능동적으로 받아들이며, 타인과 낯선 상황에 부딪치기를 좋아하는 사람들을 관찰하며 그 행동거지를 배운다.

　토비아스처럼 타인들 사이에서 불안해하고 주저하며 수줍음이 많은 아이들은 특정한 태도와 행동 방식들을 나타낸다. 이런 태도는 대개 사춘기 무렵까지 계속된다.

#. 소극적이고 수줍음이 많은 아이들은 소음이나 예기치 못한 상황에 직면하면 적응하기 어려워한다. 긴장하거나 스트레스를 받고 뒤로 주춤 물러선다. 자신이 그런 상황을 이겨낼 수 없다고 느끼기 때문이다.

#. 새로운 환경에 적응하는 데 어려움을 느끼며 준비 기간이 길기를 바란다. 완전히 후퇴하거나 뒤로 물러서기도 한다.

#. 전반적으로 새로운 것은 무엇이든 문제가 된다. 이런 어린이들은 피난처로 친숙한 사람과 익숙한 일상을 원한다. 모르는 사람들에게 둘러싸이거나 익숙한 일상에서 벗어나면 타인을 피하거나 파괴적인 행동을 보인다.

#. 이들은 교류를 트고 우호적인 관계를 맺는 데 어려움을 겪는다. 이들은 사람 사귀기를 주저하며, 중앙으로 나서기보다는 가장자리에 서서 참여할 기회를 기다린다.

#. 이런 아이들은 자신이 겪는 불안을 다른 사람을 불편하게 하거나 고통을 주는 방식(꼬집기, 찌르기, 물기, 소리 지르기 등)으로 표현하고, 파괴적인 행동(장난감 던지기, 놀이 훼방

등)을 보이기도 한다.

#. 어떤 아이들은 자신에게 익숙한 것을 혼자 하기를 즐긴다. 그리고 혼자라는 것에 개의치 않고 만족한다. 특히 익숙한 환경이거나(소리가 들리는 범위에) 자신이 믿는 친숙한 사람이 있다는 것을 알면 더욱 그렇다.

그렇다면 아이들은 자신의 수줍음을 어떻게 받아들일까? 자기만의 독특한 생활 방식을 이루어가는 기회로 받아들일까 아니면 외부와 담을 쌓을 수 있는 조건으로 받아들일까? 어찌 됐든 가장 중요한 것은 부모의 지원이다. 자녀의 모든 문제를 자신이 해결해주고자 하는 부모가 많다. 그렇게 되면 자녀는 독립적으로 자라지 못하며 부모의 바람과는 정반대로 성장하게 된다. 그런 경우 아이들은 자신을 곤란에 빠진 존재로 인식하여 부모의 도움 없이는 아무것도 하지 못한다고 생각한다. 그래서 무조건 부모, 교사, 양육자들에게 도움을 구하고 의지하게 되는 것이다.

#. 주저하며 수줍음을 타는 어린이들은 새로운 상황과 새로운 사람에 대해 준비할 시간이 필요하다.

#. 도움을 너무 빨리 주는 것은 좋지 않다. 정확하게 관찰하고 적절한 시간을 골라야 한다. 아이를 돕는다는 것은 부모가 자녀의 성장 속도에 맞춰 가는 것을 뜻한다.

#. 사회적 교류를 기피하는 아이들도 많다. 그렇다고 이 아이들이 특별히 외로움이나 불행을 느끼는 것은 아니다. 사람 사귀

는 것을 좋아하는 아이들 역시 자신이 압박감을 느끼지 않는
범위에서 도와주길 바란다.

#. 부모들은 혹시 자신의 소극적인 성격을 자녀에게 투사하는 게
  아닌지 자문해 보아야 한다. 그렇게 행동한다면 자녀를 퇴화
  시키고, 측은한 존재로 여기게 하며, 용기를 빼앗는 것이다.

자녀는 소극적인 아이라고 속단하는 것은 금물이다. 아이는 사회
적 관계 속에서 학습을 통해 얼마든지 변한다. 이런 경우에 최상의
교육적 태도는 자녀를 있는 그대로 수용하는 것이다. 그러면 아이
들은 거리감을 두되 자신에게 유리한 방향으로 타인에게 대응하
고, 상황을 활용하는 법을 배운다.

━━ "케빈한테 무슨 일이 있다는 생각이 들었어요" 하고 보육교
사 안네그레트 클라센스가 말했다. "유치원에 온 첫날부터 제 무릎
에 앉아 뽀뽀를 하며 손으로 제 몸을 더듬는 거예요. 오후에 집에
가기 전에는 절더러 사랑한다고 해요. 제가 세상에서 최고로 멋있
는 여자라고요." 그런데 케빈은 그녀뿐 아니라 만나는 모든 교사들
에게 똑같은 행동을 했다. 시간이 지날수록 아이는 유치원의 교사
들에게 부담스러운 존재가 되었다. 아침마다 교사들의 사랑을 독
차지하려고 이 사람 저 사람의 무릎으로 옮겨 다녔다. "이런 말 하
긴 좀 그렇지만, 그 앤 쓰레기 더미 위를 날아다니는 쇠파리 같아.
도저히 떼어낼 수가 없다고. 우리한테 뽀뽀를 하면 부모들이 오는
시간이 되잖아. 그 앤 부모들한테도 닥치는 대로 뽀뽀를 해. 그 사

람들은 아마 어떤 일이 벌어졌는지 상상도 못할 걸!"

이 같은 맹신 현상은 기본적인 신뢰가 부족한 경우에 흔히 나타난다. 케빈은 사람들에게 거리감을 두지 않았는데, 이는 무비판적이며 대부분 단기적이고 표면적인 관계가 혼합된 형태이다. 그 뒤에는 독립심이나 자의식이 없으며, 단지 다른 사람에게 기대고자 하는 욕구만 존재할 뿐이다. 아이는 사람과의 관계에 확신을 갖지 못한다. 또 버림 받을까 전전긍긍한다. 그래서 다른 사람에게 관심을 쏟아달라고 끊임없이 강요한다.

케빈의 삶은 모험과도 같았다. 아이는 약 반년 전부터 할머니와 함께 살고 있는데, 그 전에는 고아원에서 지냈다. 엄마는 몸을 파는 여자로 케빈에게 한 마디 말도 없이 포주를 따라 미국으로 사라졌다. 케빈은 태어난 직후 어느 위탁 양육 가정에 맡겨졌다. 그러나 엄마에 대한 이야기가 알려진 데다가 케빈이 병까지 앓자 그 집에서는 아이의 양육을 포기했다. 그 뒤 또 다른 위탁 가정이 아이를 맡았다. 그러나 아이가 대소변을 제대로 가리지 못한다며 또 양육을 포기했다. 결국 아이는 신뢰하는 법을 배우지 못했다. 생후 1년 동안에 맺어야 하는 안정적인 인간관계를 획득하는 데 실패한 것이다. 양육자가 계속 바뀌었기 때문에 케빈은 믿을 수 있는 친숙한 사람과 그렇지 않은 사람을 구분하는 법조차 배우지 못했다.

이처럼 극적인 경우가 아니라 할지라도 도무지 사람을 가리지 않는 아이들도 있는 법이다. 갓난아기 때나 아주 어린 나이에 병원에 입원한 아이들이 흔히 그렇다. 이런 아이에게 사람들이란 모두 먼 사람 아니면 모두 가까운 사람일 수 있다. 어린이는 인간관계 없이 살 수 없다. 인간관계가 없으면 감정이 황폐해진다. 그래서 어른, 아이 구분하지 않고 모든 사람과 친해지려 한다. 이런 아이들은 문자 그대로 다른 사람에게 몸을 던져 목에 안기거나 무릎에 기어오르며, 잡을 수만 있으면 가리지 않고 아무에게나 매달린다. 그러다 거절당하면 다른 사람을 대상으로 삼는다.

이런 어린이들에게는 대부분 자존감이 결여되어 있다. 그리고 자신의 신체나 성에 대한 자의식이 약한 반면 누군가에게 의지하고자 하는 욕구는 강하기 때문에 자칫 악용될 위험이 있다.

━ 케빈의 조부모와 유치원 교사들은 아이를 위한 계획을 세웠다. 가까운 사람과 그렇지 않은 사람을 구분하고, 유대관계와 친숙함을 경험하고, 자신과 타인을 존중하는 마음을 형성해 나가도록 돕는 게 우선 과제였다. 교사 두 명이 집중적으로 케빈을 돌보았다. 거리를 두지 않는 어린이에게 인간관계를 가르치려면 고통과 눈물, 슬픔과 스트레스가 수반되기 마련이다. 아이는 이제까지 경험하지 못했던 감정들을 뒤늦게 익혀갔다. 교사들은 케빈을 불쌍한 아이로 여기는 대신 인간관계에 거리감을 형성하지 못하는 아이로 간주했다.

케빈은 아침마다 확실한 의식을 치렀다. 그 의식이란 시간적(도착, 귀가, 식사 전 등)으로나 공간적(담요, 식탁, 잔디 등)으로 특정한 사람과 관계를 맺는 것이다. 그 나머지 시간에는 특별히 아이에게 신경을 쓰지 않는다. 혼자서 놀든지 아니면 원하는 다른 무엇을 할 수 있다. 하지만 특별한 목적이 없이 여기저기 휘젓고 다닐 때는 공간적 제한을 설정한다. 다른 아이들과 접촉할 때는 항상 "너랑 같이 놀아도 돼?", "나 너랑 같이 뛰고 싶어!"라고 말하도록 가르쳤다. 동시에 신체를 많이 쓰는 놀이로 자신의 몸에 대한 자의식이 형성되도록 유도했다.

케빈은 교사뿐 아니라 다른 아이들에게도 스트레스를 많이 주었다. 어떤 때는 며칠이고 유치원에 결석했다. 하지만 교사들은 포기하지 않고 계획대로 밀고 나갔다. 할머니와 협력하여 집에서도 비슷한 전략을 펼치기로 하고 정기적으로 상담소의 지원을 받았다. 그사이 케빈은 여덟 살이 되었다. 지금도 어쩌다 한 번은 '예전의 버릇'을 보이기도 한다. 하지만 아이는 무조건적이지만 긍정적인 인간관계를 맺어나가면서도 자기 방어를 위한 거리 유지 능력을 갖추게 되었다. 케빈은 자신의 고유한 의식을 개발했고, 자신의 몸에 대한 자의식을 더욱 확고히 하기 위해 유도를 배우고 있으며, 다른 아이들과 어울릴 때는 그 아이의 의사를 물을 줄 알고, 자신의 몸이 고귀하다는 것을 깨닫고 존중하는 마음을 갖게 되었다. 이제 케빈은 다른 친구가 물어보지도 않고 자기의 머리를 쓰다듬으면 야무지게 말한다. "나한테 그래도 되느냐고 물어봤어?"

부모의 일관성 없는 태도가 반항아를 키운다

마리아는 "친구들한테 아이들이 반항하는 이야기를 여러 번 들었어요. 하지만 내 아들 필립이 그러리라고는 상상도 못했어요"라고 털어놓았다. 그녀는 한참 생각하다가 "두 돌이 될 무렵, 아이가 갑자기 '싫어, 안 할 거야!' 하더라고요. 빠르고 높은 톤으로 반항하는 걸 보면 이제까지 봐왔던 귀엽고 예쁜 필립이 아닌 다른 애 같아요."

"아르네한테는 반항기라는 말이 꼭 들어맞아요. 이제 겨우 네 살인데요" 하고 발터가 말을 꺼냈다. "마음에 들지 않는 게 있으면 다짜고짜 소리를 질러요. 아무거나 집어던지고 바닥에서 데굴데굴 굴러요. 달래도 소용없어요. 근처에도 못 오게 해요."

"막달레나는 세 살이 될 때까지 씻기는 데 아무 문제가 없었어요. 머리 감을 때도 조용히 있었어요. 제 딸이라서 하는 얘기가 아니라 정말 최고였어요." 노라가 딸에 대해 이야기하기 시작했다. "그런데 지금은 아무 말도 안 들어요. 제대로 해줄 수 있는 게 없을 정도예요." 그녀는 한숨을 쉬었다. "놀 때는 제가 옆에 가도 관심이 없어요. 얼마나 가슴 아픈지……."

"차로 어디를 갈 때는 그야말로 지옥이에요." 헤르베르트가 하소연했다. "애를 차에 태우고 안전벨트를 매는 데 오전이 다 가버리더라고요."

안토니아는 고개를 저었다. "우리 파울은 정반대예요. 분명 거부하는 데 도대체 속을 알 수가 없어요. 가까이 하기 너무 힘들어요. 꼭 벽 앞에서 얘기하는 것 같다니까요. 어떤 때는 돌멩이가 땅에 떨어진 것처럼 꼼짝 않고 누워서 아주 힘들게 해요. 들어 올려서 다른 곳으로 옮기는 게 불가능할 정도예요."

"그럴 때 우리가 할 수 있는 게 대체 뭘까요?" 부모들의 모임에서 소녀가 물었다. "어떤 사람들은 그런 행동 뒤에는 무슨 이유가 숨어 있다고 하고, 또 어떤 사람들은 모르는 척하라고 해요." 그녀는 우울하게 웃었다. "하지만 슈퍼마켓에서 모든 사람들이 우리를 쳐다보고 있는 상황이라면 얘기가 다르지요. 무슨 조치를 취해야 하니까요. 그 사람들의 눈길 속에는 저를 향한 비난이 담겨 있는 걸요." 그녀가 고개를 흔들었다. "도대체 어떻게 해야 할지 모르겠어요."

███ 3~6세의 자녀를 둔 대다수 부모들은 한 번쯤 이런 극적 경험을 해보았을 것이다. 하지만 막상 부딪치면 어떻게 처신해야 좋을지 묘안이 떠오르지 않는다. 아이의 마음을 가라앉히려 들면 아이는 오히려 소리를 더 지르며 기세가 등등해진다. 달래려고 하면 부모를 때리거나 발로 차고 숨기도 한다. 또 성격이 전혀 다른 반항기도 있다. 조용한 저항, 침묵의 반항이다.

생후 18개월에 시작하여 6세까지 지속되는 반항기는 아주 중요한 단계다. 어린이는 영아기와 유아기에서 탈피하여 자신의 능력을 자각하면서 자립심을 기른다. 부모는 무조건 "네"라고 대답하는 자녀나 이도저도 아닌 어정쩡한 아이보다 독립적이며 자율적인 자녀를 원한다.

개성을 인정한다는 것은 자녀의 다른 면도 수용한다는 뜻이다. 다른 사람을 가까이 오지 못하게 하는 고집스러움, 자신의 뜻대로만 하려는 태도, 원하는 것을 얻지 못했을 때의 너그럽지 못한 태도, 장기간에 걸친 정신적 긴장을 참지 못하는 미성숙한 태도 등을 예로 들 수 있다.

어린이의 정서 발달에 대단히 중요한 시기인 반항기는 개인마다 큰 차이가 있지만 어린이가 독립적으로 성장하는 과정에서 대단히 중요한 단계다. 그런데 이 길은 직선으로 뻗어 있는 곧은길이 아니라 우회로가 많고 때론 막다른 골목으로 막혀 있기도 하다. 그 길은 '아직도 못하나'는 실망감이 서린 길이며, 날마다 다른 언덕과 장애물을 만나야 하는 극복의 길이기도 하다.

아이는 자기가 이미 많은 것을 할 수 있다는 사실을 자각한다. 하지만 여전히 할 수 있는 일과 없는 일 사이에서 갈등한다. 이때 긴장이 발생한다. 만일 그것을 견디지 못하면 아이들은 흔히 소리를 지르거나 화를 내고 주변 환경에 적응하려 하지 않거나 때로 아무 일도 일어나지 않은 것처럼 행동한다. 부모들은 달나라에 보내고 싶을 만큼 '괴물'처럼 굴었던 아이가 어떻게 파리 한 마리 괴롭히지 못할 것처럼 천진난만하게 인형을 가지고 놀 수 있을까 의아해한다.

반항기를 겪는 아이의 마음속에는 두 가지 자아가 공존한다. 스스로 충분히 해낼 수 있는 것들을 갑자기 포기하고, 세상 밖으로 뛰쳐나가려 들고, 인간관계를 무시하면서 파괴하려는 아이. 그리고 자신이 만든 세계에서 정복자이자 탐험가가 되기 위해 친밀한 인간관계를 바라며, 따뜻한 품과 보호를 갈구하는 또 다른 아이.

우리는 반항기의 특징을 네 가지로 구분할 수 있다.

#. 아이들은 뭔가 자신에게 맞지 않는다고 느끼면 놀이를 중단

한다. 하지만 그게 무엇인지는 정확히 이해하지 못한다. 아이는 실망하거나 좌절하면서도 계속 이행하려는 의지를 보인다. 예를 들어 포크를 사용하려고 하지만 음식물이 자꾸 미끄러져 내리거나 나뭇조각으로 쌓는 탑이 끊임없이 무너져 내리는 경우 등이다.

#. 이렇게 되면 실망감이 증폭된다. 아이는 더 이상 그런 감정을 참을 수 없을 때 밖으로 드러낸다.

#. 아이의 감정은 혼란 속에 빠진다. 주위 사람들과 관계를 단절하고, 주변 환경에 적응하려 하지 않고 더 이상 듣지도 보지도 않으려 들고, 말을 붙이지 못하게 하고, 자신의 정상 궤도에서 완전히 이탈한다.

#. 반항을 하지만 다른 나쁜 의도가 있거나 힘을 쟁취하려는 싸움이 아니기 때문에 특정한 사람을 대상으로 삼지 않는다. 어떤 특정한 개인에게 반항하는 것이 아니므로 벌을 줄 필요는 없다. 또 아이가 반항한다고 해서 복종을 거부하거나 고집을 부리고 남을 도외시하는 것은 아니다.

반항기는 생후 18개월에 시작하여 보통 4, 5세에 끝나지만 6세까지 지속되는 경우도 있다. 7~10세에 반항적인 행동 방식이 다시 나타나기도 한다. 반항의 태도와 내용은 발달의 진행에 따라 변화한다. 반항기가 시작되는 3세 무렵엔 움직임에 제한이 가해지거나 뭔가 자기의 의지대로 되지 않을 경우에 반항하는 행동이 심해진다. 몸이 피곤해도 쉽게 반항하거나 반항의 정도가 심해질 수 있다. 하루 예닐곱 번 정도는 흔한 편이다. 세 돌이 될 무렵부터 횟수가 줄어들지만 그 내용과 강도는 더욱 세지고, 촉발 원인 또한 다양해진다.

아이는 '혼자' 있고 싶지만 '아직 혼자 있을 수 없다'는 것을 안다. 자기의 힘으로 다 할 수 있다고 생각하지만, 시기상조라는 사실 또한 알고 있다. 때문에 "내가 도와줄까?"라는 말이 도화선이 될 수 있다. 때로 놀이에 열중한 아이에게 "얘, 지금 나가야 해. 가자!"라고 말해도 감정을 폭발시킬 수 있다. 아이에게 익숙한 생활 리듬을 깨버리게 되는 경우도 마찬가지다. 이때 아이는 변화에 실망하고 화를 내거나 노여워할 수 있다. 또 부모가 항상 "안 돼!"라고 말하며 뭔가 금지하거나 자신을 진지하게 받아들이지 않는다고 느낄 때도 반항할 수 있다. 이런 경우 아이들은 강제성에 저항하려고 하지만, 말로는 강력한 주장을 펼칠 수 없는 탓에 행동으로 보여주는 것이다.

아동기의 반항이 갖는 의미와 역동성은 생후 2~5년에 겪는 발달 과정으로 이해해야 한다. 아동의 신체적 능력은 이 시기를 거치며 발달한다. 스스로 옷을 입고, 혼자 힘으로 밥을 먹고, 무엇이든 자기의 힘으로 시작하고 끝내려고 한다. 그렇기 때문에 아이들은 자기의 행동을 제지당하면 항의하는 것이다. 아이들은 또 자기가 획득한 활동의 자유를 자랑스러워한다. 자동차에 탔을 때 어른은 아이를 위해 안전벨트를 매준다. 하지만 이와 같이 꼭 필요한 일이라 하더라도 아이는 행동에 제약을 받는다고 생각하면 격렬하게 저항한다.

어린이는 생후 3~6세에 많은 변화를 겪는다. 어린아이에서 탈피하여 새로운 과제를 부여받는다. 행동반경이 넓어지고, 시야와 시각에 변화가 오고, 새로운 가능성이 열린다. 그에 따라 더 많은 자유를 얻지만 동시에 두려움도 느낀다. 그래서 이 시기의 아이는 익숙한 것에 더 많은 가치를 둔다. 어떤 부모는 내 아이가 질서에 너무 집착하는 것이 아닌가 의심을 하기도 한다. 모든 것이 원칙대로 행해져야 하며, 사소한 일일지라도 기존의 질서를 깨트린다면 일단 자신에 대한 공격으로 받아들인다. 아끼는 헝겊 인형은 항상 제자리에 있어야 하고, 저녁 인사도 항상 같은 식으로 해주기를 바라며, 이야기책도 같은 목소리로 평소와 똑같이 읽어주기를 바라고, 옷을 입고 벗는 일 역시 늘 해왔던 방식대로 진행되기를 원한다.

▬ 반항은 성장 과정의 결과물로 긴장감의 표현이기도 하다. 아이는 '나'라는 단어를 말할 수 있게 된 것을 자랑스러워한다. 아이는 또 넘지 말아야 할 경계가 무엇인지, 어떤 규칙을 지켜야 하는지, 힘에 부치는 것이 무엇이며, 해서는 안 되는 일이 무엇인지 배워간다. 그렇다고 모든 아이들이 내부의 긴장 상태를 반항으로 표출하지는 않는다. 어떤 아이들은 손가락을 빨고, 어떤 아이들은 헝겊 인형을 안고 다니며, 이리저리 뛰어다니는 아이가 있는가 하면, 그네에 몸을 싣고 시름을 달래는 아이도 있다.

부모의 입장에서는 반항기의 심각한 행동이 영원할 것처럼 보인다. 그러나 이는 일시적인 현상이다. 발달심리학자 볼프강 메

츠거가 여러 해 전에 발표한 바에 따르면 반항기는 감정을 청소하는 폭풍우와 같은 것으로 그 뒤에는 다시 햇살이 뜬다고 했다.

이런 과정의 자녀를 둔 부모들은 다음 사항에 유념해야 한다.

#. 반항은 엄마나 아빠를 상대로 하지 않는다. 반항은 인간관계의 장애를 표현하는 것이 아니라 어떤 일 또는 사건에서 발생한 '장애' 때문에 생긴다. 어린이들은 자신이 설정한 규칙, 질서, 가치가 어른에게 방해받았다고 생각할 때 그런 감정을 느낀다.

#. 반항을 한다고 해서 아이가 어른에게 자신의 의지를 강요하려는 것은 아니다. 권위를 가진 자라는 이유 때문에 어른을 부정하지 않으며, 전반적으로 거부하지도 않는다. 그러므로 반항은 적개심, 순종에 대한 거부, 불복종과 엄격하게 구분되어야 한다.

#. 반항기의 어린이는 사랑을 갈구한다. 특히 밤에 더욱 다정하게 대해주기를 바란다. 그래서 이 시기의 어린이는 양면성이 있는 것처럼 보인다. 낮에는 이런저런 말썽을 부리는 작은 괴물처럼 보이다가 밤이면 부모의 침대 속을 파고드는 어린 양으로 돌변하기 때문이다.

반항의 유형은 아주 다양하다. 아이마다 특성이 다르듯 반항의 유형 역시 제각기 다르게 나타난다. 그러므로 다음의 기본 원칙들을 유념해야 한다.

\#. 반항을 한다고 벌을 주면 안 된다. 체벌은 문제를 더 심각하게 만들 뿐이다.

\#. 반항을 멈추게 할 방법은 없다. 아이가 떼를 쓰기 시작하면 옆에 머물면서 부모가 아이를 진지하게 받아들이고 있다는 사실을 알려주는 게 좋다.

\#. 중간에 휴식을 갖는 것도 효과가 있다. 자녀를 방으로 들여보내 화를 풀도록 하는 것도 좋은 방법이다. 그런 경우에는 이렇게 말하면 좋다. "화가 가라앉으면 다시 나와도 좋아." 아이를 나가게 할 수 없으면 어른이 잠시 다른 방에 가 있는 것도 좋다. 아이 때문에 화나기 직전이라면 더욱 현명한 방법이다.

\#. 부모는 자녀가 반항할 때 어떤 식으로 대응할지 생각해 두어야 한다. 자녀가 어떤 일에 열중하고 있을 때 이를 중단시켜야 한다면 미리 언제 어디에 갈 예정이라고 알려주는 게 효과적이다. 그러면 아이는 자신이 하던 일을 끝맺을 기회를 얻게 된다. 처음으로 수저 사용법을 배울 때도 저 혼자 충분히 연습하도록 내버려 두었다가 도와주는 게 좋다. 아이들은 실패를 통해 배우고 도움을 받을 준비를 한다.

\#. 친구나 친지가 도움이 되기도 한다. 깜짝 놀라게 해도 좋고 유머를 이야기해도 좋다.

어느 날, 카르멘이 상담소에 왔다. "라이너는 이제 겨우 다섯 살인데 정말 절 지치게 해요." 그녀가 설명했다. "슈퍼마켓에서 원하는 걸 안 사주면 물건을 죄다 던져 버려요. 그래서 결국 아무 일도 못 보고 돌아오게 돼요." 그녀는 나에게 도움을 요청했다. "무슨 수가 없을까요?"

나는 웃으면서 이렇게 말했다. "다음에 그 애가 또 땅바닥에서 구르면 근처에 있는 다른 어른을 보세요. 분명 주위에 '저러면 안 되지. 뭔가 조치를 취해야지'라는 눈빛으로 당신을 바라보는 사람이 있을 겁니다. 그 사람한테 가서 도움을 구하세요."

"아니요. 그렇게 못해요. 다른 사람들이 절 어떻게 생각하겠어요?" 그 엄마의 반응이었다. 나는 "다른 사람 생각이 뭐가 중요하지요?"라며 웃었다.

몇 주 지난 뒤 카르멘이 전화를 했다. "로게 박사님, 박사님 말씀대로 했어요. 라이너가 다시 바닥에 누워서 떼를 쓰기에 교육학 박사처럼 보이는 여자한테 가서 도움을 요청했지요."

"어떻게 됐죠?"

수화기 저편에서 웃음소리가 들렸다. "라이너가 벌떡 일어나면서 '아줌마가 날 어떻게 할 순 없어요!' 하는 거예요. 그러더니 제 손을 꼭 잡더라고요. 마치 '엄마 진짜 잘했어요' 그러는 거 같았죠."

▬ "아이들은 왜 손님이 오면 더 떼를 쓸까요? 슈퍼마켓이나 식당에 가도 그렇고요." 내가 늘 듣는 말이다.

하지만 이런 식으로 일반화하는 것에는 무리가 있다. 슈퍼마켓이나 식당에서 겪은 기억이 오래 가기 때문에 그렇지 사실 아이들은 익숙한 환경에서 떼를 잘 쓴다. 부모는 집과 같이 아이에게 익숙한 환경에서는 냉정하게 상황을 판단하고 현명하게 대처한다. 그러나 낯선 환경에 놓이면 모든 것을 잘 처리해야 한다는 생각에 다른 사람들의 말과 생각에 초점을 맞추기 마련이다. 아이가 시야에서 사라지고 대신 다른 사람들의 존재가 중요해지는 것이다. 그러면 아이는 불안을 느낀다. "엄마, 아빠는 왜 여기서는 이렇고 집에서는 저럴까?" 아이는 이런 불안감을 이겨내지 못하고 더 심하게 떼를 쓰게 된다. 반항기의 어린이는 익숙한 방식을 좋아한다. 아이들은 무엇이 문제인지 알고자 하므로 불분명한 메시지를 받아들이지 못한다.

━━ 도리스는 두 아이를 데리고 슈퍼마켓에 물건을 사러 갔다. 그녀는 다섯 살짜리 벤야민과 일곱 살짜리 미하엘이 주차장에서 '작은 괴물'로 변했다고 말했다. "집에서는 보통 애들하고 다를 바 없는데, 다른 사람들만 있으면……." 그녀는 머리를 흔들었다. "꼭 관객이 나타나기만 기다렸던 애들 같아요." 아이들은 슈퍼마켓만 가면 번번이 그렇다고 한다.

자동차가 주차장에 서자마자 벤야민은 쇼핑카트 쪽으로 뛰어갔다. 엄마에게 쇼핑카트를 하나 가져다 줄 생각이었다. 미하엘이 뒤따라 와서 카트를 빼앗았다. 둘이 소리를 지르며 울고 싸우는 가운데 엄마가 다가와 벤야민을 카트에 태웠다. 다른 한 손으로는 미하엘의 손을 잡았다. 억지로 끌어당기는 식이었다. 미하엘이 발로 차며 손을 빼고 있는 대로 소리를 질러댔다. "손 놓으란 말이야. 손 놔!" 엄마는 아이를 놓칠까 봐 자기 몸 쪽으로 끌어당겼다. "엄마 때문에 아프잖아. 아야!" 미하엘이 소리쳤다. 무슨 큰일이라도 난 것처럼 호들갑을 떨었다. 그 모습은 다른 사람들의 호기심을 자극했다. 엄마는 사람들의 눈길을 의식하고 얼굴이 뜨거워졌다. 냉정하게 생각할 여유를 잃고 절망감에 사로잡혔다.

벤야민은 그동안 여러 번 써먹은 효과 만점의 눈물 작전을 구사했다. "내리고 싶어." 징징 짜는 목소리로 졸라대자 엄마는 더 이상 견디지 못하고 아이를 바닥에 내려주었다. "뛰어다니면 안 돼!" 그러나 벤야민은 발이 땅에 닿자마자 엄마의 손을 밀쳐내고 진열대 뒤로 사라졌다. 미하엘이 그 뒤를 따라갔다. 엄마는 생필품 몇 가지를 신속하게 챙기면서 아이들 쪽에 귀를 열어두었다. 잠시 후 진열대 뒤에서 시끄러운 소리가 들려왔다. 형제끼리 다투고 있었다. 벤야민이 과자를 한 보따리 안은 채 뒤로 넘어질 때까지 싸움질은 계속되었다. 달려온 엄마가 아이를 안아 올렸다. 엄마가 미하엘의 엉덩이를 몇 차례 때렸다. 그 사이 벤야민이 형에게 달려가 정강이를 힘껏 걷어찼다.

엄마는 있는 힘을 다해 벤야민의 손을 잡았다. 그때 어떤 여자가 오더니 "그만 좀 하시지요" 하고 핀잔을 주었다. 벤야민은 엄마의 손을 풀고 그 여자를 쳐다보며 날름 혀를 내밀었다. 여자가 머리를 흔들며 돌아섰다. "벤야민! 그러면 못 써." 엄마가 놀라움과 실망이 섞인 목소리로 아들을 나무랐다.

"어떻게 슈퍼마켓을 나왔는지 몰라요. 저는 땀을 뒤집어쓴 채 수 천 개의 눈길을 느꼈지요. 동정하는 눈길, 분노의 눈길……." 벤야민과 미하엘은 함께 카트를 밀면서 교활하게 웃었다. "아이들은 자동차에 올라탔어요. 그리고 나서 세상에 둘도 없이 착한 아이들이 되는 거 있죠." 그녀는 잃어버린 두 천사를 찾으려는 듯 천정을 바라보았다.

▬ 많은 부모들이 비슷한 경험을 했을 것이다. 당하는 부모의 입장에서는 그 순간이 영원처럼 느껴지기 마련이다. 아이들 역시 그런 상황을 불안하게 느끼는 건 마찬가지다. 아이들은 '엄마, 아빠는 나와 단둘이 있을 때랑 다르게 행동해. 나를 진지하게 받아들이지 않는 거야. 나보다 다른 사람이 더 중요한 거야'라고 생각한다. 그러나 이런 느낌을 말로 표현하지 못하기 때문에 결국 경계를 넘어 부모에게 상처를 주는 것이다.

미하엘과 벤야민은 집에서 규칙을 잘 지키며 약속에 익숙하다. 엄마인 도리스 역시 익숙한 환경에서는 일관성 있게 행동한다.

"엄마는 시장 갈 때마다 아주 웃겨요." 미하엘이 엄마의 불안한 태도를 꼬집었다. "내가 한번 보여줄까요?" 엄마는 한숨을 쉬며 대답했다. "잘하고 싶었을 뿐이에요! 저는 어린이집에서 10년이나 교사로 일했어요. 이론뿐 아니라 실제로도 유능하다는 걸 보여주고 인정받고 싶었죠. 집에서는 잘되는데 이상하게도 밖에 나가면, 특히, 안면 있는 사람들을 만나면……."

대화를 통해 나는 그녀가 완벽주의자란 사실을 알게 되었다. 그녀는 자기도 모르는 사이 부모와 자식 간의 관계보다 다른 사람들의 인정과 사랑을 받는 일에 더욱 신경을 썼던 것이다. 그러나 결국 도리스는 자신의 품위를 떨어뜨렸고 다른 사람들의 교육적 기대에 구속되는 신세가 되고 말았다. 미하엘은 이런 상황을 비유하여 "엄마는 웃겨요"라고 말한 것이다. 아이는 덧붙였다. "엄마는 나를 쳐다보지 않아요. 내 말도 안 들어요." 도리스는 자신이 원하는 행동을 했다기보다 다른 사람들이 자신에게 기대하는 방식대로 행동했다. 자신의 감정까지 타인들의 관심에 맞추었던 것이다. 그녀의 언행은 자신의 필요와 욕구를 배격하고 타인의 의견에 구속되었으므로 불안했고 일관성도 없었다.

타인에게 구속되면 행동에 장애가 온다. '모든 사람들이 내 잘못을 봤다면 큰일인데.' 이렇게 주관적으로 판단을 하게 된다. 그러나 이런 식으로 판단을 하면 자신을 비난하게 되고 본인을 둘러싼 현실보다는 자신의 두려움과 불안에 초점을 맞추게 된다.

도리스는 마음가짐을 바꾸었다. 슈퍼마켓을 교육의 훈련 장소로 생각하지 않기로 했고, 이론과 실천을 완벽하게 소화해야 한다는 강박증에서도 벗어났다. 그녀는 아무렇지 않게 행동했고, 다른 사람들의 시선을 의식하지 않았다. 아이들에게 자신의 불안한 마음을 내보이지도 않았다. 덕분에 벤야민과 미하엘은 결단성 있고 자립적인 엄마의 모습을 경험하게 되었다. 도리스는 이제 자기가 만들었던 최악의 상상에서 벗어났고 삶은 계속된다는 것을 알게 되었다. 결국 문제 해결의 열쇠는 그녀 자신의 손에 있었던 것이다.

부모의 행동에 따라 아이의 도덕성이 결정된다

"가끔 너무 힘들어요." 16개월 된 파울라의 엄마 이리나가 한숨을 쉬었다. "딸아이의 행동을 제지해야 할 때요. 아이가 위험한 일을 벌이면 말려야 하잖아요. 하지만 아이한테 많은 걸 허락하고 싶을 때도 있어요. 자유에 대한 욕구를 억누르고 싶지도 않고요."

라파엘라가 말했다. "제 아들 얀은 이제 18개월인데 원하는 걸 손에 넣지 못하거나 다른 아이들이 화나게 하면 사람을 물어요. 어떻게 손을 쓸 수가 없어요. 도대체 어떻게 해야 할까요? 최근에 어떤 아이가 복수한다고 제 아들을 문 적이 있었지만, 그래도 소용없어요. 제가 아이한테 '너도 두 번 다시 물리고 싶지 않지?' 하고 물었더니 괴상한 표정을 지으며 절 깨물려고 하더라고요." 그녀는 자포자기한 듯 고개를 저었다.

폴커는 세 살 반 된 아들 보리스가 기술자라고 말했다. "그 애는 모든 걸 분해해요. 다시 맞추지도 못하면서요. 손에 뭘 넣기만 하면 아주 산산조각을 내 버려요."

"비앙카는 이제 겨우 여섯 살인데 물건을 훔치고 거짓말도 해요." 마이케의 목소리가 떨렸다. "어떻게 해야 좋을지 모르겠어요. 아이는 증거가 분명한데도 딱 잡아뗀다니까요." 그녀는 고개를 움츠렸다. "이건 정말 너무 빠르지 않나요? 사춘기라도 됐다면 또 몰라요. 항상 지키고 있어야 하니 걱정이 이만저만 아니에요." 그녀의 표정이 어두웠다.

━━ 갓난아기 시기부터 초등학교 입학 전까지 어린이의 도덕관과 사회관은 엄청나게 발달한다. 스스로 도덕을 지키려는 어린이도 많고, 부모에게 도덕적으로 행동할 것을 요구하는 어린이도 많다.

생후 첫 돌이 되기 전의 아이에게 의식적으로 타인을 고려한 행동을 하라고 요구할 수는 없으며 다른 사람이 느끼는 감정을 똑같이 느끼도록 기대하는 것도 무리다. 유아는 자기 자신에게만 관심을 둔다. 또한 그 관심은 고정되어 있다. 이때 사회성을 형성하는 일은 부모나 양육자의 몫이다. 사람들이 아이에게 관심을 두고 존중하고, 아이의 욕구에 민감하게 반응하며, 아이를 진지하게 받아들인다는 느낌을 주면서 유대감을 심어주면 그 아이의 사회성은 기초가 튼튼해진다.

연구에 따르면 의지할 사람이 없거나 자신의 욕구를 들어줄 사람이 없을 때, 또 양육자가 민감하게 반응하지 않을 때 아이는 자신이 거부당하고 사랑받지 못한다는 느낌을 받는다고 한다. 이는 장차 아이가 비사회적인 태도를 취할 수 있는 원인이 된다.

생후 1년 동안 사람과 가까이 하면서 자존심과 신뢰를 쌓는 것은 독립심을 기르기 위한 첫 단계다. 아이들은 걸을 수 있게 되면서 탐구심을 갖기 시작한다. 많은 것에 관심을 두고, 이면에 무엇이 있을까 궁금해하며 세상을 탐구한다. 물론 그런 호기심은 때로 위험 요소를 내포하지만, 일일이 제한하면 발달은 저해되고 아이는 반항심과 거부감을 품게 된다.

19개월 된 파울은 서랍 뒤지는 걸 좋아하고, 15개월 된 안네테는 책장에서 책 꺼내는 것을 좋아한다. 세 살 된 페터는 자기 손가락을 콘센트에 넣으려고 끊임없이 시도한다. 이 아이들의 부모는 "안 돼!", "그냥 둬!"라는 말을 입에 달고 산다. 부모들은 아이들에게 왜 그 일을 하면 안 되는지 설명하려고 애쓴다. 부모의 반응에 아이들은 눈을 동그랗게 뜨고 쳐다보지만 그렇다고 행동을 멈추지는 않는다. 어른들이 아무리 "안 돼!" 해도 아이들의 호기심을 막을 수는 없다. 차라리 서랍을 몇 달 동안 비워 두거나 아예 잠가 버리고, 책은 아이의 손이 닿지 않는 높은 곳으로 옮기고, 전기 콘센트에는 안전장치를 설치해놓는 편이 낫다. 교육적으로 그다지 좋은 방법은 아니지만 항상 "안 돼!"라는 말을 입에 달고 사는 것보다는 효과가 훨씬 좋을 것이다. 지속적으로 금지를 하면 어느 순간 아이는 부모의 말을 귀담아 듣지 않게 된다.

━━ 아이는 자신이 보유한 능력을 깨닫고 엄마와 아빠에게서 독립적인 존재라는 사실을 느끼는 순간 결정권을 행사하려 든다. 사실 어떤 사건 때문에 유발되는 갈등 자체엔 문제가 없다. 이를 닦고, 머리를 감고, 잠자러 가는 것에 아이들은 큰 불만이 없다. 다만 시간을 결정할 때 어른들이 자기의 의견을 존중한다는 느낌을 받고 싶은 것뿐이다. 어른이 그런 점을 간과하면 아이들은 금방 힘겨루기를 하려 들고, 어른은 포기하며 절망감에 빠지게 된다. "이 안 닦으면 사탕 안 줄 거야" 하고 엄마가 네 살 난 빈센츠를 겁주었다. "난 사탕 싫어." 아이는 이렇게 대꾸하고 이를 닦지 않았다.

2세 반~4세의 어린이는 무엇이든 정확하게 말로 표현하는 데 어려움을 겪는다. 말보다는 손에 잡을 수 있는 물건을 이용하는 편이 수월하다고 느낀다. 어떤 아이는 밀고, 다른 아이는 침을 뱉으며, 또 어떤 아이는 할퀴는가 하면 때리거나 남을 무는 아이도 있다. 이런 행동거지는 아이들이 말로 의사를 표현할 수 있을 때까지, 스스로 정확하게 자기의 의사를 밝힐 수 있을 때까지 잠깐 나타나는 현상이다.

"아이가 물건을 뺏으려고 다른 아이를 때리면 어떻게 해야 하죠?" 엄마들이 가장 많이 궁금해하는 것 중 하나다. 시간을 내어 때리지 않고 장난감을 손에 넣는 방법에 대해 이야기를 나누어 보라. "친구한테 물어봤어?", "네 장난감 뺏기면 넌 기분 좋아?"라는 문장은 별로 도움이 되지 않는다. 정당방위를 가르친답시고 "너도 한 방 쳐!"라거나 "방어할 줄도 알아야지" 하는 식의 말 역시 권장할 수 없다. 그보다는 다른 아이가 자기의 목적을 달성하기 위해 신체적 폭력을 행사하려 들 때 자기주장을 할 수 있는 말을 가르쳐 주는 게 좋다. "안 돼!", "그만 해!", "싫어!", "안 해!"라는 몇 마디가 추상적이고 애매한 표현보다 훨씬 효과적이다.

남을 무는 경우도 비슷하다. 어린아이가 깨문다는 것은 이성적인 통제가 불가능하기 때문에 나오는 반응이다. 그럴 경우 일일이 행동을 막기보다 플라스틱이나 다른 재료로 된 뼈 모양의 장난감이나 수건을 주고 화가 나면 그것을 물도록 유도하는 방법이 창의적이다. 깨무는 행위 역시 반응의 한 모습이므로 무조건 "깨물면 안 돼!"라고 말하는 것은 아무 소용이 없다. 그보다 "화나면 이 수건을 물어!"라고 하는 편이 훨씬 실용적이다. 그러면 아이는 다른 사람이 자신의 공격성을 인정한다는 느낌을 받으면서 동시에 이를 누그러트리게 된다. 이로써 어린아이는 교훈을 얻는다. "좋아. 공격적인 면이 있어도 좋아. 인정할게. 하지만 다른 사람한테 해를 끼쳐서는 안 된다는 걸 명심해."

■ 4~6세에 이르면 아이가 훨씬 덜 반항하는 반면 도덕심은 높아진 것을 알 수 있다. 세 살짜리는 갖고 싶은 것을 손에 넣을 때까지 억지를 부리지만, 네다섯 살은 그와 다른 시각을 갖는다. 이 연령대의 아이들은 특별한 자기중심주의에 빠져 있다. 그래서 '난 저걸 가지고 싶어. 내가 갖지 못하면 불공정하고 비겁한 거야!' 라고 생각한다.

5~6세에 이르는 아이들은 공정하다는 것을 좀 다르게 생각한다. 이들은 자기에게 의미 있는 행동이 방해받을 때 불공정하다고 생각한다. 그래서 거짓말도 하고 물건을 훔치기도 하는 것이다. 이 시기의 아이들은 또 소유에 대한 개념을 형성한다. 미국의 교육전문가 토마스 리코나에 따르면 이 시기의 아이들은 '네 것은 또 내 것이기도 해!' 라고 생각한다고 한다. 그러므로 이 연령대의 아이들에게 훔친다는 개념은 도둑질과 엄연히 다르다. 아이들은 제 것이 아닐지라도 자기가 원하기 때문에 손에 넣는 것을 당연하다고 생각한다. 이러한 연령대의 자녀가 있다면 부모는 아이가 타인의 물건을 가져왔을 때 반드시 돌려줘야 한다. 아이의 행동이 옳지 않다는 것을 직접 보여주어야 한다.

여섯 살부터 일곱 살까지의 아이들이 지닌 도덕심은 그보다 격이 높다. "다른 사람이 네 물건을 가지고 가면 너도 싫잖아." 하지만 당신이 하는 말에 아이가 귀를 기울인다고 해서 바로 그렇게 행동하리라고 기대하지 말라.

거짓말은 훔치기와 같다. 거짓말 역시 도덕적으로 발달하는 가운데 나타나는 현상으로 이는 아이가 아직 마술과 상상의 세계에 있다는 반증이기도 하다. 그러므로 아이들이 꾸며내는 이야기를 무조건 폄하하거나 과소 평가하는 것은 옳지 않다.

▬ "율리안이 계속 거짓말을 해요. 어떻게 하면 좋을까요?" 엄마가 물었다. "아주 공공연하게 거짓말을 해요. 그 녀석 눈에는 제가 아무것도 모르는 바보로 보이나 봐요." 엄마는 거짓말하는 율리안이 성장 단계에 있다는 상황을 염두에 두고, 아이가 아직 거짓말이 나쁘다고 인식하지 못하고 있다는 것을 이해해야 한다. 그렇다고 무조건 수용하라는 뜻은 아니다. 부모가 그런 태도를 취한다면 아이들은 그 행동을 계속할 것이다.

따라서 율리안을 한 단계 수준이 높은 상태로 끌어 올리는 게 중요하다. 벌을 주는 것은 아무런 소득이 없는 일이며, 오히려 힘겨루기로 치닫게 될 뿐이다. "난 널 믿고 싶은데 넌 항상 실망만 안겨주는구나!"와 같은 문장은 아이에게 압력을 행사할 뿐 행동에 변화를 주지는 못한다. 엄마가 "네가 계속 거짓말을 하면 친구 집에 못 가게 할 거야"라고 말하면 아이는 엄마의 마음에 들려고 그런 행동을 하지 않을 수 있다. 그러나 이는 자발적이지 않은 행동이라는 점을 명심해야 한다.

율리안은 집에 늦게 들어온 이유를 늘어놓았다. 어떻게든 엄마가 자기를 믿게 할 심산이었다. 친구네 집 시계가 고장 났다고 할 때도 있었고, 사고 난 걸 보다가 늦었다고 하기도 했다. 모르는 할머니를 도와주느라 늦었다고 하는 적도 있었다. 그런 이야기들이 거듭되자 엄마는 더 이상 율리안을 믿지 못했다. 처음에는 아이가 거짓말한다는 것을 증명하려고 토론을 벌였지만 서로에게 불만만 쌓였을 뿐 효과가 전혀 없었다.

어느 날 엄마가 말했다. "율리안, 넌 내가 도저히 믿을 수 없는 이야기만 하는구나." "아니야, 난 엄마한테 거짓말 안 해!" 아들이 뻔뻔스럽게 대답했다. "율리안, 엄마는 네 말을 믿을 수 없어! 친한 친구가 너한테 그런 말을 한다고 생각해 봐. 친구가 거짓말하면 너도 싫을걸!" "하지만 난 거짓말 안 했어!" 아들이 소리쳤다. "너도 내 말이 무슨 뜻인지 알잖아!" 엄마는 율리안을 혼자 두고 일어났다. 율리안의 행동은 즉시 수정되지 않았지만 서서히 변화가 일었고 거짓말하는 횟수도 줄어들었다.

율리안의 엄마는 아이의 성장 단계와 나이에 맞게 반응했다. 하지만 율리안이 두 살 더 어렸다면 이런 대화는 불가능했을 것이다. 네 살짜리는 다른 사람의 입장에서 생각하는 것 자체가 불가능하기 때문이다. 6~8세의 아이들은 다른 사람의 입장에서 생각하고 배려할 수 있지만 이를 일상생활에서 실천하기란 쉽지 않다.

▬ 어린이는 5~6세가 되면 도덕관이 발달하고 수치심을 느낄 줄 안다. 부모가 도덕적인 모범을 보이면서 바람직한 본보기가 되어주면 자녀는 마찰을 일으키면서도 그런 방향으로 발전해간다.

부모는 이 시기에 절대적인 권위와 영향력을 행사하기 때문이다.

　부모가 보여주는 선례의 영향력은 엄청나다. 부모는 자녀에게 친절히 대하고, 사회적 행동을 격려하며 지원하는 것이 중요하다는 사실을 알아야 한다. 친절 교육도 마찬가지다. 타인을 존중하고 동감을 느끼고 고마움을 표시할 줄 알도록 가르치는 것도 중요하다. 하지만 이를 지나치게 강요해서는 안 된다. 부모가 없는 자리에서도 자연스럽게 미안하다거나 고맙다는 말할 수 있도록 가르치는 것이 중요하다. 특히 어린아이들은 여러 가지 방식으로 고맙다는 의사를 표현한다는 사실을 잊지 말아야 한다.

━━　슈퍼마켓에서 벌어진 일이다. 할머니가 손녀 파트리치아에게 인형을 선물하기로 했다. 여섯 살짜리 파트리치아는 선반 앞에서 넋을 잃었다. 할머니가 인형 하나를 선반에서 내려 손녀에게 안겨주었다. "여기 있다, 파트리치아!"

　파트리치아는 너무 좋아서 인형을 얼굴에 대고 비볐다. 그러더니 한 걸음 다가가 할머니의 손을 쓰다듬었다. "고맙습니다, 해야지." 엄마가 알려주었다. 아이는 순간 당황했다. "고맙습니다, 해야지." 엄마가 다시 한 번 명령조로 말했다. 파트리치아는 의심스러운 눈길을 보냈다. "그만 해라." 할머니가 말렸다. "고맙습니다, 하지 않으면 인형 뺏을 거야." 엄마의 목소리는 강경했다. "난 벌써 고맙다고 했단 말이에요." 아이가 조그만 목소리로 말했다. "그만 해라. 됐다니까." 할머니가 긴장을 풀어주려 말했지만 엄마는 아랑곳하지 않았다. 엄마가 뺏으려 하자 파트리치아는 힘주어 잡고 있던 인형을 손에서 놓아 버렸다. 순간 엄마가 중심을 잃으며 팔꿈치가 선반에 놓인 사탕더미에 부딪혔다. 사탕이 쏟아졌다. 아이는 할머니의 품 안으로 숨었다. 엄마는 화가 나서 딸을 노려보았다. "너, 무슨 짓 했는지 봤지?"

아이에게 고마움을 알게 해주고 다른 사람의 기분을 느끼게 해주려면 부모 스스로 모범을 보여야 한다. 부모가 좋은 본보기를 보여주면 아이는 보통 초등학교에 들어가기 전까지 그런 방향으로 성장하게 된다.

3

초등학교에서 사춘기까지

자의식의 인식 : 난감한 질문과 이상한 행동들

요나스는 여덟 살이다. "반년 전까지만 해도 우리 애는 정말 구김살 하나 없었어요." 엄마 모니카와 아빠 빅토르가 말했다. "그런데 모든 게 달라졌어요. 감당할 수 없을 정도예요." 그들은 고개를 절레절레 흔들었다. "하루는 저한테 와서 자기도 권리가 있다고 하지 않겠어요?" 아빠는 아직도 놀라워하는 눈치였다.

그는 잠시 한숨을 쉬었다. "벌써 사춘기가 온 걸까요?" 엄마가 끼어들었다. "이야기를 한번 시작하면 끝도 없어요. 끔찍해요!" 그녀는 해답을 구하는 듯 나를 바라보았다. "벌써부터 사사건건 따진다니까요. 어떤 때는 애가 일부러 그러는 것 같아요. 게다가 불평불만은 또 얼마나 많은지!"

아이와 끊임없이 토론한다는 것은 정말 피곤한 일이다. "그런 상황에선 친절한 목소리가 나오지 않아요. 보통 때랑 180도 달라져요. 그건 저도 인정해요." 그녀는 계면쩍어했다. "제가 무슨 말을 하면 요나스는 아주 차분히 말대답을 해요. '엉터리야' 라고 하거나 '엄마는 이해를 못해' 라고 하기도 해요. '한 번만 더 그런 행동을 하면 네 방으로 보낼 거야!' 하면 '진짜 협박하네요!' 하든지 '할머니가 했던 대로 나를 키우는 거죠?' 라고 한술 더 뜨죠. 그러면 속이 뒤집혀요." 엄마는 그것 말고도 걱정거리가 하나 더 있었다. "애가 너무 무감각해요."

요나스의 아빠가 말을 이었다. "우리 부부는 아이가 다른 사람을 존중하도록 가르치려고 노력해요. 같은 인간으로서 말이에요." 그러나 요나스는 '당신이 나한테 한 대로 나도 당신에게 한다' 는 식으로 살고 있다고 했다. 요나스의 엄마는 내가 편견을 갖지 않도록 이렇게 덧붙였다. "물론 사회성도 있어요. 다른 사람을 배려할 줄도 알고 친절하기도 해요. 그러나 항상 그런 걸 일깨워주고 달래줘야만 해요. '네가 이걸 지키면 나중에 보상을 받을 거야' 하는 식으로요."

▬ 여덟 살 마르첼은 이제 막 학교에 들어갔다. "처음에는 모든 것이 정상이었어요. 학교도 잘 갔고요." 엄마가 말했다. "학교는 아직도 잘 다녀요. 그런데 요즘 이상한 행동을 발견했어요. 애가 좀 특이한 것 같아 걱정돼요." 남편은 아내가 별것도 아닌 일로 호들갑을 떤다고 생각했다. "제 생각엔 남편이 너무 단순하게 생각하는 것 같아요." 마르첼의 첫인상은 특이했다. "학교 때문인지, 부담감 때문인지 알 수가 없어요." 엄마는 고개를 갸우뚱거리며 믿기지 않

는다는 표정을 지었다. "우리 부부는 아이한테 어떤 압력도 주지 않았어요. 애도 학교에 잘 가고요." 마르첼의 엄마는 두 눈을 질끈 감았다. "그 앤 종종 가만히 앉아서 생각에 잠기곤 해요. 허공을 쳐다보거나 창밖을 내다보면서요. 그러더니 최근에는……." 엄마가 목소리를 낮췄다. "제가 죽느냐고 묻는 거예요. 멀쩡히 살아 있는 저를 보고 말이에요. 그래서 화제를 다른 데로 바꾸려고 했더니 마구 화를 냈어요. 그래서 '그래'라고만 대답하고 말을 돌렸는데도 계속 자기 생각 속에만 빠져 있는 거 같았어요."

엄마는 아들이 우울증에 걸린 것 같다며 걱정했다. "마르첼은 전혀 웃지 않아요." 그녀는 말을 이었다. "물론 몇 주밖에 안 됐지만." 그녀의 목소리엔 수심이 가득했다. "요가센터에 가려고 하는데 놔주지 않고 언제 오느냐고만 계속 묻는 거예요. 문을 열고 나가면 아주 죽을상을 해요. 애를 두고 운동하러 가는 게 무슨 큰 죄라도 짓는 거 같다니까요." 그녀는 한숨을 쉬었다. "얼마 전에는 지하실에 있는 화장실에 가서 볼일을 보고 나왔어요. 시간이 좀 오래 걸리긴 했죠. 돌아와 보니 애가 계단에 서서 어딜 그렇게 오래 가 있었느냐며 우는 거 있죠?"

잠자리를 봐주는 일도 큰일이 되었다고 한다. "딱 달라붙어서 놔주지를 않아요. 실랑이하다 나올 때면 자꾸 걱정이 돼서 몇 번이나 뒤를 돌아보게 돼요." 며칠 전에는 기절할 정도로 놀랐다고 한다. "제가 '왜 엄마가 너를 계속 보고 있어야 하는데?' 하고 물었더니 마르첼이 '내가 죽을지도 모르니까 기억하라는 뜻이에요' 하는 거예요." 그녀는 한동안 말을 잇지 못했다.

▬ 열 살짜리 수잔네의 경우다. "열 살만 아니라면 아마 전 그 애가 사춘기에 접어들었다고 생각했을지 몰라요." 엄마가 말을 꺼냈다. "어찌나 말을 안 듣는지! 줄곧 제 속을 뒤집어 놓는가 하면 시도때도 없이 어깃장을 놓아요." 엄마의 눈이 반짝거렸다. "저도 바보지요. 애하고 끝까지 싸우니 말이에요."

수잔네의 엄마는 직장을 다녔다. "아주 제 아빠를 홀려요. '아빠 여기, 아빠 저기' 하면서 말이에요. 아빠를 제 품에 안고는 저를 하찮은 사람처럼 취급해요. 더 웃기는 사람은 남편이에요. 그이는 그걸 즐기는 것처럼 보여요. 자신은 마치 모든 걸 완벽하게 해내는 위대한 교육자나 지도자인 것처럼 행동한다니까요." 그녀가 발로 바닥을 굴렀다.

그러면 수잔네는 엄마를 부드럽게 안고 이렇게 속삭인다고 했다. "엄마, 그렇게 금방 미친다고 하면 안 되지요. 나이에 어울리지 않아요. 저라면 몰라도!" "그 애 속을 알 길이 없어요." 엄마가 잠시 생각에 잠겼다. "그건 약과예요. 아이는 자꾸 내 감정을 상하게 하고 비위를 건드리려고 하는데, 나는 그 애한테 아무것도 할 수 없어요. 그 앤 요즘 들어 부쩍 저와 신체 치수를 비교하려 들어요. 저를 깔보는 표정을 지으면서요. 제가 '사랑스럽고 귀여운 우리 수제'라며 끌어안으려고 하면 몸을 빼요. '그러지 마요. 난 더 이상 어린애가 아니에요. 난 엄마한테 속한 아이가 아니에요. 나는 나라고요!' 하면서요."

수잔네의 엄마가 천천히 숨을 내쉬었다. "하지만 금방 언제 그랬느냐는 듯 한 번도 엄마 품에 안겨보지 못한 애처럼 파고들어요. 다음 날이면 다시 또 그러고요. 정말 제 딸 같지 않다니까요!" 그녀의 두 눈은 의문으로 가득했다. "아직 사춘기도 아닌데. 그 앤 꼭 작은 괴물 같아요. 집 안이 조용해지는 건 수잔네가 잠을 자거나 친구 집에 놀러갔을 때뿐이에요."

━━ 팀은 열한 살이고, 요하나는 열 살이다. 팀과 요하나의 아빠 롤프는 "우리 집 애들은 고양이와 쥐 같아요. 항상 으르렁거리고 도무지 뭘 같이 하려고 들지 않아요"라고 말했다. "정말이지 한 번도 그냥 지나가는 법이 없어요." 엄마 레나테가 거들었다. 밥 먹는 시간은 그야말로 악몽이라고 한다. "팀은 제 여동생에게 아주 무례하게 굴어요. 비열할 정도지요. 여자를 깔보는 말을 입에 달고 살아요. 요하나가 뭘 잘 못한다는 이유로 무시하고, 놀림감으로 만들곤 해요." 심지어 자주 동생을 헐뜯는다고 했다. "어제는 요하나더러 실업학교만 나오면 충분하다고 비꼬지 않겠어요? 어차피 결혼해서 밥하고 빨래나 할 텐데 무슨 상관있느냐고요. 듣다 못해 제가 소리를 질렀죠." 엄마의 목소리는 날카로웠다. "물론 제 행동에도 잘못이 있죠. 하지만 항상 친절하게 굴 수는 없잖아요." 그녀는 아직도 기분이 상해 있는 것처럼 보였다. "그랬더니 애가 뭐라고 하는 줄 아세요? '여자들은 왜 저렇게 히스테리를 부리지?' 이러는 거예요."

팀은 지금 남자 아이들만 자기편으로 생각한다고 했다. 단짝인 로니와 줄곧 붙어 다니며 그 애가 하는 행동을 모조리 따라 한다고 했다. 로니는 팀보다 생일이 좀 빠르다. "팀은 로니를 이상형으로 생각해요. 그 애의 행동이나 말은 무엇이든 좋아 보이나 봐요. 최근엔 보다보다 못해서 그럼 아주 로니네로 이사를 가라고 했죠." 그러자 팀은 의미심장한 웃음을 지었다고 한다.

"말 잘했어, 여보!" 아빠가 다시 대화에 끼어들었다. "물론 요하나도 천사는 아니에요. 친구랑 싸울 때도 있고 토라져서 훌쩍거리기도 하죠." 아빠는 팀과 로니의 거칠고 공격적인 행동보다 어린 소녀들에 대응하는 편이 좀 더 수월하다고 생각했다. 남자 애들은 갱단을 조직하지만, 여자 애들은 같이 뭉치되 한 아이의 희생을 전제로 하는 사이코 그룹을 만들 가능성이 더 많다는 게 아빠의 생각이었다. 아내가 이마를 찡그리자 그는 그녀를 바라보며 이렇게 말했다. "당신은 팀보다 요하나가 바보짓 하는 게 더 견디기 힘들 걸."

▬ 타베아, 열 살. "우리 애는 신경을 아주 박박 긁어놓아요" 하고 엄마 빅토리아가 말했다. 문제는 학교에서 비롯되었다. 하지만 그녀는 학교에서 벌어진 문제를 언급하고 싶어 하지 않았다. "남편은 저한테 모든 책임을 미뤄요. 무슨 문제가 생기면 죄는 몽땅 제가 뒤집어쓴다니까요."

특히 타베아의 숙제를 봐줄 때 신경이 날카로워진다고 했다. "숙제가 뭔지 잊어버리지 않나, 책상 앞에 앉아서는 멍청하게 앞만 보다가 몇 자 쓰고 도와달라고 하지 않나, 시도 때도 없이 날 불러대지 않나." 그녀는 우울하게 웃었다. "10분, 아니 5분만 지나면 우리는 머리를 쥐어뜯으며 서로에게 소리를 질러대지요." 타베아의 엄마가 잠깐 말을 멈췄다. "아이는 징징 울면서 아무도 자기를 이해하지 못하고, 사람들이 전부 자기를 싫어한다고 해요. 전 정말 그런 상황을 못 견디겠어요." 그녀는 자포자기한 사람같이 보였다. "학교가 문제인 거 같아요. 교사들은 좋은데 말이에요." 그녀가 잠시 망설였다. "하지만 그대로 두면 안 되겠지요?"

— 열한 살짜리 미르코. "그 앤 우리를 제 손바닥 위에 올려놓고 바라봐요." 미르코의 아빠 다니엘이 말문을 열었다. "아내는 저보다 더 많이 당하지요." 미르코에게는 TV와 컴퓨터가 인생의 전부라고 한다. 금지하지 않으면 하루 종일 TV 앞에 앉아 있거나 컴퓨터 앞에 죽치고 있다는 것이다. "2년 전에 할아버지가 쓰시던 TV를 그 애한테 줬어요. 그런데 도저히 안 되겠어서 몇 달 전에 도로 뺏었어요." 그녀는 어쩔 줄 몰라 했다. "변한 건 하나도 없어요. 친구 집으로 가는걸요."

"좀 교육적인 놀이를 했으면 싶어요." 아빠가 말했다. "논리력이 필요한 게임, 문제를 해결하고 풀어가는 그런 거라면 또 모를까." 그는 화가 난 것 같았다. "그저 총만 쏘아대는 전쟁 게임에, 지긋지긋한 농구 게임. 쓰레기 같은 것들뿐이에요!" 그는 절망한 것 같았다. "우리는 아이가 평화를 사랑하고 타인을 존중하고 배려하도록 가르치고 싶은데, 그 애는 적을 죽이는 데만 재미를 느껴요. 뭐라고 얘기 좀 꺼낼라치면 태연하게 그저 재미있다고만 대답하고요."

미르코의 아빠가 다시 생각에 잠겼다. 자신 역시 소극적인 아이는 아니었다고 했다. "예전엔 거리에서 전쟁놀이를 할지언정 컴퓨터 앞에 넋을 잃고 앉아 있진 않았죠. 하지만 금지할 방법도 없어요. 그럼 친구 집에 가서 하니까요."

▬ 율리아네, 여덟 살. 엄마 막달레나는 딸아이 때문에 이만저만 상처를 받은 게 아니었다. "우리 앤 이해심이 많아요. 자기가 주장하는 것처럼 성숙한 면도 있어요. 율리아네는 신과 세계, 하늘과 땅에 대해 생각을 많이 해요." 아이는 어른들과도 말이 잘 통한다고 했다. 그래서 부모는 율리아네가 심리적 압박감을 느끼지 않도록 말도 조심하는 편이라고 한다. "딸아이가 최근에 부쩍 컸어요. 지금이 제일 많이 크는 시기인가 봐요." 이젠 얼굴에서도 어른스러워진 티가 난다고 했다.

"하지만 그 앤 여전히 부활절 토끼와 산타클로스를 믿어요." 최근에는 율리아네가 거실로 와서 "산타 할아버지는 없어요. 엄마, 아빠가 산타 할아버지였지요?"라고 물었다고 했다. 그래서 엄마가 "그럼 이젠 창문에다 양말을 걸어둘 필요가 없겠구나" 했더니 아이가 "정말 있을지도 모르잖아요" 하면서 버럭 화를 냈다고 한다.

율리아네의 엄마는 그 사건을 통해 딸에게 아직 아이의 모습과 상상력이 남아 있다는 것을 알았다. 율리아네는 막시와 안네라고 부르는 헝겊 인형을 굉장히 아낀다고 했다. "제가 잘자라는 인사를 하고 나오기 무섭게 율리아네는 인형들과 이야기를 시작해요. 어쩜 그 인형들이 율리아네의 걱정이나 희망 사항들을 저보다 더 많이 알고 있을 걸요." 그녀가 이마를 찡그렸다. 그녀는 딸이 상상의 세계에 쉽게 빠져들고 또 그 세계에서 헤어나지 못하는 걸 가끔

씩 못마땅하게 여겼다. "아이가 한쪽 세계에서는 큰 존재였다가 다른 세계에서는 작은 존재가 되니 뭔가 균형이 맞지 않다는 생각을 지울 수가 없어요. 아이는 괜찮을지 모르지만 전 그게 불안해요."

미리 보는 사춘기 : "나의 능력과 권리를 인정해주세요"

7~13세를 조명한 교육지침서를 읽다 보면 한 가지 분명한 사실을 알 수 있다. 유치원 시기부터 초등학교에 진학할 때까지 "중간 시기"를 다룬 책이 별로 없다는 점이다. 그래서 이 시기의 아이들이 어떤 과정을 거치며 성장하는지 알기가 힘들다.

지그문트 프로이트가 "잠복기"라고 표현한 "중간 시기"는 폭풍과도 같은 사춘기에 비해 비교적 사건이 적은 시기로 모든 것이 내재화된 시기이다. 우리는 이 시기를 3단계로 나눌 수 있다.

▬▬ 7~8세까지는 부모가 아직 중요한 역할을 맡는다. 부모는 어린이를 보호하고 유대감을 느끼게 해주는 존재로 넓은 틀을 제공한다. 아이들은 이 무렵 학교와 '제일 친한' 친구로 상징되는 세상 속으로 나가려 한다. 아이들 가운데는 자기가 이미 충분히 성장했다고 생각하면서 자신감과 긍지를 느끼기도 한다. 하지만 유치원을 졸업하고 학교라는 새로운 세계와 만나면 다시금 불안과 두려움을 느낀다. 유치원에서 왕 노릇을 했던 아이라 할지라도 처음부터 시작해야 하고, 복종을 감수해야만 한다. 유치원에서는 토끼처

럼 뛰어다니며 교사의 품에 안기거나 쓰다듬어달라고 할 수 있었
지만, 이제 모든 것이 달라진다. 새로운 세계로 나아가는 것은 해
방감을 주는 동시에 불안감과 두려움을 증폭시키기도 한다. 이때
부모가 자식을 용감한 아이로 생각하면서 달래는 말들은 전혀 도
움이 되지 않는다.

아이들은 여전히 도움의 손길을 환영하지만 안전이 확보되었
다고 생각하는 순간 부모에게 등을 돌린다. 그러나 부모는 이제까
지 아이를 양육해왔던 기준이나 가치, 관점을 버리지 못한다. 아이
들은 점점 또래 집단에 관심을 기울인다. 남자 아이는 남자들과,
여자 아이는 여자들과 어울린다. 양성이 혼합된 친구 집단은 아주
드물다. 그런 집단은 종종 조롱거리나 은유적 표현의 대상으로 전
락한다.

▬▬ 두 번째 단계의 특징은 바람 잘 날이 없다는 것이다. 이들은
절대 부모가 바라는 대로 조용하게 지내지 않는다. 남자 아이나 여
자 아이나 원칙주의자에 지나친 도덕주의자인 체한다. 육식을 거
부하고 술, 담배를 혐오하며 공격한다. 하지만 그와 동시에 지켜야
할 경계선을 넘기도 하고 단지 재미있다는 이유로 금지된 일이나
잔인한 행동을 즐긴다. 동물을 괴롭히는 모습이 좋은 예다.

최근에 열 살짜리 아이 둘이 발을 자른 풍뎅이를 물속에 담가
놓고 구경하는 모습을 보았다. 가엾은 풍뎅이는 물속에서 발버둥
을 쳤다. 내가 물에서 꺼내주라고 하자 한 아이가 태연스레 대답했
다. "얘는 지금 수영 연습을 하고 있는 거예요."

━━ 세 번째 단계는 열한 살 무렵 시작된다. 이 나이가 되면 아이는 "유아幼兒"와 분리된다. 자기보다 나이 많은 아이들과 어울리려 하고 시야도 넓어진다. 지금보다 어린 시절 따윈 새까맣게 잊어버리고 심지어 자신을 존경하기도 한다. 이 시기에는 또 형제자매간의 힘겨루기나 경쟁 심리가 고개를 들기도 한다. 나이 어린 동생을 우습게보고 부모의 말도 더 이상 듣지 않는다. 이 시기, 큰 아이들은 대개 악동이 된다.

사춘기로 접어드는 신체적 변화도 수반된다. 이 시기는 보통 여자아이들에게 먼저 찾아온다. 익숙한 것을 거부하고, 관계가 좋았던 사람과 싸우거나 막무가내로 자신의 의지를 강요한다. 자유를 더 많이 요구하지만, 의무는 지지 않으려고 한다. 자신을 어른이라고 생각하는 탓이다. 그러나 신체적으로 상당히 성숙하여 그에 걸맞은 대우를 받고자 하는 열두 살짜리 안에도 감성적으로 미성숙한 '작은 아이'가 숨어 있기 마련이다.

이 시기의 아이들은 부모보다 더 나이든 사람들, 예를 들어 할아버지나 할머니를 의논할 상대로 선택하는 경우가 많다. 아이들의 이러한 태도를 조부모가 손자들에게 물질적으로 풍요롭게 대해주기 때문이라고 속단해서는 안 된다. 과도기에 있는 아이들은 할아버지, 할머니를 자신이 의지할 수 있는 친근한 사람으로 생각한다. 조부모는 세상 밖으로 나가려고 하는 아이들에게 뿌리를 알려주는 사람이다. 아이들은 조부모와 대화하거나 토론하면서 가치, 규범, 전통 등 삶의 배낭 속에 담아두어야 할 것들을 점검하게 된다.

10~12세에 이르는 아이들은 상처받고 약한 척하면서 가능성과 불가능성 사이에서 갈등을 겪는다. 세상 밖으로 나가고자 하는 욕구와 그대로 머물고자 하는 욕구 사이에서 고민하고, 타인을 경계하는 마음과 의지하고자 하는 마음 사이에서 혼란을 느낀다. 그러므로 이 시기의 아이들에게는 친숙하고 신뢰할 수 있는 환경과 명확한 규칙, 기꺼이 따를 수 있는 경계를 설정해주는 것이 필요하다.

연령을 세 단계로 구분하긴 했지만 이를 적용할 때 주의할 점이 있다. 아이들마다 성장속도가 다르며 개인별로도 분야에 따라 차이가 많이 난다는 사실이다. 여덟 살짜리 아이를 다른 여덟 살짜리와 비교하는 것은 달력에 따른 비교일 뿐이다. 같은 여덟 살이라고 해도 어떤 아이는 열 살짜리처럼 생각하고 또 어떤 아이는 여섯 살짜리처럼 행동한다. 어느 한 아이만 두고 보더라도 행동은 유치원생 같지만 생각이나 말은 '큰 애'처럼 보이기도 한다.

── 교사는 아이들이 동시에 같은 속도로 성장하지 않는다는 것을 알고 있다. 그래서 개인의 성장 단계에 맞춰 아이들을 교육하는 데 어려움을 겪는다. 입학 후 얼마 가지 않아 신체적, 지적으로 엄청나게 성장한 아이가 있는가 하면 변화가 없는 아이도 있기 마련이다. 유치원 때 단짝이었던 아이들이 초등학교 입학 후 종종 사이가 멀어지는 이유도 바로 여기 있다. 빠른 속도로 성장하는 아이의 편에서 자기와 균형을 이룰 수 있는 다른 친구를 찾기 때문이다. 또 모든 아이들이 세상 속으로 금방 진입하는 것은 아니다. 어떤 아이

는 일부러 유치원과 초등학교 사이의 중간 시기에 더 오래 머문다. 자기 스스로 다른 것들 사이에서 헤매지 않도록 하기 위해서다.

한 아이 안에도 다양한 모습이 들어 있다. 열 살짜리 여자아이의 경우, 정서적으로는 일곱 살짜리에 불과하나 신체적인 면에서는 절정에 달할 수 있다. 반면 신체적으로는 아직 유치원생이지만 정신연령은 열한 살 수준을 넘나드는 아홉 살짜리도 있다. 오늘은 바른생활 정신으로 똘똘 뭉친 열 살짜리였다 할지라도 내일은 포악하고 이기적인 버릇없는 다섯 살짜리로 바뀐다. 양육자는 이런 차이를 인식하고 균형을 잃지 않도록 노력해야 한다. 그래야만 아이들 나이에 맞게 제대로 지도할 수 있다.

▬ 이 시기에 짚고 넘어가야 할 보편적인 주제는 다음과 같다.

첫째, 부모에게서 멀어지기. 아이들은 부모와의 관계에 경계를 설정하는 동시에 부모에게서 자신의 능력과 권리를 인정받기 원한다. 아이는 스스로 더 이상 어린아이가 아니라고 생각한다. 그래서 규칙이나 금지 등을 따를 수 있지만 양육자에게서 불신 당하거나 모욕감을 느낄 경우 관계를 단절하려 든다. 성장하는 아이들에게는 임기응변보다 규칙과 명확한 경계 설정이 도움이 된다. 성장하는 아이들은 지시가 구체적일수록 또 부모가 잘난 척하지 않을수록 부모의 말을 경청할 가능성이 크다.

둘째, 모순 극복하기. 성장하는 아이들의 감정은 종종 모순적이다. 독립되기를 원하면서도 또래 집단에 속하기를 바라고, 부모의 구속이 약화되기를 원하면서도 새로운 집단이 주는 강제성은 수용한다. 읽고 쓰는 법을 배운 덕에 시야가 넓어지지만, 이 때문에 더욱 혼란스러워하며, 미래를 명확하게 전망할 수 없어 두려워한다. 지나치게 도덕적으로 행동하거나 육식을 거부하고, 삶과 죽음 또는 고래 포획 같은 문제에 대해 과민 반응을 보이는가 하면 새알을 훔치거나 작은 동물과 곤충을 괴롭히기도 한다. 또 타인의 간섭을 거부하고 제한받지 않는 자유를 바라면서 다른 한편으로 분명한 규칙과 반복되는 행위로 이루어지는 일정한 틀을 원한다.

셋째, 또래 집단과 교류하는 공동체 경험. 아이들은 부모에게 거리감을 두는 대신 친구들을 가까이한다. 우정을 맺고 우리라는 감정을 일구며 패거리나 집단을 이룬다. 외부 세계엔 경계를 두지만, 공동체 내에서는 서로 친밀하게 비밀을 공유한다. 또 감추기를 즐긴다. 물론 이러한 행동에는 위험한 측면도 있다. 아이들이 자신의 공격성을 다스릴 외부인이 필요할 때 부모나 교사보다는 또래 집단을 찾는 탓이다. 하지만 우호적으로 패거리를 형성하는 것은 사회적으로 중요한 행위이다. 아이는 이런 과정을 통해 이기주의를 극복하고 다른 사람에게 관심을 돌리게 된다. "세상아 기다려라, 내가 간다!" 이 문장은 이제껏 말한 주제를 잘 표현하는 말이다.

아이마다 다른 발달속도

어린이의 성장 발달에는 단계별로 일정한 과제가 있다. 아이들은 신체적, 동적, 도덕적, 정서적, 사회적 또는 언어적 과제를 충족해야 하며, 각 단계와 연관된 도전에 직면하게 된다. 어린아이와 유치원생도 예외일 수 없다. 아이들은 각자 자신만의 성장과 발달 시간이 필요하다. 그러므로 성장과 발달을 촉진하거나 늦추려는 여타의 노력은 효과가 별로 없다. 모든 아이들은 자신만의 성장 속도를 부여받아 세상에 태어난다. 이 같은 천부적인 특성을 교육이라는 미명 아래 왜곡하려드는 것은 옳지 않다.

부모나 교육자들은 흔히 "모든 아이들을 개별적인 존재로 보아야 한다"고 말한다. 그러나 이 표현을 구체적인 양육 일과에 옮기는 것은 쉬운 일이 아니다. 부모들은 아이마다 성장 속도가 다르다는 것을 알면서도 자녀를 다른 아이와 자꾸 비교하게 된다. 남자와 여자의 차이도 크다. 여자 아이들은 신체뿐 아니라 정신과 언어 능력에서도 남자 아이들보다 빨리 성장한다. 그래서 곧잘 남자 아이들과 갈등을 빚고 마찰하거나 대립한다. 남자 아이들은 그 때문에 열등감을 느끼게 되고 보스 기질에 상처를 입거나 불안을 느낀다.

이 시기의 아이들은 개인 안에서 드러나는 발달 속도의 차이 때문에 긴장감을 경험한다. 신체, 정서, 사회성, 언어, 인식 등 여러 측면에서 발달 속도가 균일하지 않기 때문이다. 인식과 언어능력이 뛰어난 열한 살짜리도 신체적으로는 빈약할 수 있고 작은 거인처럼 보이는 아이일지라도 도덕적으로는 미성숙하기 이를 데 없다. 이처럼 한 아이에게서 두 가지 다른 모습을 보는 것은 그리 놀라운 일이 아니다. 이런 두 가지 특징이 시도 때도 없이 나타나는 탓에 이 시기의 자녀를 둔 부모는 양육에 어려움을 겪는다.

이때 주목해야 할 점이 한 가지 더 있다. 발달이라는 건 항상 앞으로 나가는 것만 의미하지 않는다. 엄밀한 의미에서 발달이란 전진, 정지 그리고 퇴보를 모두 아우르는 말이다. 그러므로 이미 거쳐온 전 단계로 잠시 후퇴했다고 해서 안달할 필요는 없다. 몸이 성장하고, 지적·도덕적 성숙이 이루어진 뒤에도 정지 기간을 겪는 경우가 종종 있기 때문이다.

초등학교 시절 간혹 나타나는 퇴행현상 역시 지극히 정상적인 범주에 속한다. 아이는 뒤로 주저앉으면서 다시 한 번 도전에 맞서고 발달하고 상승하기 위해 용기를 낸다. 아이들은 또 안전을 추구한다. 그러면서 부모에게 자신이 작은 어른이 아니라 아이라는 것을 무의식적으로 드러낸다. 과거와 마찬가지로 여전히 부모의 보호가 필요하다고 호소하는 것이다.

몸에 대한 올바른 인식이 있어야 자의식이 발달한다

초등학교에 다니는 동안 아이의 몸은 다시 한 번 변화를 겪는다. 저마다 속도는 다르지만 아이들은 누구나 신체적 변화를 경험한다. 신체적 성숙은 개인적이고 내적인 성장 과정 외에 교육, 환경과 같은 외부 요인에 영향을 받아 촉진되거나 저해된다. 이 같은 요인들은 7~12세의 아이들에게 서로 다른 개성을 부여해준다.

아이들은 시각, 청각, 후각, 미각 등 감각을 총동원하여 어렸을 때보다 더욱 의미 있게 상황에 적응한다. 또 일상생활의 과제를 수행하기 위해 여러 가지 의미를 조합하는 방법을 배운다. 때문에 감각기관에 장애가 발생하면 어느 때보다 더욱 불안정해진다. 움직임이 어색해지고, 균형을 잡지 못하고, 자기의 몸을 아주 불편하게 인식한다. 소근육 운동이든 대근육 운동이든 신체 활동도 기피하게 된다. 어떤 아이들은 취약한 신체 활동 대신 고도의 지적 능력이나 인식 능력이 기반이 되는 지식 학습을 통해 부족한 것을 보상받으려 한다. 이렇게 되면 내부와 외부, 정신과 몸의 불균형은 더욱 심화되고 아이가 견뎌야 하는 긴장 상태는 강도가 높아진다.

소근육 운동이나 대근육 운동이 불안정한 경우는 비사회적인 행동양식에 원인이 있을 수 있다. 부정적인 행위가 사람들의 이목을 끈다는 것을 아이가 경험을 통해 알기 때문이다. 자기의 몸에 대해 자신감이 없으면 자의식이 발달하지 않는다. 이런 아이들은 집단에 끼어 다른 아이를 때리거나 쥐어박고, 물건을 뺏는 등 부정적인 행위를 했을 경우 쉽게 밀려나고 외톨이가 된다.

▬ 아이들은 움직임을 통해 몸을 느낀다. 움직임이란 기기, 걷기, 달리기, 멀리뛰기, 기어오르기, 포복, 균형 유지, 제자리 뛰기, 구르기와 같은 동작들을 빠르거나 느리게 하는 것을 말한다. 이렇게 몸을 움직임으로써 아이는 여러 가지 동작의 의미를 이해하고, 관심과 매력을 느낀다. 또 그런 동작에서 충분히 만족하지 못하면 계속해서 새로운 것을 시도한다. 그네타기를 예로 들어보자. 아이는 그네에 앉아 엉덩이가 닿는 부분의 감촉을 느끼고, 떨어지지 않기 위해 손으로 그넷줄을 붙잡는다. 이는 소근육과 대근육을 모두

써야 하는 활동이다. 누군가 등을 밀어 그네가 움직이면 아이는 그네가 계속 흔들리도록 몸을 움직여야 한다. 이때는 평형감각을 발휘해야 한다. 아이는 속도, 높이, 얼굴에 부딪치는 공기의 압력을 동시에 느끼면서 한 번 더 높이 그네를 뛰고자 할 것이다. 운동은 전신 경험이다. 미국의 사회심리학자 티그센트미하이는 이를 '흐름 경험'이라고 표현했다.

초등학교에 다니는 시기에 아이들은 운동에서 최고의 재미를 느낀다. 남자 아이든 여자 아이든 마찬가지다. 아이들은 이 시기에 기존의 틀에서 벗어나 자기의 힘을 시험하고 몸의 한계를 경험해 보기 위해 밖으로 나가려 한다. 그래서 '흐름 경험'을 주는 놀이는 아이들에게 인기가 높다. 아이들이 야외 놀이를 더 좋아하는 것도 이 때문이다.

어른들은 누구나 자라는 아이들에게는 운동과 놀이, 그리고 자연을 가까이 하는 게 중요하다고 말한다. 그러나 현실은 그 반대다. 운동과 놀이에서 의미를 찾는 아이들은 점점 줄고 있다. 어른들은 아이들이 노는 공간을 통제하고 교육적으로 꾸미려 노력하며 아이들의 활동을 제한한다. 이 때문에 자기의 신체를 제대로 느끼지 못하는 아이들도 생겨난다. 물론 TV와 컴퓨터 때문에 아이들의 신체 활동이 제약을 받는 것도 사실이지만, 모든 문제를 매체 탓으로 돌리는 것은 상황을 단순화시키는 태도에 불과하다.

아이의 활동을 제한할 때는 원칙을 따라야 한다. 우선 아이가 자발적으로 놀이를 하기에 불가능한 점은 없는지 주변 환경을 살펴야 한다. 차량 통행량이 많은 거리는 놀이에 적합한 공간이 아니다. 하지만 아이들은 주차장처럼 위험한 장소에서 노는 것을 좋아한다.

━━ 아이들의 놀이엔 그들만의 규칙과 의식이 있다. 어른들은 아이에게 노는 시간과 놀 장소를 제공하고 배려해야 한다. 아이들은 변화를 즐기기 때문에 타인의 시선에서 벗어난 장소를 좋아한다. 이러한 특성에서 아이들과 어른의 다른 관점을 발견할 수 있다. 어른들이 만든 놀이터는 일정한 기준을 따르기 때문에 아이들이 마음 놓고 이용하기 힘들다. 아이들은 노는 도중 물건을 부수기도 하고, 파괴적인 행동을 하기도 한다. 그런데 놀이 공간 역시 어른들이 언제라도 개입할 수 있도록 만든 경우가 많다. 게다가 우리 사회는 성장하는 어린이들의 자발성보다 법률적으로 정의된 감독의 의무에 우선순위를 두므로 아이들은 어른들이 자신을 통제하고, 관찰하고 있다고 느낀다. 부모는 또 부모대로 자녀가 위험에 빠질 가능성이 있으면 사전에 그 가능성을 차단하고자 한다. 위험이 따른다고 생각하는 즉시 부모가 개입을 하는 것이다. 그러면 아이들은 자신의 한계가 어디까지인지 시험해 볼 기회조차 갖기 힘들어진다.

비단 놀이터에만 국한된 이야기가 아니다. 초등학생 역시 행동에 제한을 받는다. 아이들은 날이 갈수록 좀 더 구체적이고 세세한 경험을 할 기회를 박탈당한다. 등굣길만 해도 그렇다. 학교에 가는 길은 이제 더 이상 걸어가거나 자전거를 탈 수 있는 길이 아니라 차를 타고 가는 길이 되었다. 나는 그런 영향이 교실 안까지 미친다는 느낌을 받는다. 이는 아이에게 아무런 이득이 되지 않는다. 뿐만 아니라 아이 스스로 어떤 것에 부딪혀볼 계기조차 갖지 못하게 만든다.

집이 멀어서 반드시 스쿨버스를 타야 하는 경우라면 어쩔 수 없다. 그러나 부모와 단둘이 자동차를 타고 가는 것은 걷거나 자전거를 타는 경우와 아주 다르다. 자동차는 항상 일정한 속도로 간다. 냉난방 장치가 되어 있기 때문에 날씨에 영향 받을 일도 없다. 아이가 받을 수 있는 유일한 스트레스란 자동차가 출발하기 전에 게으름을 부리거나 빈둥거리지 못하는 것뿐이다. 아이들은 학교에 도착하는 즉시 자동차 안에서 나와 건물로 들어가 곧바로 지적 학습을 받기 위해 의자에 앉는다. 아이들이 수업 시간에 집중하지 못해 의자를 앞뒤로 흔들거나 일어서고 짝과 티격태격하는 것도 무리가 아니다. 신체 활동에 대한 아이들의 욕구가 너무 크기 때문이다. 쉬는 시간이 돼도 사정은 마찬가지다. 학교 건물 내 복도나 운동장에서도 행동에 제한을 받는다. 쌓인 감정을 털어버릴 수 있을 만큼 정말 재미있는 놀이는 대개 금지됐거나 벌을 받을 수도 있는 행동이기 때문이다.

물론 학생들이 지켜야 하는 규정은 필요하다. 아이들이 하는 대로 내버려 두는 것은 지나치게 엄격한 규정과 마찬가지로 친구들이나 교사에게 좋지 않은 영향을 끼친다. 타인의 활동에 영향을 끼치거나 태도에 문제가 있는 아이에게는 대화를 통해 행동의 틀을 설정해주는 것이 좋다.

반면 학교에 걸어가거나 자전거를 타고 가는 아이들은 좀 다르게 행동한다. 물론 걸어 다닌다고 해서 아이들의 공격적 행동이 가라앉는 것은 아니다. 그러나 걸어서 등교하는 것은 자동차로 가는 것과 천지 차이다. 아이는 부모에게 인사를 하고 집을 나와 혼자 길을 나선다. 중간에 또래를 만나기도 한다. 학교 가는 길은 계절에 따라 다르므로 스스로 날씨에 대비할 줄도 알게 된다. 또 친구를 만나 이야기를 나누며 서로 비밀을 교환하고, 어제저녁에 보았던 TV 프로그램에 대해 수다를 떨고, 숙제를 베낄 기회도 얻는다. 이처럼 걸어서 등교하는 길은 자연스럽게 부모와 작별하고 학교나 또래 친구와 호흡을 맞춰갈 수 있는 좋은 기회가 된다.

집에 가는 길은 좀 다르다. 대개 등굣길보다 시간이 많이 걸린다. 친구들과 이야기를 나누고, 학교에서 속상했던 경험을 나누고, 오후 약속을 정하거나 TV 프로그램과 컴퓨터 게임에 대해 의견을 나누며, 교사나 부모에 대한 불만을 털어놓고, 군것질을 하기도 한다. 어쩌면 길을 돌아가느라 배고픈 것을 참을 수도 있다. 길은 운동과 연관이 있다. 길을 걸어 본 경험이 없는 아이는 신체 동작의 발달에 부정적 영향을 받는다.

━━ '폭력예방' 건으로 초등학교 학생들을 대상으로 프로젝트를 추진한 적이 있다. 나를 초대한 초등학교 교장은 학생들이 쉬는 시간에 끊임없이 말썽을 부린다고 했다. 특별한 목적 없이 아무 곳이나 뛰어다니는데 전혀 막을 길이 없다는 것이다. 그는 나에게 이해할 수 없다는 눈길로 말했다. "아이들은 왜 꼭 무리를 지어 뛰어다닐까요? 규칙을 준수하고 질서를 지키면 오죽 좋으련만." 최근에

는 부상자까지 발생했다고 한다. "고의적으로 그랬다거나 철이 없어서 그런 건 아니겠지만." 그는 아이들이 운동할 때의 즐거움을 누리기 위해 뛰어다닌다고 생각했다. 다른 곳에서 그럴 수 없기 때문에 학교에서라도 뛰는 것 같다고 했다.

나는 그에게 아이들이 왜 그렇게 과격하게 행동하는지 이유를 아느냐고 물었다. 그는 어깨만 들썩했다. 처음에는 과목 배정에 문제가 없는지 조사했지만 충분한 근거를 발견하지 못해 외부 전문가에게 원인을 밝혀달라고 의뢰했다는 것이다. 상황이 달라졌냐는 나의 물음에 그는 "첫 시간부터 끝나는 시간까지 줄곧 마찬가지예요. 아이들 욕구에 맞춰 발레, 체조, 달리기, 유도 과목을 골고루 넣었는데 말이지요!"라며 고개를 저었다. 그 역시 하루에 두 시간씩 지도를 받아가며 운동을 배우는 것과 자발적으로 운동하는 것 사이에는 엄청난 차이가 있다는 사실을 알고 있었다. 그러나 아침마다 교문 앞에서 벌어지는 학부모들의 등교 전쟁을 막을 도리가 없다고 털어놓았다. 학부모들이 제 아이가 행여 비 한 방울이라도 맞을까 전전긍긍하며 교실 문 앞까지 아이들을 데려다준다는 것이다. 고민 끝에 오전에는 학교 앞 주차장을 폐쇄하고 자전거만 허용하면 어떨지 회의에 부쳤는데 예상대로 격렬한 항의에 부딪쳤다고 했다.

나는 그 학교 학생들의 통학 자료를 검토한 뒤 한 달 동안 아이들이 자동차로 통학하는 것을 금지해 보자고 건의하였다. 처음에 그는 내 말을 듣고 웃었다. "훌륭한 생각이에요. 하지만 학부모들이 날 죽이려고 할 거예요." 주차장 사건만 생각해도 머리가 아파 오는 눈치였다.

결국 내가 부모들 앞에서 '아리스토텔레스부터 현대에 이르기까지 운동의 중요성에 관하여'라는 제목으로 강연을 하기로 했다. 청중이 많이 모여들었다. 그들은 모두 이론과 실천을 겸비한 내 교육 방식에 동조했다. 고개를 끄덕이며 동의하는 표정, 중간중간 터져 나오는 박수소리로 이를 알 수 있었다. 나는 토론시간에 부모들과의 열띤 의견을 교환했다. 안건에 반대하는 사람은 없었다. 제2부에서 나는 다음과 같은 말로 강연을 시작했다. "여러분이 제 의견에 동의해주셔서 감사합니다. 제 말이 이론으로만 그치는 것을 방지하기 위해 월요일부터 자동차 통학을 금지하려고 합니다. 협조해 주시면 고맙겠습니다."

너무나 고요해서 모기가 날아다니는 소리까지 들릴 지경이었다. 곧 반응이 나타났다. 내가 그 말을 다시 반복하기도 전에 사람들은 서로 수군거리기 시작했고, 장내는 이내 혼란스러워졌다. 옆에 앉아 있던 교장이 몸을 굽히며 소곤거렸다. "제가 말한 그대로지요? 이제 우리를 죽이려 할 거에요."

물론 그 정도까지 사태가 악화되지는 않지만 사람들은 자기 주장을 굽히지 않았다. 그들의 말대로라면 아이들은 학교 앞에 있는 넓은 고속도로 때문에 생명의 위협을 받고 있는 것처럼 보였다. 또 납치범이나 테러범 같은 온갖 흉악범들이 이곳으로 몰려와 아이들을 노리고 있다는 느낌까지 들었다. 그러나 학부모 위원회와 학교 측의 노력으로 분위기는 점차 안정되었고 서서히 타협이 이루어졌다. 프로젝트를 2주로 제한하고 걷는 시간을 편도 30분, 왕

복 한 시간으로 제한했다.

실험을 한 지 얼마 되지 않아 아이들의 공격적인 움직임은 현저하게 줄어들었다. 규칙을 어기는 아이들도 있었지만, 대개 다른 이유 때문이었다. 부모들은 도보 통학과 자전거 통학의 효과에 매우 놀라워했고, 학교에서 집까지 가는 길이 별로 위험하지 않다는 사실을 알게 되었다. "애들이 더 이상 무분별하게 뛰지 않아 걱정을 덜었어요." 결과는 놀라웠다. 2주 지난 뒤 교장과 나는 그 프로젝트를 계속해달라는 요청을 받았다.

■■■ 나는 어떤 아이의 발달에 문제가 있다 싶으면 먼저 관찰하는 버릇이 있다. 어린이가 초등학교에 입학하기 무섭게 부모는 놀이와 운동 같은 신체 활동을 제한한다. 대신 지적 학습에 시간을 더 투자한다. 부모가 생각하기에는 읽고 쓰고 계산하는 법을 배우는 것이 더 중요하기 때문이다. 또 과목에 서열을 매긴다. 영어와 수학을 우선순위에 놓고, 음악이나 체육, 미술 같은 과목은 그다음으로 미룬다.

교사들은 여전히 모든 과목에 두루 유능한 학생을 길러내고 싶어 한다. 하지만 3, 4학년 아이가 성적표를 가지고 집에 가면 부모는 우선 주요 과목의 성적에 주목한다. 영어와 수학이 '노력을 요함'이고, 미술과 체육이 '아주 잘함'이라면 아이가 아무리 어려도 부모는 '성적이 바뀌었더라면 얼마나 좋을까?'라고 생각하기 마련이다. 어른들이 놀이와 운동을 제한하고 추상적인 학습을 강화하는 것도 이때부터다.

초등학교 입학 연령 7~8세는 임의적으로 선택된 나이이다. 실은 6~9세에 천천히 그 과정에 편입되는 것이 더 바람직하다. 아이에게는 새로운 삶의 단계에 적응하기 위한 시간이 필요하다. 학교에 입학해 수업을 듣는 여덟 살 짜리는 유치원을 다닌 경험이 있기는 하지만 학교생활에 제대로 적응할 수 없다. 이 시기의 아이들에게는 놀이 형식을 빌린 구체적인 탐구, 예를 들면 촉각을 통한 인식과 인지가 중요하다.

신체 발달 측면도 마찬가지다. 자신의 몸을 제대로 인지하는 아이만 추상적인 학습 과정에 적응할 수 있다. 페스탈로치는 무엇을 이해한다는 개념이 직립에서 비롯된다고 지적했다. 세상 속에 우뚝 선 아이, 두 발로 땅을 단단하게 땅을 딛고 서 있는 아이만이 자신의 시각을 갖고 추상적인 시각을 받아들일 수 있다는 것이다.

발달심리학자 장 피아제는 구체적이고 명백한 사고에서 추상적인 사고로 옮아가는 나이가 7세라고 했다. 피아제의 연구는 50년 전에 시행됐다. 그러나 최근 연구에서도 그의 이론의 타당성이 입증되고 있다. 7, 8세 된 아이들의 배경 지식은 점점 더 복잡해지고 추상적으로 되어간다. 이런 지식을 가공하고 기존의 지식 저장고에 넣기 위해서는 구체적이고 확실한 작업이 필요하다.

직설적으로 표현하자면, 읽기와 쓰기가 잘 안 되는 아이에게 부족한 점이 무엇인지 알려주는 것은 의미가 없다. 못하는 것을 계속 지적하다 보면 아이는 자신을 부족한 점이 많은 존재라고 느낀다. 그보다는 아이가 성공을 경험하도록 유도해야 한다. 무엇인가를 할 수 있고, 무엇인가 자기의 힘으로 이룰 수 있다는 자신감을

갖게 돕는 것이다. 부모나 교사가 역점을 두어야 할 부분은 바로
이 점이다.

▬   아홉 살 미하엘은 유치원을 졸업하고 초등학교에 들어가는
과정에서 많은 어려움을 겪었다. 그는, 부모의 말을 빌자면, '꿈이
없는' 아이 같다고 한다. 미하엘은 이웃에 사는 친할아버지의 일을
돕는 것을 가장 좋아한다. 할아버지에겐 작은 밭이 있다. 미하엘은
나이는 비록 어렸지만 더위와 추위에도 아랑곳없이 몸으로 해내는
'힘든 일'을 잘 했다.

이제 아이는 2학년이 되었다. 국어와 수학 성적은 평균 이하
다. 수학은 그나마 나은 편이지만 쓰기와 읽기는 무척 느렸다. 엄
마는 날마다 아들과 읽기, 쓰기 연습을 한다고 했다. "하지만 금방
화가 치밀어요. 그럼 애는 울고 저는 소리를 지르지요." 그녀는 두
팔을 하늘 높이 들어 올렸다. "방법이 없어요!"

숙제를 하는 데만 두세 시간이 걸렸다. "숙제가 많은 것도 아
니에요. 다른 애 같으면 40분이면 다 할 텐데." 하지만 미하엘은 남
보다 시간이 많이 필요했다. 다른 일을 할 틈이 없었다. 숙제를 빨
리 하고 나서 할아버지 댁에 가라고 해도 소용없었다. 아이는 한없
이 책상 앞에 앉아 연필을 깨물고 허공을 응시했다. "그럴 때면 아
이 눈이 텅 비어 보여요. 그 앤 곧잘 이상한 말을 해서 절 불안하게
만들어요." 아이가 "난 정말 바보야, 아무것도 못해, 난 멍청이야"
라고 한다는 것이다.

상담 과정에서 나는 숙제 시간을 이전과 달리 활용해 보라고

권했다. "제일 쉬운 숙제부터 시키세요. 그러곤 할아버지 집에 갔다 와서 나머지 숙제를 마저 하게 해 보세요." 엄마는 "그러다 숙제를 못 끝내면요?" 하고 걱정했다. "담임선생님한테 도와달라고 부탁하세요. 미하엘이 숙제를 못 끝낸 이유를 정확히 말씀드리면 되지요."

미하엘의 담임교사는 대단히 협조적이었다. 그녀는 미하엘을 위해 특별한 계획을 세웠다. 아이가 꼭 해야 하는 숙제를 내주었으며, 여유 시간에 할 수 있는 것들을 별도로 내주었다. 그녀는 기발한 아이디어도 냈다. 전문가를 초청하여 아이들의 취미를 발표하는 시간을 마련한 것이다. 덕분에 미하엘은 농가에서 일어나는 일에 대해 신나게 이야기할 수 있었다. 또 할아버지의 집에 방문한 아이들에게 자기가 어떤 일을 하는지 보여주었다. 미하엘의 위상은 금세 달라졌다. 아이들은 모두 미하엘의 능력에 감탄했다.

미하엘은 처음에 숙제를 다 할 필요가 없으며, 오후 시간은 자유롭게 사용해도 좋다는 말을 믿지 못했다. 하지만 기꺼이 그 약속을 받아들이고 지켜나갔다. 반년 뒤 미하엘의 과제 처리 능력은 몰라볼 만큼 향상되었다. 가끔 숙제를 전부 해내지 못하는 경우도 있었지만, 이제 아이는 자신감을 갖고 스스로 만족했다. 미하엘은 여전히 느리다. 읽고 쓰는 데도 여전히 시간이 많이 걸린다. 그러나 더 이상 책을 집어던질 필요가 없다. 이제 미하엘은 자신의 두 다리로 세상에 우뚝 섰다.

■ 열 살 된 율리우스는 3학년이다. 아이는 얼마 전부터 학교 수

업에 흥미를 잃었다. 어느 과목에도 흥미를 느끼지 못했고 성적도 떨어졌다. "이 모든 일이 한꺼번에 일어났어요." 엄마가 기억을 더듬었다. "애를 데리고 앉아 가르쳐도 보고 남편도 도왔지만, 아무 소용없었어요." 그녀의 얼굴은 슬퍼 보였다. "상황은 점점 나빠졌죠. 지옥에 떨어진 기분이었어요. 우린 결국 유도랑 수영까지 그만두게 했어요. 아이는 운동을 좋아했던 터라 충격을 많이 받았어요."

유도와 수영은 소근육과 대근육을 제대로 이용하지 못해서 배웠던 운동이었다. "운동 덕분에 동작과 활동은 많이 좋아졌어요. 그런데 그걸 금지시키자 다른 과목까지 점수가 나빠지더라고요." 나는 율리우스의 부모에게 유도와 수영은 다시 시키되 교과 보충 수업은 시간을 확실히 지켜주라고 충고했다. "45분이면 충분해요." 엄마는 선뜻 수긍하지 못했다. "그러면 뒤떨어진 실력을 회복할 길이 없을지도 몰라요." 나는 일주일에 한 번 신체적인 밸런스를 맞추는 것이 율리우스에게 더 중요한 일이라고 설명했다. 이는 새로운 지적 학습이나 다른 두뇌 활동 그리고 추상적 사고를 위해서도 반드시 필요하다고 거듭 강조했다.

부모는 망설였지만 내 충고를 따랐다. 방과 후 공부 시간을 줄여주었고 과외 공부는 원할 때만 했다. 아이는 처음에 부모의 말을 믿지 않았으나 점점 계획에 협조하게 되었다. 8주 후 긍정적인 결과가 나타났다. 아이가 학교에 대한 두려움을 차츰 떨쳐 버리기 시작한 것이다. 국어와 수학 점수는 아직 별로였지만, 공부에 다시 흥미를 느꼈다. 율리우스도, 부모도 만족했다. 아빠가 말했다. "애가 점점 좋아지고 있어요." 3개월 뒤, 율리우스의 소근육과 대근육 활동도 좋아졌다. 아이의 몸은 다시 밸런스를 찾았고 운동을 중단하기 전 상태로 돌아갔다.

오랫동안 율리우스는 어깨에 짐을 잔뜩 진 사람처럼 학교에 가는 것을 부담스러워했지만 이제 정상을 회복했다. 자녀를 초등학교에 보내는 부모는 아이들의 신체 변화에 관심을 깊이 기울여야 한다. 성장에 따른 신체 발달이 지적 능력을 펼치고 학습을 하는 데 매우 중요하다는 점을 간과해서는 안 된다.

올바른 성 의식

이제 소녀와 소년 사이의 차이에 대해서 다루겠다.

열한 살짜리 막스와 아홉 살 된 막달레나의 엄마는 둘이 늘 싸운다고 걱정했다. "딸아이는 지금 한창 크는 중이에요. 막스보다 키가 더 커요. 게다가 말도 잘해서 막스를 늘 몰아붙여요. 막스는 성격이 공격적이에요. 여자를 비하하는 말도 잘 하고요. 동생더러 뜨개질이나 하라고 한다니까요." 막스의 친구들이 집에 놀러 오면 증상이 더 심해진다고 했다. 남자 아이들이 합심해서 막달레나를 공격한다는 것이다.

열두 살 된 여자 아이 일로나의 엄마는 불안해 보였다. "벌써 생리를 시작했어요. 이제 열두 살밖에 안 됐는데. 가슴도 커졌고 모든 게 성숙해졌어요. 이제는 화장실 문도 잠그고 일을 봐요. 몸에 대해 뭐라 한 마디라도 하면 그때는 지옥이에요. 어찌나 짜증을 부리는지 시선을 돌려야 할 정도예요. 최근에는 나이가 더 많은 남자애랑 방에서 시간을 보내기도 했어요!" 그녀가 당황해서 남편에게 전화하자 "그 녀석을 밖으로 던져버려!"라고 화를 냈다고 한다. 엄마가 떨리는 손으로 딸아이의 방문을 두드리고 들어가 보니 딸은 소파에 앉아 있고, 남자 아이는 의자에 앉아 이야기에 열을 올리고 있었다. 그녀는 아이들에게 마실 것을 주고 의미 없는 말을 몇 마디 던진 뒤 방에서 나왔다. 나중에 딸아이가 웃으며 이렇게 물었다는 것이다. "엄마, 이상한 상상했지? 내 방에 남자 애가 들어오면 내가 바로 잠이라도 잔다고 생각한 거지?"

시빌레는 몇 주 전에 열두 살짜리 아들, 마리우스의 방에서 포르노 잡지를 두 권 발견했다. "보란 듯이 책상 위에 놓았더라고요." 그녀는 충격을 받은 모양이었다. "구역질 나는 그림들이라니!" 그 사실을 전하자 남편은 이렇게 말했다고 한다. "흥분할 필요 없어. 애들 때는 다 그래. 호기심에서 그랬을 거야." 그녀는 더 이상 손을 쓸 도리가 없었다. 그러나 몇 주 후 콘돔이며 자위행위 기구, 포르노테이프 등이 발견됐다. "이젠 증거가 충분하잖아? 당신이 그렇게 겁쟁이라면 내가 말할 거야!" 엄마가 말했다.

다음 날, 엄마는 노크도 없이 아이의 방에 불쑥 들어갔다. "애가 책상 앞에 앉아 포르노를 보며 자위행위를 하고 있었어요! 눈앞이 캄캄했죠." 그녀는 문을 닫고 나왔다. "그런데 아들이 소리를 지르면서 욕을 하는 거예요. 차마 입에 담기 민망한 악담이었죠. 전몸이 굳어서 정신을 차릴 수 없었어요. 마리우스는 저녁 시간에 절 보더니 변명을 늘어놓으면서 메스꺼운 말들을 하더라고요."

우리는 이 이야기만으로도 초등학교 시기의 신체적 변화에 따른 성적 발달과 관심의 정도를 알 수 있다.

━━ 이 시기에는 소녀들이 더 빨리 성장한다. 유치원 시기도 그랬지만 이 시기 역시 그렇다. 소녀들은 말을 더 잘하고, 자신의 의사를 더욱 다양하게 표현할 줄 알고, 자기를 힘으로 누르거나 여자를 비하하는 말로 기세를 잡으려는 소년들을 궁지로 몰아붙인다.

초등학교 시기에 사춘기를 맞이하는 여자 아이들의 비율이 상당히 높아졌다. 이 시기는 소녀들이 최고로 성장하는 때로 2차 성징이 나타나고 월경을 한다. 열두 살짜리가 열네 살처럼 보이기도 한다. 아이들은 몸의 곡선이 드러나는 옷을 입고 싶어 하고, 화장을 하며, 자신에게 쏟아지는 시선을 즐긴다. 몸이 주는 효과를 느끼려는 것이다. 또 낭만적인 사랑을 상상한다. 브리트니 스피어스, 어셔, 비욘세 등에 열광한다. 하지만 몸은 어른 같아도 정신은 아직 연약하다. 그래서 긴장감을 견디지 못해 화를 내거나 슬퍼하고 실망한다. 때로 공격적인 언행으로 부담감을 덜어내기도 한다. 이때 목표 대상은 엄마인 경우가 많다. 엄마들은 이 시기에 접어든 딸을 어떻게 대해야 할지 몰라 쩔쩔매곤 한다. 당사자도 모르는데 엄마가 어떻게 알 수 있겠는가?

이 무렵 가장 가까운 남자인 아빠들에게 중요한 과제가 주어진다. 만일 남편과 아내가 합심하여 딸에게 무조건 대항한다면 아빠는 폭풍우를 자초하는 격이다. 그와 반대로 딸과 합심하여 아내에게 대항하려는 아빠는 딸이 부부 사이를 갈라놓을 수도 있다는 점을 명심해야 한다. 중요한 것은 아빠가 대화 상대가 되어주되 필요하면 반대 의견을 제시할 수 있어야 한다는 점이다.

사춘기에 접어든 여자 아이들의 반항 심리를 무조건 수용하는 자세가 아이들을 이해하는 것이라고 착각하면 안 된다. 모녀 관계일지라도 비하나 모욕은 금지해야 한다. 이때 어떻게 반응하느냐가 관건이다. 아이가 화를 내고 있을 때 엄마에게 사과하라고 윽박지르면 반대의 결과가 나온다.

"얼마 전 일이에요. 딸이 아직 화가 나 있었는데 제가 사과를 하라고 강요했죠. 그랬더니 저더러 '미안해, 못생긴 뚱보 아줌마 같으니라고' 하는 거 있죠." 결국 모녀는 그 말 한 마디 때문에 더 크게 싸우게 됐다고 한다.

말이 곱게 나오지 않으면 우선 무시하는 게 좋다. 그러고 나서 각자 시간을 가진 뒤 나중에 이야기하는 게 좋다. "네가 그렇게 말해서 엄마가 상처를 입었어. 엄마는 그런 말투가 싫어!" 이런 식으로 관계를 유지하면서 모녀 사이의 정을 이어가야 한다. 어떻게든 자녀의 뻔뻔스러운 태도를 참아내면서 부모가 자신을 진지하게 인식하고 있다는 느낌을 주어야 한다.

━━ 성 문제를 주제로 다룰 때 중요한 것은 특히 부모와 자식 간의 관계다. 부모는 자녀에게 책임 의식을 느끼고 각별히 신경을 써야 한다. 사춘기에 접어든 딸이 자신의 몸에 대해 스스로 책임을 지겠다고 우기면서 자기의 몸이니 알아서 하겠다고 고집을 부리면 엄마는 신체적 성숙에 관련된 문제를 딸과 이야기해 보는 것이 좋

다. 엄마 자신의 걱정과 불안을 솔직하게 표현해서 딸아이의 대답을 유도하고, 아이가 그 주제에 대해 어떻게 생각하고 있는지 확인하는 것이 현명한 방법이다. 그래야만 훗날 갈등 상황에 놓일 때를 대비해 전략을 세울 수 있다.

그렇지만 이런 대화를 나눌 때 아이가 성을 두려워하도록 만들어서는 안 된다. 건강한 성의식을 지닐 수 있도록 유도해야 한다. 이러한 태도는 현실적으로 매우 중요하다. 소녀들의 경우 성에 관련된 신체적 자각은 뚜렷하지만, 첫 경험을 하는 소녀들의 2/3는 피임에 대해 무지하다. 아무런 대책도 없이 예기치 않은 상황에서 경험을 하게 되기 때문이다. 성에 대한 이론적인 지식과 구체적인 상황에 놓였을 때의 대처 능력 사이에는 큰 차이가 있다. 이런 격차는 대화를 통해 다루어야 한다.

남자 아이의 경우 대개 9세부터 성에 대한 호기심을 갖기 시작한다. 우선 포르노 사진이나 잡지에 관심을 보이고, 여성을 비하하거나 여성에게 적대적인 유머를 즐기며, 상스러운 말을 한다. 남자 아이들 사이에서는 성이 흥미진진한 주제가 된다.

유치원 시기의 자위행위는 긴장을 푸는 역할을 한다. 그러나 초등학교 시기부터는 자위행위에 성적 성격이 강해진다. 아이들은 자위행위에 갈수록 재미를 느끼게 된다. 남자 아이들은 발기된 자신의 성기에 자부심을 느낀다. 특별한 생각 없이 이를 자랑하고 보여주는 아이도 있다. 또 의식적으로 사정을 하기도 한다.

포르노 영상물을 보는 것을 전면적으로 금지하기란 매우 어렵다. 금지하면 숨어서 보기 때문이다. 그러면 부모는 아이가 어디에 관심을 두는지 알 수가 없다. 부모는 그 문제를 아이와 솔직히 논의하는 것이 좋다. 그러나 남자 아이들의 발달 단계를 이해한다고 해도 그러한 태도가 모든 것을 수용한다는 말은 아니다. 아이들은 그러한 행동을 부모가 어떻게 바라보고 있는지 경험해야 한다. 도덕심을 일깨우는 가치관이 필요한 것이다. "나는 잡지는 좋아하지만 이런 그림은 싫구나. 여자들을 성적 대상으로 비하하잖아. 여자는 인격적으로 대우받아야 한단다"라고 말하는 것도 좋은 방법 중 하나다.

물론 그렇게 한다고 해서 아이들이 포르노에 접하는 것을 막을 수 없다. 자녀를 가두어놓을 생각이 아니라면 금지할 수도 없다. 그러나 부모가 자신의 입장을 확실하게 밝히면 자녀는 부모의 시각을 지향하고 조화를 이루게 될 것이다.

여자와 남자는 신체 발달 속도에 차이가 나기 때문에 종종 거부감을 느끼게 된다. 이는 비단 남학생, 여학생 사이의 문제는 아니다. 남매간에도 같은 현상이 발생한다. 남매간의 경쟁심은 이 시기에 다시 한 번 심각해진다. 손위 아이는 남녀를 불문하고 동생과 사이가 나빠지고 걸핏하면 비난하고 약점을 잡아 놀린다. 또 위엄을 부리려고 한다. 그러다 원하는 만큼 자기가 존중받지 못한다고 생각하면 싸우게 된다.

▬ 다른 성을 거부하고 비하하는 태도는 지금 그 아이가 왕성하게 성장하고 있다는 뜻이다. 남자 아이든 여자 아이든 당사자는 지금 남자나 여자로서 정체성을 확보하는 과정에 있다. 성 정체성이

형성되는 첫 단계는 5~6세다. 남자와 여자가 분리되고, 서로 같이 어울리려고 하지 않는다. 정도의 차이는 있지만 대개 8~10세는 신체적 변화를 수반하는 제2의 단계다. 이 시기는 여자 아이와 남자 아이가 남자와 여자의 차이를 인정하고 받아들일 준비를 미처 갖추지 못한 단계이므로 서로 경계하게 된다.

이 과정은 남자 아이, 여자 아이 모두에게 똑같이 중요하다. 이때 부모들은 "아이가 자꾸 여자를 비하해요. 어떻게 해야 할까요?"라고 질문한다. 실제 다른 성을 비하하거나 공격하는 언행이 눈에 띄게 많아진다. 남자 아이들은 예전보다 훨씬 노골적으로 공격적 성향을 띠며 여자를 머리가 나쁜 사람이라거나 뒤떨어진 사람이라고 우긴다. 그런 면으로 갈등을 겪는 부모는 두 가지 관점에 유의해야 한다.

서로에 대해 존경심을 유지하는 것이 중요하다. "난 네가 동생과 이야기하는 방식이 마음에 들지 않아. 네가 좋아하는 친구를 그런 방식으로 대한다면 그 애도 널 그렇게 대할 거야.", "네가 여섯 살이었을 때는 너도 동생처럼 뭘 잘 몰랐어. 동생도 그렇다는 걸 생각해야지."

남자 아이가 단지 또래의 여자에 그치지 않고 엄마에게까지 남성의 권위를 내세운다면 확실하게 선을 그어주되 다그치지는 않는 게 좋다. 부모를 존경해야 한다는 사실을 상기시켜야 한다.

▬ 열 살 된 아들을 둔 엄마의 최근 경험담이다. 아이가 식탁에 앉아서 "주스 갖다 줘!"라고 말했다. 엄마가 "왜?"라고 물었을 때

똑바로 대답했다면 그냥 가져다주었을 텐데 아이가 갑자기 눈을 부라렸다는 것이다.

"기가 막혔어요! 제가 주스를 가져다주었느냐고요? 아니요! 그냥 무시해 버렸죠." 엄마가 말했다. 아이가 지켜야 할 도리를 넘었을 때 그냥 넘어가는 것은 옳지 않다. 지적을 해주어야만 인간관계에 나쁜 영향을 끼칠 수 있는 태도가 수정되기 때문이다. 어쩌면 이런 식으로 대답할 수 있을지도 모른다. "주스가 어디 있는지 너도 알잖아?" 또는 "난 너한테 주스를 가져다주지 않겠어." 하지만 원칙에 입각해서 이렇게 대꾸할 수도 있다. "엄마는 네 의견을 존중해. 그러니까 너도 엄마를 존중해주길 바라. 네가 지금 한 말은 엄마를 슬프게 하는 말이야."

자녀의 신체적, 성적 변화로 부모는 새로운 발달과제를 안게 된다. 바로 인간관계를 새로운 기초 위에 정립할 수 있도록 도덕적 능력을 길러주는 것이다.

도덕성은 갈등과 정체기를 거쳐 서서히 형성된다

"토마스는 지금 열두 살이에요. 정확히 말하면 11년 9개월이지요." 엄마가 말했다. "더 이상 어린애가 아니에요. 한번은 '엄마는 늘 나를 낮춰 보는 거 같아. 내가 바보인줄 아나 봐' 하더라고요."

엄마는 그 말도 부분적으로 맞는다면서 미안한 기색을 띠었다. "몇 년 사이 어쩌면 그렇게 이성적으로 변했는지 아직도 잘 믿어지지 않아요. 예전엔 아주 대단했거든요! 매일 싸우다시피 했죠."

"그래도 잠잘 때는 아주 예뻤다고 그랬잖아요." 토마스가 자기 자신을 두둔했다. "잠잘 때 보면 정말 천사 같다면서요. 그건 그냥 한 소리였나요?"

"요즘엔 아이와 말이 잘 통해요. 부부 사이도 그렇고요." 그녀는 말을 이었다. "난 어떻게 하면 엄마 속을 뒤집어 놓는지 잘 알거든요!" 토마스는 의기양양하게 말했다. "바보 같은 말들을 퍼부으면 돼요." 아이가 휘파람을 불었다.

토마스는 부모를 힘들게 했다. 아니 그 이상이었다. 토마스 위의 두 아이는 나이가 성인에 가까워 더 이상 문제될 게 없었다. 나는 엄마에게 최근 몇 년 동안 일어난 사건을 보고 느낀 대로 말해 보라고 했다. 엄마가 말하는 동안 토마스는 자기의 생각과 다르면 설명을 보충하거나 정정하고 싶어 했다. "제가 대신 할게요. 거짓말하면 안 되는데 우리 엄마, 아빠는 거짓말을 잘 해요." 아이의 눈에는 장난기가 가득했다.

"일곱 살부터 굉장했어요. 불이라면 사족을 못 썼지요. 여덟 살 땐가, 아빠가 보관하던 불꽃놀이용 화약을 훔쳐서 1월 내내 터뜨렸어요. 그중 하나는 방 안에서 폭발했고요. 다행히 모두 집에 있을 때라 최악의 사태는 막았지만요."

"운이 나빴어요. 아빠가 질이 안 좋은 걸 사서 그래요." 토마스가 끼어들었다. 엄마가 잘난 척하지 말라고 타박하자 아이는 한 발자국 물러섰다.

"그다음엔 돈을 훔치기 시작하더라고요. 제 지갑에서 계속

돈이 없어지는 거예요. 당연히 저 앤 잡아뗐고요." 엄마가 한숨을 내쉬었다. "우리 돈만 손 댄 게 아니라 작은 매점을 운영하는 숙모님 돈도 훔쳤다고요. 친구 애가 숙모한테 말을 거는 동안에요."

내가 엄마에게 그 사실을 어떻게 알았냐고 묻자 아이가 먼저 입을 열었다. "엄마는 항상 제 방을 검사해요. 그러다 찾아낸 거지요." 토마스가 싱긋 웃으며 말했다. "우리는 계속했어요. 엄마만 눈치 못 챘지. 몰랐죠?" 아이는 의기양양해 있었다. "우린 그걸 정원에 있는 작은 보물 상자 속에 숨겨 놓았죠." 아이가 나를 쳐다보았다. "지금은 저도 도둑질이 나쁘다는 걸 알아요. 사실 그때도 안 하려고 했어요. 그런데 손가락이 근질거려서." 아이는 잠시 생각하다 덧붙였다. "꼭 운동을 하는 기분이었어요."

이번엔 엄마가 말했다. "그게 전부가 아니에요. 쓰레기 같은 말을 해서 사람 기분을 망쳐놓지를 않나, 어쩌다 우리가 실수라도 하면 다그치지 않나!" 토마스가 씩 웃었다. "그런데 요즘에는 여자 이야기를 곧잘 해요." 엄마가 한숨을 쉬었다. "사사건건 아이와 부딪쳐야 한다는 게 너무 힘들어요. 자발적으로 하는 일은 아무것도 없고 말이죠. 또 정말 아무것도 아닌 일에서 사건이 터져요. 특히 아빠한테 반항할 때요."

토마스가 대화에 끼어들었다. "그런데 엄마, 아빠는 항상 날 아기 취급하잖아요? '빨리 자러 가라, 불 꺼라, TV 보지 마라, 친구 집에 가지 마라' 하면서요." 아이의 목소리에 비난이 가득했다. "제가 좋은 성적 받아오는 날만 오케이였죠."

"그래? 엄마가 그렇게 심했니?" 엄마가 생각에 잠겼다. "하긴 요즘엔 토마스도 많이 좋아졌어요. 말꼬리 잡는 버릇도 없어지고, 토론할 때 다른 사람의 입장도 생각하고요. 또 많이 솔직해졌죠. 물론 늘 그렇지는 않지만요." 그녀는 먼저 토마스를 바라보았고 다음에 나를 쳐다보았다. "이런 상태가 계속 유지될까요? 사춘기가 코앞에 닥쳤는데요. 그때는 또 무슨 일이 생길지. 제 친구들이 토마스 또래 아이들에 대해 이야기를 많이 해주거든요." 토마스가 싱긋 웃으며 대꾸했다. "여유를 즐기세요. 엄마, 전 지금 폭풍이 몰아닥치기 전 고요한 상태랍니다!"

━━ 세미나에서 이런 대화를 듣고 있던 스베냐의 엄마도 공감한다는 표정을 지었다. "스베냐는 지금 열두 살이에요. 1년 전만 해도 난 우리 딸만은 안 그럴 거라고 생각했죠." 그녀가 나를 진지한 표정으로 바라보았다. "그 앤 이제 괴물이에요!"

그녀가 심각한 표정으로 나를 보았다. "여덟 살 때 부터였죠. 하루아침에 착한 딸이 사라졌어요. 갑자기 변했다고요. 아이 속에 그런 괴물이 숨어 있었다니! 아무것도 통하는 게 없었어요!"

구체적인 상황을 몇 가지 이야기해달라고 부탁하자 그녀가 대답했다. "몇 가지요? 그거 가지고 되겠어요? 셀 수 없이 많은데!" 그녀는 잠깐 생각했다. "딸애는 기니피그를 키웠어요. 유치원 때부터 아꼈어요. 아플 땐 슬퍼했고, 고통을 함께 나눴지요. 참새 새끼 한 마리 떨어져 죽은 걸 보고도 며칠이나 슬퍼하던 애였으니까요. 그러던 애가 갑자기 야비해졌어요."

그 모든 감수성이 한순간에 사라졌다는 것이다. 스베냐는 정말 잔인해졌다. 한번은 기니피그를 우리에 넣은 채 밖에 내놓았다고 한다. "그날따라 정말 추웠어요. 영하 10도는 됐을 거예요. 정을 주며 기르던 기니피그를 밖에 내다놓고 자기는 따뜻한 거실에 앉아서 불쌍한 기니피그가 벌벌 떠는 모습을 지켜보더라고요. 제가 너무 놀라서 '너 미쳤니?' 하고 소리 질렀죠. 그랬더니 애가 '서바이벌 훈련 하는 거예요' 하는 거 있죠?" 엄마 목소리는 흥분 상태였다.

"아주 의기양양했어요." 엄마가 말을 이었다. "아홉 살 반인가 됐을 땐 갑자기 고기를 안 먹겠다고 우기더라고요. 갑자기 채식주의자가 되어선 우리 가족을 원시인양 여기며 비난하기 시작했지요. 밥을 먹을 때마다 잔소리를 하면서요. 세상에 저 혼자만 도덕군자인 척했다니까요."

스베냐의 엄마가 웃으며 말했다. "아주 분통 터지는 사건도 있었어요. 남편이 중간에 끼어들지 않았더라면 아마 무슨 일이 벌어졌을 거예요." 그녀는 수프를 조리하고 있었다. 국물을 내면서 닭고기 맛을 내기 위해 닭고기 양념 가루를 사용했다고 한다. 그 가루는 조그만 봉지에 들어 있었다. 그것을 발견한 스베냐가 엄마의 얼굴에 빈 봉지를 들이대며 소리쳤다. 아이는 "나를 죽이려고 그랬군요. 미련한 곰단지 아줌마! 엄마는 살인자야! 엄마 때문에 닭들이 죽잖아!"라고 외쳤다. "저는 화가 나서 아이를 문 밖으로 쫓아냈어요. 그러자 저주하는 말을 퍼부으며 도망갔죠. 쫓아가서 잡아오려고 했는데 남편이 말리면서 놓아주지 않더라고요." 그녀는 바깥을 응시했다. "터널 속에 있으면 빛을 보지 못하지요!" 그녀가 미소 지었다. "아이가 다시 정상으로 돌아올 거라는 사실을 미리 깨달았다면 좀 더 여유롭게 대할 수 있었을 텐데. 하지만 그 상황에서는 정말 그럴 수가 없었어요. 눈에 아무것도 안 보이더라고요." 그녀의 목소리가 다시 부드러워졌다. "지금은 아주 만족해요. 여전히 자주 싸우지만요." 물론 싸움의 이유는 다르다고 했다. "이젠 더 이상 고집을 부리고, 혼자 잘난 체하며, 신경을 곤두서게 하는 일은 하지 않아요. 이따금 상상 밖의 행동을 할 때 다른 사람들이 어떻게 생각할지 이야기하면 그냥 '난 그런 건 상관없어!' 하고 말지요. 이젠 아이도 사회적 인정이 얼마나 중요한지 인식하는 거 같아요. 요새는 고기도 먹고, 닭고기 수프도 잘 먹어요."

▬ 7~12세는 도덕적 측면에서 상당히 역동적이다. 이 시기에 아이들은 관점과 시각의 변화를 경험한다. 유치원에 다니는 아이들은 부모나 교사의 권위를 존중한다. 아이들은 어른이 몸도 크고 나이가 많기 때문에 권위를 갖는다고 생각한다. 이 시기에 어린이들은 어른들이 이야기하는 대로 잘 따른다. 그렇지만 맹목적으로 복종하거나 통찰력이 없는 것은 아니다. 마찰을 일으키다가도 곧 질서를 잡고 어른의 뜻을 따른다. 그러나 어른들이 부당하게 권력을 이용한다고 생각하거나 어른의 말을 진지하게 받아들이지 못할 경우에는 힘겨루기를 벌이고 신경을 쓰게 만든다.

7세에 이르면 시각이 변화한다. 권위에 저항하며, 어른들을 비난하고, 그들의 말과 행동이 일치하는지 심사한다. 말대꾸가 심해지고, 어른의 말을 자르며 무자비하고, 때로 비난하는 말로 꼬집기도 하고, 비판하려 든다.

7, 8세부터는 또래에 대한 관심이 더욱 높아진다. 친구들과 우정을 맺거나 싸우기도 한다. 어른의 눈으로 볼 때 '나쁜 친구'와 어울리기도 한다. 아이들은 어떻게 하면 경계를 넘을 수 있는지, 어디까지 가능한지 관찰하고자 한다. 부모들은 대개 이런 친구를 반가워하지 않고 나쁜 영향을 받을 것으로 짐작하여 자녀를 분리하려 든다. 하지만 어린이가 그런 아이들과 논다고 해서 자동적으로 행동을 따라 하는 것은 아니다. 어린이들은 근본적으로 어른이 생각하는 것보다 훨씬 더 비판적이다. 그래서 친구가 경계를 넘어서는 행동을 하면 그것을 본보기로 삼아야 할지 조심스럽게 고민한다.

어른이 생각하는 '나쁜 친구'는 불가능한 것을 가능하게 해준다. 이 아이들에겐 당연히 친구들을 끄는 힘이 있다. 때문에 부모와 자식 간에 혼란이 생기는 경우도 많다. "예전 같지 않아요. 상냥하던 애가 친구 집에만 가면 불량배가 되어 돌아와요"라고 어떤 아빠는 말한다.

실제로 아이들은 자신과 맞는 친구를 발견하면 눈 깜짝할 사이에 친해진다. 이런 친구들은 아이가 도덕적으로 성숙해지기 위해서도 필요하다. 이제까지 부모에게 말할 수 없이 다정하고 친절했던 아이가 친구들을 훨씬 중요하게 여기고 그들을 따라 천한 언어를 사용하고, 매사에 욕을 입에 달고, 귀에 거슬리는 말들을 쉽게 입에 올린다. 건강을 중요하게 생각하는 가정에서 커왔기에 잡곡밥 먹는 것을 당연하게 생각하던 아이가 새 친구를 사귀면서 흰밥만 먹겠다고 고집을 피우기도 한다. 영양가를 생각해 정성 들여

싼 도시락을 컵라면 하나와 맞바꾸기도 한다.

━━ 7~12세는 도덕성 발달의 기초를 이루는 중요한 시기다. 도덕성은 갈등을 겪고 때로 정체기를 거치며 서서히 형성된다. 아이는 도덕에 대해 생각하고, 도덕적인 잣대로 판단하고 행동하려 애쓴다. 다른 사람의 공감을 받으려 하고, 다른 사람의 입장에 설 수 있는 능력을 배양하며, 사람들의 이해관계를 존중하고자 노력한다. 서서히 사회규범을 받아들이고, 사회적으로 인정받는 가치에 자신을 맞추려 노력한다. 그사이 아이에게는 죄책감도 형성된다.

이것은 유치원 시기부터 사춘기까지 지루하게 진행되는 과정이다. 이 무렵은 또 반항과 충돌의 시기이기도 하다. 부모는 그런 자식을 대하며 '도대체 끝은 어디일까?' 를 고민해야 할 정도다.

초등학교 저학년 시기의 어린이는 남녀를 불문하고 두 가지 도덕적 발달 단계를 거친다. 미국의 사회심리학자 토마스 리코나는 이렇게 말했다. "이 시기의 아이들은 도덕적으로 성숙하기도 하지만, 동시에 미성숙한 발달 단계를 벗어나지 못한다. 달리 표현하자면 사춘기 전의 어린이들은 유치원생 정도의 도덕심을 갖고 있으면서도 여섯 살짜리 아이처럼 반항하고 시비를 건다."

7~8세에 형성된 도덕성의 전 단계는 9~10세까지 지속된다. 이 단계에 속한 아이들에겐 몇 가지 특징이 있다.

#. 독립성을 획득하고 부모에게 거리를 두려는 노력이 시작된다. 어린이는 자기 자신을 독립적인 개체로 인식하여 권리를

주장한다. 일상생활 중에 규율을 어겼다고 꾸중을 들으면 모욕감을 느끼고 예민하게 반응한다.

#. 부모와 교사에게 맹렬한 비난을 퍼붓는다. 어른들의 조그만 실수나 잘못도 놓치지 않으려 들고 곧잘 부모를 훈계한다.

#. 이 시기의 어린이들은 융통성 없는 협상 상대다. 자신의 권리를 주장하고, 불만을 이야기하며, 더 이상 명령을 받으려 하지 않는다. 이 시기에 부모와 자식의 관계는 거의 상업적 거래와 같다. "저한테도 뭘 하게 해주셔야지요. 안 그러면 더 이상 엄마, 아빠 말 듣지 않을 거예요." 또 많은 부모들이 계속되는 시빗거리와 새로 나타나는 문제들 때문에 힘들어한다. 협상할 일도 많아진다. "이거 하면 뭐 해줄 건데요?" 이처럼 판에 박힌 질문을 어른들은 참지 못한다. 교육적인 토의는 거의 불가능하고, 물질적인 대가를 주어야만 이 시기의 어린이들을 조정할 수 있다.

#. 뜬금없이 잔인하고 악랄한 경향을 보인다. 친구들 사이에서뿐 아니라 동물에게도 그러하다. 또 싸움이 잦은 시기이기도 하다. 욕을 즐기고, 성과 관련된 단어를 즐겨 사용한다. 상대를 부당하게 비난하기도 하고, 편견이 심하며, 부당한 대우를 받았다고 느끼면 같은 방식으로 되갚기도 한다. 그래서 때로 맹목적인 것처럼 보인다. 이 같은 감정 때문에 다른 사람들과 어울리기 힘들어지거나 비열해지기도 한다.

#. 이 단계에는 거짓말을 하고 훔치기도 한다. 법의식이 결여되어 있는 것이 아니라 어느 정도까지 가능한지 시험하기 위해

의식적으로 경계를 침범하는 것이다. 이때 부모는 될 대로 되라는 식으로 처리해서는 안 된다. 주의를 환기시켜 거짓말이나 물건을 훔칠 경우 인간관계가 나빠진다는 것을 알려준다.

#. 또한 늘 비교를 해서 부모의 기분을 상하게 한다. "쟤는 나보다 부자라고요!" 혹은 "쟤가 나보다 더 많이 가졌단 말이에요!", "다른 사람은 다 되는데 왜 만날 나만 안 돼요?" 이렇게 늘 같은 말을 반복해서 부모를 시달리게 만든다. 그러나 비교하는 행동은 다른 아이들이 더 많이 가지고 있다는 것을 표현하는 것이 아니라 남들처럼 대우받고 싶다는 마음의 표출인 경우가 많다. 형이 어린 동생과 싸우는 것도 실은 동생보다 더 나은 대우를 받고 싶다는 표현이다. "나는 나예요. 나는 동생보다 권리가 더 많다고요!" 혹은 "내 나이가 더 많잖아요. 그러니까 내가 동생보다 더 많이 가져야 해요."

자녀가 독립을 얻으려고 투쟁하면 부모는 이해심을 발휘해야 한다. 하지만 쉬운 일은 아니다. 8~12세의 아이들은 주위를 둘러볼 줄 모르고, 무뚝뚝하며, 철저하게 경제 원칙에 입각하여 '네가 나한테 한 만큼 나도 너한테 하겠어'라는 의식이 강하다.

이 시기의 아이들은 싸움과 다툼에 재미를 느낀다. 부모라고 예외를 두는 법도 없다. 부모가 자녀들이 무례하게 굴거나 잘못하는 일을 무조건 참아낼 때 부모, 자식 사이의 관계는 악화된다. 아이가 자기의 입장만 고수하고 이익만 좇으면서 공정한 대우를 받으려 한다면 먼저 스스로 공정해져야 한다는 사실을 가르쳐야 한다.

이때 부모가 해야 할 일은 다음과 같다.

#. 부모 자신에게 부과된 책임을 분명하게 의식해야 한다. 부모는 아이의 친구가 아니라 파트너다. 아이와 부모는 동등한 선상에 있지 않다는 의미다. 부모는 자녀들보다 인생 경험이 많은 선험자로 과도기에 처한 아이에게 방향을 제시하고 보호해야 한다. 그러나 부모는 자신이 선험자라고 하여 좋지 않은 경험을 무조건 막아주거나 대신 하려는 행동을 피해야 한다.

#. 문제가 발생하면 서로 토론하고, 협상하고 차선책을 강구하여 해결 방법을 모색하고 약속을 정하는 게 좋다.

#. 이 시기의 아이들은 지나치게 도덕적이다. 규칙과 생활방식에 대해서 일정한 개념을 고수한다. 양보를 모르며 힘겨루기를 즐긴다. 부모와 자녀 사이의 규칙은 서로 합의해서 정해야 하며, 서면으로 작성해 두면 더 좋다. 그러면 아이는 자신이 계약의 당사자로 인정받았다는 느낌을 받는다. 또 계약이 지켜지지 않았을 경우 결과에 대해 양쪽 모두 깊이 생각해야 한다.

#. 아이들은 자기의 의견이 존중받지 못한다고 느끼면 공격적으로 변한다. 어른들이 자신을 '어린아이'로 취급한다고 느끼기 때문이다. 아이들이 부모에게 기대하는 존중감은 상대방과 연관성을 띤다. 즉 "나는 당신을 존중한다. 나 또한 존중되기를 바란다"거나 "나는 당신의 이야기를 주의 깊게 듣는다. 그러니 당신도 내 말을 잘 들어줘야 한다" 혹은 "내가 당신에게 이익이 되는 일을 할 테니 당신도 내가 좋아하는 것을

해줘야 한다"는 식이다.

#. 이 시기의 아이들은 경계를 잘 넘는다. 특히 흥분하거나 화가
나면 극단적인 표현을 하는 경우가 많다. 그러나 궤도를 이탈
하는 말을 할 경우 이를 받아들이면 안 된다. 부모는 욕설을
들었을 때 느끼는 감정을 아이와 공유하도록 노력해야 한다.
"네 말이 나를 너무 슬프게 만드는구나" 하며 울먹이거나 "나
는 너를 위해 이렇게 노력하는데 너는 기껏 그런 말밖에 못하
니?" 하는 말들은 적당한 대응 방법이 아니다. 대신 "그런 심
한 욕설을 하다니 내 마음이 아프다. 나는 너를 존중하고 있
으니 너도 나를 존중해주기 바란다"고 말하는 편이 좋다.

아이는 무엇이 옳고 그른지 스스로 경험하게 된다. 그 후에는 반드
시 자기의 행위에 대해 책임지는 법도 배워야 한다. 이런 과정을
통해서 아이는 규범과 가치를 받아들이고 이를 내면화할 수 있다.
부모는 아이와 힘겨루기를 하면서 원초적 상태에 머무르기보다 도
덕적으로 성숙한 수준을 갖추고 아이와 부딪쳐야 한다.

아이들은 점점 부모와 상업적인 수준에서 관계를 맺으려 한
다. 또래 사이에서도 마찬가지다. "네가 한 만큼 나도 할 거야"의
관계를 유지하려 드는 것이다. 그러면서 타인에게 관심을 갖고 타
인의 입장이 되는 법을 배운다. 아이들은 이런 단계를 천천히 거쳐
어느 날 갑자기 사회적으로 인정받는 것이 얼마나 중요한지 알게
된다. 또 다른 집단의 관점이나 입장을 받아들일 수 있는 능력도
기른다. 자기의 태도와 행위가 다른 사람들에게 어떻게 보일지 생

각한다. 툭툭 쏘아대고 원칙을 주장하거나 잘났다고 우기는 행동을 중단하기도 한다. 하지만 이런 행동은 사춘기를 맞기 전 다시 한 번 화려하게 부활하여 절정으로 치닫는다.

초등학교를 다니면서 양심이 자란다. 하지만 도덕적으로 고민한다고 해서 행위 자체가 성숙하지는 않는다. 또 아이들이 도덕적으로 성숙하고, 구체적 판단이 가능해지며, 객관적으로 가치를 부여할 수 있다고 하더라도 반항기가 지난 것은 아니다. 흥정하려는 태도가 사라진 것도 아니고, 폭력성이 줄어든 것 역시 아니다. 다른 사람을 대할 때 자기가 대접받고 싶은 대로 해야 한다는 것을 알면서도 "다른 사람들이 너를 대하는 대로 나도 해"라는 원칙에서 벗어나지 못한다.

10~13세의 어린이들에게는 성숙과 미성숙 단계가 혼합되어 나타나는 특징이 있다. 학교에서 돌아온 자신을 반겨주지 않는다고 느끼거나 실패를 경험하면 이 시기의 어린이들은 쉽게 미성숙 단계로 돌아가서 반항하게 된다. 이럴 때는 휴지기를 갖는 게 좋다. 만일 감정 상태가 저하되어 아이가 몹시 반항할 때는 다음 방법을 따라 보라.

#. 1단계 : 우선 자리를 뜬다. 자녀에게 부정적인 감정을 정리하고 마음을 안정할 수 있는 기회를 준다. 부모에게도 적용된다. 스트레스를 받은 상태에서 갈등을 해소하려고 노력하면 오히려 막다른 골목에 부딪쳐 책임을 전가하거나 비난하게 된다. 결국 하지 않아야 할 말을 하게 되어 서로 외면하고 무

시하거나 좌절감에 빠지게 된다.

#. 2단계: 당사자들이 마음이 진정되어 돌아오면 다시 서로에게
접근하여 드러난 문제점이나 갈등을 함께 푸는 것이 좋다. 이
과정을 통해 자녀는 자기가 대화의 상대로 받아들여졌다는
느낌을 받고, 부모가 자신의 생각이나 의도를 해결책을 찾는
데 반영하려 든다는 느낌을 받는다. 열두 살짜리에게 "네가
그러면 반드시 대가를 치르게 할 거야"라고 말했다면 아이가
반항하고 힘겨루기에 들어가는 것도 의아하게 생각할 필요가
없다. 어린이와 대화할 때는 나이와 발달 단계에 맞는 수준으
로 이야기하고, 또 자녀의 의사를 존중한다는 것을 표현해야
한다. 그렇게 할 때에 비로소 도덕적 판단에 대한 호소가 효
과를 발휘한다. 위협이나 잘난 체하는 말투, 아이를 무시하는
태도 등은 빨리 버려야 한다.

열두 살짜리 시몬은 늘 여섯 살짜리 동생 안드레아스를 놀리고 때
려서 울린다. 안드레아스는 울고 투정하면서 자기를 미워하는 형
을 원망한다. 부모가 안드레아스의 편을 들면 잠시 조용해지지만
부모가 사라지면 같은 행동을 반복한다. 시몬은 부모가 개입하는
것을 자기를 누르고 깎아내리기 위한 행동으로 보았다. 그래서 결
국 아이는 복수했고, 부모는 어쩔 줄을 몰랐다.

상담이 끝난 후 부모는 전략을 바꾸었다. 형제간에 싸움이 시
작되면 우선 둘을 떼어놓되 말다툼에는 끼어들지 않았다. 시몬은
진정되고 나면 이야기를 했다. 형제를 떼어놓을 때 어느 누구의 편

도 들지 않았다. 특히 시몬과 이야기할 때는 동생 앞에서 창피를 당한다는 생각이 들지 않도록 온건하게 이야기했다. "시몬, 너도 안드레아스 같은 때가 있었다는 것만 잊지 마. 그때는 너도 그런 식으로 이야기했지만, 그렇다고 엄마, 아빠가 널 비웃은 적은 없었어." 아니면 "안드레아스는 그렇게 못 해. 아직 어리잖아. 너도 여섯 살 때는 그렇게 못했어. 동생을 놀리는 대신 네가 좀 도와주면 어떨까?"

물론 이렇게 한다고 해서 시몬의 태도가 갑자기 바뀔 수는 없다. 하지만 시간이 가면 부모가 자신을 '형'으로 대접하고 진지하게 받아들이고 있다는 사실을 인정하게 될 것이다. 그러면 동생을 더 많이 배려하고 동생의 의견을 존중할 수 있을 것이다.

열한 살 된 파트리크는 축구가 끝나면 TV를 끄겠다고 약속했다. 아이는 자기를 믿어도 된다고 단언했다. 그러나 부모가 외출을 마치고 돌아왔을 때 파트리크는 여전히 TV 앞에 앉아 있었다. 끔찍한 범죄물을 보고 있었다. 아빠는 화가 났다. "앞으로 4주 동안 TV 시청 금지다. 더 이상 아무 말 하지 마라!" 엄마는 조용히 아이를 달랜 뒤 방으로 들여보냈다. 파트리크가 방에 들어간 후 엄마는 아빠를 비난했다. 무슨 수로 4주 동안 텔레비전을 보지 못하게 하겠느냐는 것이었다. "나보고 어떻게 하란 말예요? 내일 아침에 그 말 취소해요!"

다음 날 아침 부모는 아들에게 아침 인사를 건넸다. 아이가 묘한 표정을 지었다. "날 내버려 둬요" 하는 거리감과 "다음번에는 약속을 지킬게요"라는 미안함이 두루 섞인 표정이었다. 아빠는 금기를 철회했다. "어젠 아빠가 정말 화가 많이 났어. 널 믿었는데 약속을 어겨서 그랬다." 그는 아들을 진지하게 바라보았다. "내일 저녁에 엄마랑 아빠가 외출해야 돼. 아빠는 네가 늦어도 9시면 TV를 끌 거라고 생각한다. 믿어도 되겠지?" 파트리크는 고개를 끄덕였다. 그리고 외출을 마치고 집에 돌아온 날 저녁에 부부는 쪽지 하나를 발견했다. "TV 8시에 껐음. 얄미운 TV! 안녕히 주무세요."

#. 위 경우를 참고하면 초등학교에 다니는 자녀와 갈등이 발생했을 때 어떻게 하면 수월하게 대화를 풀어나갈 수 있는지 도움이 될 것이다. 자녀들이 부모가 자신을 진지하게 받아들이고 있다는 느낌을 받게 하라.

#. 상황이나 문제의 전후 관계를 명확히 하라. 비난을 삼가고 상황을 정확하게 설명하라. 부부가 함께 꾸중하지 말고 아이에게 협조를 부탁하라. 약속을 받아내는 것도 도움이 된다. 이때 부모는 약속은 반드시 지켜야 한다는 원칙을 강조해야 한다.

#. 다시 타협할 경우가 생기면 부모는 자기의 입장을 확실히 할 필요가 있다. 아이를 자극하지 말되 만일 아이가 요구 사항을 내걸면 필요한 것만 들어주도록 한다. 비상시에는 당사자들이 해결책을 찾기 위해 노력한다는 조건 아래 잠시 휴지기를 갖는 게 좋다.

#. 동의한 약속을 지키지 않을 때 그에 따른 의무를 제시한다. 물론 그 의무에 대해서는 당사자들 간에 사전 합의가 되어야 한다. 또 합의 사항은 지켜져야 한다는 점을 잊으면 안 된다.

그렇지 않을 경우 아이의 눈에는 부모가 믿을 수 없는 존재로
비친다.

\#. 아이에게도 배울 점이 있다. 자녀의 능력을 진지하게 인정하
라. 자녀가 내놓는 아이디어나 행위를 속단하여 저급하게 취
급하는 태도는 옳지 않다.

사라는 열세 살짜리 아들 라스 때문에 스트레스가 이만저만 아니
다. 학교 숙제 때문에 매번 식사 시간을 망치기 때문이다.

"전 아주 편안하게 학교 이야기나 숙제에 대해 묻지요. 하지
만 말이 나오는 즉시 비극이 시작된답니다. 밥 가지고 불평불만을
늘어놓고 있는 대로 시비를 걸어요. 솔직히 토할 거 같아요." 라스
도 시인했다. "집에 도착하면 엄마는 제일 먼저 '숙제가 뭐야?'
하고 물어요. 제가 뭐라고 대답하면 엄마는 혼자 단정을 지어요.
'응, 그렇게 많지 않구나. 밥 먹자마자 바로 해라.' 하지만 엄만 말
은 친절하게 해도 얼굴 표정은 하나도 안 친절하다고요. 제가 금
방 숙제 안 하면 어떻게 되는지 아세요? 소리소리 지르며 창피를
준다고요."

나는 라스와 단둘이 이야기를 나누었다. "그럼 넌 집에 도착
했을 때 엄마가 어떻게 해주는 게 좋니? 마술에서나 가능한 일은
빼고 말이야." 라스는 "엄마가 예쁘게 미소를 지으면서 저를 품에
안아준 다음 엄마 이야기를 했으면 좋겠어요"라고 말했다. "그럼
엄마는 네가 어떻게 하길 원한다고 생각해?" 내가 물었다. "엄마가
저를 안을 수 있게 가만히 있고 음식 가지고 투덜대지 않는 거요!"

나는 라스의 엄마에게도 똑같이 물었다. "애가 밥을 보고 개똥 같은 음식이라거나 뭐 그런 이상한 얘기 좀 안 했으면 좋겠어요. 현관문 열고 들어오면서부터 토할 것 같은 냄새가 난다고 하지도 않고요." 엄마가 대답했다. "어떻게 하면 라스가 변할 거 같아요?" 내가 다시 물었다. 그녀는 좀 생각하다가 이렇게 말했다. "오자마자 숙제 이야기를 캐묻지 말아야겠지요."

나는 두 사람 모두에게 다음 날부터 기적이 일어난 것처럼 행동하겠다는 약속을 받아냈다. 다음 날 라스가 집에 도착했다. 보통때 같았으면 엄마가 기다리고 있다가 질문을 퍼부었겠지만, 그날은 엄마의 모습이 보이지 않았다. 엄마는 거실에 앉아 신문을 보고 있다가 라스를 보고 말했다. "잘 갔다 왔니?" 라스가 말했다. "숙제는 정말 싫어! 오늘 반찬은 뭐예요?" "돼지고기 볶음!" "아, 그래서 맛있는 냄새가 났구나!"

운동, 예능 활동, 명상으로 공격성 해소하기

이 시기의 어린이에게 나타나는 공격성과 두려움에 관한 연구는 그리 많지 않다. 자기중심적인 이기적인 세계관, 마술과 상상으로 이루어진 허구의 세계를 벗어나 현실을 객관적으로 보게 되는 것은 아이에게 중요한 변화다. 그러나 이러한 변화는 정서적 도전, 불안, 감정의 기복을 수반한다.

다섯 살이나 여섯 살짜리 아이는 죽음을 깨어날 수 있는 잠으로 해석한다. 그러나 여덟, 아홉 살이 되면 종착점, 이별, 모든 것의 끝, 되돌릴 수 없는 상태로 받아들인다.

이 시기의 어린이는 충격을 잘 받는다. 모든 것을 자기 자신과 환경에 관련짓고, 죽음과 탄생 같은 삶의 의미에 대해 의문을 품기 시작한다. 감정이 예민해지고 내부로 침잠하며 사색에 잠기거나 우울해한다. 그중 많은 아이들은 자기 자신에게서 탈출하여 감정, 분노, 화를 조절할 줄 알게 되고 강력한 활동 욕구도 극복한다. 새로운 세계를 받아들일 만큼 자신이 충분히 강하다고 느끼기 때문이다.

아이들은 어른들이 자신을 밀쳐내거나 타협하기 위해 경계를 설정했다고 생각한다. 그리고 그 뒤에 따 먹고 싶을 만큼 맛있는 과일이 있다고 생각한다. 물론 경계를 침범하거나 규칙을 어기는 행위 뒤에는 건설적인 순간도 존재한다. 아이들은 이미 달성한 것에서 벗어나 미지의 수평선을 찾으려고 노력한다. 이런 노력을 통해 어린이는 익숙한 환경에서 떨어져 나오고 부모에게서 해방된다. 부모와 자식 사이의 관계가 단단할수록, 또 벗어나기 어려울수록 아이는 더 심하게 발버둥 친다. 그래서 때로 부모의 눈에는 자녀들이 잔인하고 파괴적이며 공격적이고 감사할 줄 모르는 것처럼 비치기도 한다.

하지만 전 단계에서 이미 살펴보았듯 발달 과정에는 공격성이 따른다. 공격성을 전면적으로 차단하는 것은 아이의 발달을 정지시키는 것과 같다. 특히 유치원에서 초등학교로 진학하는 과정에 드러나는 공격성은 필수적이다. 그러므로 부모는 자녀가 공격성을 순화하고 이를 좋은 방향으로 순화시킬 수 있도록 도와주어야 한다.

공격성을 다스리는 데에는 두 가지 방법이 있다. 첫째, 아이에게서 공격성을 띠는 모든 행동을 제한하고 일일이 비평하면서 평화적 교육을 유도하는 것이다. 이러한 방법은 초등학생에게 몹시 과도한 부담이 된다. 둘째, 어떤 희생을 치르고서라도 공격성을 없앨 수 있도록 아이를 지원하는 것이다. 그러나 반드시 일정한 규칙과 절차를 따라야 한다.

━━ 아이에게 건설적인 공격성과 파괴적인 공격성의 차이를 일상생활에서 구분해주고, 파괴적인 공격성을 추방하는 대신 건설적인 공격성을 지지하려면 운동, 신체 활동, 예술, 음악 또는 명상 등을 통해 부정적인 에너지를 중화시켜야 한다. 무엇을 금기하는 것은 도움이 되지 않는다. 공격적인 측면을 진지하게 수용하지 않으면 어린이는 결국 자신이 보유한 능력을 의식하지 못하고 항상 다른 사람에게 책임을 떠넘기게 된다. 또 다른 사람만 나쁜 사람으로 본다. 이런 단계에 머물러 있는 아이들은 다른 사람에게 당한 대로 갚아주려고 마음먹는다. 교육의 목표는 되받아치는 행동을 막는 것이다. 그렇지 않으면 파괴적인 관계가 결코 중단될 수 없기 때문이다.

유치원에서 벌어진 일이다. 피트, 에릭, 야니스, 루카스는 모두 일곱 살짜리 아이들로 '황야의 서부' 놀이를 하고 있었다. 두 아이는 '악당'이 되었고, 나머지 둘은 보안관이 되어 '착한 편'을 맡았다. 아이들은 역할을 자주 바꾸었다. 나뭇가지로 만든 장난감 무기를 손에 들고 서로 추격하며 놀았다. 그러나 놀이에 관심이 없는 아이들에게는 피해를 주지 않았다. 교사 모니카가 아이들의 놀이를 지켜보다가 말했다. "총 쏘는 건 안 돼!" 그러자 피트가 "우리는 총을 쏘지 않았어요. 그냥 논 거예요" 하고 대꾸했다. 모니카가 다시 한 번 강경하게 금지하자 야니스는 왜 안 되는지 이유를 물었다. "세상이 온통 전쟁터야. 전쟁 때문에 너희 같은 애들까지 죽어간다고." 모니카는 주장을 굽히지 않았다. 아이들도 마찬가지였다. "하지만 우리는 아니에요. 피트, 야니스, 루카스는 죽지 않았어요." 아이들은 납득할 수 없다는 표정을 지었다. 모니카는 한 번만 더 전쟁놀이를 하면 벌을 주겠다며 엄포를 놓았다.

아이들은 막대기 총과 무기를 가지고 달아났다. 선생님이 듣지 못하게 작은 소리로 총을 쏘기로 약속했지만, 얼마 지나지 않아 그 사실을 까맣게 잊고 말았다. 아이들이 외치는 소리가 유치원 마당에 울려 퍼졌다. 모니카는 화를 내며 아이들의 무기를 빼앗고 교실에 들여보내 쓰기 연습을 시켰다. 교사가 나가고 몇 분 후 에릭은 연필을 피트에게 들이대며 총 쏘는 흉내를 냈다. 교실은 곧 소란스러운 전쟁터로 변했다.

이 광경을 본 모니카의 얼굴이 붉어졌다. 연필을 빼앗으려는 교사에게 아이들은 "선생님, 연필을 뺏으면 쓰기 연습 못할 텐데요"라고 말했다. 그녀가 발을 쿵쿵 구르며 나가자 아이들은 일어서서 손바닥을 치며 웃었다. 그리고 나서 아무 일 없었다는 듯 진지하게 과제를 수행했다.

무엇인가 금지하는 것은 손쓸 방법이 없다는 증거다. 교육은 공격적인 힘을 몰아내는 게 아니라 이를 통제하도록 훈련시키고 가르치는 것이다. 공격성은 금지한다고 없어지는 게 아니다. 물론 공격성이 저절로 없어지도록 내버려두라는 뜻이 아니다. 차츰 공격성을 순화해 나갈 수 있도록 적절한 규칙을 설정하고, 또 인간을 멸시하지 않도록 가르쳐야 한다.

━━━ 어린이에겐 구속당하고 제지당하는 경험도 필요하다. 이를 제대로 겪어 보지 못하면 완전한 의미의 성장이 불가능하기 때문이다. 어린이들은 때로 관심을 끌기 위해 요란스럽게 구는가 하면 무뚝뚝하거나 지나치게 조용히 행동한다. 또 질병을 달고 살면서 부모의 관심과 주의를 요구하는 아이들도 있다.

열 살 제시카는 벌써 여러 차례 작은 수술을 받았다. 아이는 또래에 비해 아주 약해 보인다. 몸은 비쩍 말랐고, 누군가 말을 붙이면 불안하게 눈을 깜박인다. 아이는 혼자 있을 때 가장 행복해 보인다. 제시카는 자기의 의사를 훌륭하게 표현할 줄 알고 명석하다. 복잡한 상황도 빠르게 판단한다. 마치 수많은 안테나를 가지고 주위 환경에서 정보를 수신하는 것 같다. 제시카는 여섯 살 때 처음 수술을 받았다. 중이염이 낫지 않아 중이 환기관을 삽입했다. 그 후 '드디어' 귀가 낫자 이번엔 코가 말썽을 부리기 시작했다. 늘 콧물을 흘렸고 킁킁거리고 숨을 잘 쉬지 못했으며 밤이면 심하게 코를 골았다. "수술할 필요까지 없었으면 좋으련만 편도선에 염증이 끊이질 않았어요. 결국 수술을 했죠. 그러자 코와 관계되는 병은 다 앓더라고요."

　제시카를 치료한 의사는 아이가 또래에 비해 감염률이 매우 높다는 점에 주목하면서 상담을 권했다. 상담 결과 딸에 대한 부모의 기대치가 너무 높은 것으로 드러났다. 위로 오빠가 둘 있었지만 시원치 않은 기술학교를 졸업한 탓에 부모는 딸에게 그 이상의 것을 기대했다. "제시카는 해내야 돼요. 머리가 좋거든요. 자꾸 아프지만 않으면 충분히 해낼 수 있을 거예요. 아파서 놓치는 부분이 많지만, 그 정도는 우리가 보충해줄 수가 있답니다. 놀 시간이 좀 없기는 하지만 다른 방법이 없잖아요?"

　제시카는 학교를 다니면서도 정기적으로 아팠다. 특히 부모의 기대가 특히 컸던 시점에서는 여지없이 아팠다. 마치 몸이 제 역할을 게을리 하는 듯했다. 또 지속적으로 가해지는 압력에 반항하는 것 같았다. 제시카를 위해서 부모는 큰 기대를 버리고 대신 나이와 발달 단계에 맞춰 기대치를 설정해야 한다. 아이의 현재 상태를 있는 그대로 받아들이고 "너는 좋은 인문계 고등학교에 들어가야 해" 같은 압력을 가하지 말아야 한다.

　　앞서 언급한 것처럼 초등학교 시기에는 신체에 대한 인식을 통해 자의식이 형성되고 표현된다. 몸이 건강하고 자신의 몸에 관심이 있는 아이라면 특별한 문제 없이 정신적, 감성적 발전을 이룰 수 있다.

　내부와 외부, 즉 정신과 신체의 부조화는 흔히 질병의 형태로 표현된다. 몸 전체가 위기 상황에 놓였다는 사실을 드러내는 것이다. 병을 달고 사는 제시카가 이를 증명한다. 부모의 높은 기대치가 정신적 압박감을 유발했고, 아이는 일방적으로 과중한 부담을 안게 되었다. 만일 아이의 몸이 반란을 일으키지 않거나 주변 사람들이 그런 정황을 인식하지 못했을 경우 사태는 더욱 심각해졌을 것이다. 제시카는 다행히 운동을 시작하면서 균형을 이루기 시작했다. 자의식이 성장하면서 신체에 대한 인식 역시 긍정적으로 형성되었다.

━━ "아이들 사이에 폭력성이 심해져가는 걸 절감해요. 특히 남자 애들은 그 어느 것도 존중하거나 아끼지 않아요. 무작정 달려들지요." 초등학교 교사인 소냐의 말이다.

"저도 그렇게 생각해요. 경기 하는 걸 보면 아이들이 종종 상대편 선수에게 골절상을 입히려고 하거든요." 축구팀의 코치인 토마스가 말을 받았다. 꼭 상대를 죽이려고 하는 것 같다고 했다. "열한 살짜리가 심판에게 대드는 것도 봤어요. 우리 팀에선 아직 그런 일이 없었지만요. 제가 그 나이 땐 심판의 결정에 복종했는데." 그는 고개를 흔들었다.

"앞 분 말씀을 듣고 생각나는 게 하나 있어요. 아이들의 학교 생활을 지켜보면 도덕이나 미풍양속이 모두 사라진 것 같아요. 그런 것들이 분명 존재하긴 하는데 우리 아이들과는 아무 상관이 없어 보여요." 잠자코 듣던 로날드도 대화에 끼어들었다. "요즘 아이들은 무조건 부딪쳐서 상대를 바닥에 쓰러뜨리려 한다니까요. 제가 그걸 발견하고 참견하지 않았더라면 어떤 일이 벌어졌을지 몰라요. 애 하나가 바닥에 누워 있었는데 완전히 지쳤더라고요. 그런데 두 녀석이 그 아이를 발로 차고 짓밟는 거예요. 어떻게 그런 행동을 할 수 있죠? 도저히 이해가 안 돼요."

아이들은 정말로 더 폭력적으로 변해가며 누군가에게 의식적으로 해를 입히려고 할까? 이런 질문은 우리가 지금 생각하고 있는 공격성과 폭력성 문제의 핵심이기도 하다. 그러므로 아이들을 힘들게 하고 공격적으로 변하게 만드는 이유를 밝히는 것이 중요하다.

이 문제에 접근할 때 "과거엔 모든 게 더 좋았어!"라고 말하는 것은 아무런 도움이 되지 않는다. 한 가지 분명한 것은 규칙과 절차를 분명하게 설정하면 갈등이 생겼을 때 훨씬 수월하게 해결할 수 있다는 점이다. 즉 계획적으로 다른 사람을 다치게 만들지 않는다, 무방비 상태로 쓰러진 사람을 때리지 않는다 등등 분명한 규칙을 만들어야 한다. 자신의 몸을 정당하게 사용하고 있는지 생각하도록 하고, 폭력성을 통제하는 법을 가르치는 것이 바람직하다. 공격성을 순화하는 데 중점을 두어야 한다는 뜻이다.

이때 사람들 사이에 보편적으로 약속되어 있는 의식, 절차, 규칙을 연습시키는 게 중요하다. 아이들에게 이런 훈련을 시키지 않으면 아이는 실행이 가능하고 응용할 수 있는 본보기를 받아들이지 못한다. 공격적 성향이 많은 성장기의 아동을 방치하면 혼란을 겪고 타인의 존엄성을 생각하지 않게 되어 결국 아무렇지 않게 폭력을 행사하게 된다. 그러므로 성장기의 아동들이 파괴적인 행위를 할 경우 제지해야 한다.

마음대로 활개 치고 때로 친구들과 싸우는 등 공격적인 표현 양식들도 때로 중요하다. 아이들은 충분히 뛰어놀면서 자신의 힘을 시험해 볼 기회를 가져야 한다. 그러나 이런 점을 인정하면서도 정작 아이들에게 충분한 신체 활동을 허락하는 가정은 별로 많지 않다. 특히 엄마들은 그런 행위 때문에 아이가 '정말로 공격적이 된다'고 생각한다. 나중에 비사회적이며 파괴적인 사람이 될까 봐 말리는 것이다. 이런 오해는 공격성의 한쪽 면만 보는 데서 발생한다. 공격성이란 단어는 원래 힘이라는 단어에서 유래된 것으로 에너지를 뜻한다. 무조건 막는다고 해서 아이의 삶과 일상생활에서 사라지는 게 아니다. 무조건 불안감을 조성하고 금지하거나 지나친 한계를 설정한다면 아이는 자신의 공격적 에너지를 통제하기 힘들어진다.

공격성에 대한 교육이 중요한 이유가 여기 있다. 그러므로 어렸을 때부터 자기 스스로를 방어하고 타인의 신체에 관심을 갖고 또 남을 존중하도록 가르쳐야 한다.

공격성에 대한 교육의 주안점은 갈등이 생겼을 때 나이에 맞는 해결책을 찾을 수 있도록 가르치는 것이다. 취학 전 아이들은 마찰이 생기거나 의견에 차이가 생기면 자기의 감정을 몸으로 표현한다. 말로 싸우는 것은 이 시기의 아이들에게 부담이 된다. 그렇다고 규칙과 법칙이나 가치 등을 무시하라는 뜻은 아니다. 적절한 해결책을 찾도록 돕되 어른이 먼저 행동을 보여주어야 한다.

많은 아이들이 신체 행위의 긍정적인 영향과 부정적인 영향을 제대로 평가할 줄 모른다. 예를 들어 부드럽게 쓰다듬는 것과 잡아당기는 것이 타인을 자신에게 끌어들이는 행위라는 점에서는 같지만 성격이 전혀 다르다는 사실을 깨닫지 못한다면 아이는 상황에 맞게 근육이나 힘을 쓰지 못할 것이다. 마음속으로는 부드러운 신체 접촉을 원하지만, 그런 능력을 경험해 보지 못했기에 제대로 수행할 수 없는 것이다. 이런 결점들은 반드시 고쳐주어야 한다.

일상생활에 신체 활동을 강조한 의식을 도입하여 아이가 신체적 느낌을 인지하도록 가르쳐야 한다. 뛰기, 물놀이, 진흙 놀이 등 다양한 감각을 자극해주는 신체 활동이 도움이 되는데 이때 아이들이 활동 욕구를 충분히 만족시킬 수 있도록 규칙적으로 시간과 공간을 제공하는 것이 좋다.

▬ 7~12세 아이들의 놀이에는 파괴적인 공격성이 깃들어 있다. 감독하는 사람이 여럿 있다고 해도 폭력성을 예방하기는 힘들다. 어른들이 견디다 못해 뛰고 달리는 거친 행동들을 금지하면 아이의 공격성은 기물을 파괴하는 행동으로 연결된다. 창문이 박살 나고 교실 곳곳이 팬다. 아무도 제지하는 사람이 없는 등굣길과 하굣길에서는 학교에서 채 발산하지 못한 욕구들을 멋대로 표출할 수 있다. 그래서 종종 예기치 않은 사고들이 벌어진다.

학생들의 공격성을 완화하기 위한 프로젝트의 일환으로 교정한 구석에 '격투장'을 마련한 학교가 있다. 처음에는 교직원과 학부모들이 몹시 부정적인 반응을 보였다. 더 큰 폭력을 조장할 수 있다는 점을 강조하면서 폭력을 미화한다고까지 비난했다. 그러나 학생들은 대환영이었다. 관계자들은 교정에 '격투장'을 두 군데 설치하고 우선 반년 동안 운영해 보았다. 아이들은 그곳에서 마음 껏 뛰거나 대결을 벌일 수 있었다. 대신 다른 아이들이 다치는 것을 방지하기 위해 격투장 주변에 잔디를 심었다.

격투장 외의 다른 곳에서는 공격적 활동이 전면 금지되었고 엄격한 규칙이 적용되었다. 다른 학생에게 그곳에 가라고 강요해서도 안 되었다. 격투장에서의 활동은 전적으로 자기의 의지에 따른다. 머리카락 잡기, 발로 차기, 깨물기, 침 뱉기 등도 금지되었고 다른 아이에게 의도적으로 해를 입혀서도 안 되었다. 금기어를 정하고 약속이 이행되지 않으면 모든 활동은 정지되었다. 초기에는 어려움이 있었지만 약속과 규칙은 빠르게 자리를 잡았다. 적정 수준의 신체 활동을 허락하자 수업 시간에 발생했던 크고 작은 소란들이 눈에 띄게 줄어들었다. 교사와 학생의 사이도 좋아졌고, 파괴적인 공격성이 최소화되었으며 아이들은 자기의 행동을 조절하는 능력을 되찾았다.

점점 더 증폭되는 죽음에 대한 두려움

토마스는 곧 여덟 살 반이 된다. 내성적이며 대단히 수줍음을 많이 탄다. "제 아들은 새로운 건 무엇이든 두려워해요." 유치원에 다닐 때도 그랬다고 한다. "망설이면서 끼어들려고 하지 않는 때가 많았어요. 물론 유치원의 다른 친구들이나 교사, 매일 반복되는 상황에 적응한 후에는 훨씬 나아졌지만요. 하지만 초등학교에 입학하면서부터 다시 엉망이 되었어요."

토마스는 실제로 내성적인 아이였다. 목소리도 가늘었고 수업 시간에 적극적이지 못했다. 교사들과도 거리를 많이 두었다. 토마스는 자기가 아끼는 헝겊 인형인 카를로를 책가방에 넣어 학교에 갔다. 쉬는 시간이면 가방을 열고 그 안을 들여다보곤 했다. 교사는 그 모습을 보며 "인형이 자신을 보호하고 있는지 확인하려는 것 같아요"라고 말했다.

"그 앤 아주 작은 변화에도 민감하게 반응해요." 엄마가 말했다. "한번은 아이 침대를 다른 곳으로 옮겨 놓은 적이 있었어요. 그랬더니만 애가 영 잠을 못 자더라고요. 최근에는 유도 코치가 바뀌었다며 스포츠 센터에 안 가겠다고 우겨요."

토마스의 아빠는 쭈뼛쭈뼛하는 아들의 행동을 받아들이지 못했다. 아이가 새로운 상황에 부딪칠 때마다 뒷걸음질 치는 것을 보고 그저 머리만 절레절레 흔들었다. 그러나 토마스는 그다지 불편하거나 불행한 것 같지 않았다. 자신에게 접근하는 사람들이 공간적, 신체적 거리를 확보하지 않을 때만 싫어했다. 다만 새로운 사람을 만나 신뢰감을 형성하기 위해 시간이 필요했을 뿐이다. 아이는 가슴속에 담은 사람을 떼어내는 데도 어려움을 겪었다.

토마스에게는 자신만의 발달 속도가 있었다. 걸음도 천천히 걸었다. 아빠가 "이제 시작해야지!" 하거나 "빨리 와!"라고 하면 아이는 곧 리듬을 잃고 잘못을 저지르거나 행동이 서툴러졌다.

━━ 아홉 살 된 막달레나는 엄마에게 절망감을 안겨주었다. 약 반

년 전부터 엄마를 한 발자국도 못 나가게 한다는 것이다. "아무 데도 못 가게 해요." 엄마가 한숨을 쉬었다. "날마다 가슴 찢어지는 이별을 치러야 해요. 저를 영영 못 볼 것처럼 난리예요. 어쩌다 집에 늦게 오면 아이가 아주 혼이 나가 있는 것 같다니까요."

나는 최근에 아이에게 무슨 변화가 있었는지 알고 싶다고 했다. 그녀는 자기도 많이 생각해 보았지만 달라진 게 없다고 했다. 막달레나의 엄마는 고개를 저었다. "아이가 실망하지 않도록 제가 집에 있는 날이 더 많아진걸요. 그런데도 막달레나는 달라붙어 있으려고만 해요." 또 요즘 들어 통 화장실에 가지 않으려 한다고 했다. "문 앞에 서서 보초를 서야 해요. 그럼 눈 깜짝할 사이에 일을 보고 뛰쳐나와요. 꼭 도둑이나 살인자가 뒤에서 쫓아오는 것처럼요. 이유가 뭔지 정말 모르겠어요."

"마리온은 이제 여덟 살인데 매일 의기소침해요. 비관적이죠. 늘 어깨를 축 떨어트리고 다녀요." 엄마는 용기를 북돋워주려고 했지만 아무 소용없었다. "온통 불평불만이에요. 스프를 먹을 때마다 머리카락이 들었다고 하지 않나. 반년 전까지만 해도 햇살처럼 밝은 아이였죠. 매사 긍정적이었고요. 그런데 지금은 나쁜 소식이란 건 모조리 접수해서 자신과 관련지으려 들어요. 심지어 사고, 비행기 추락, 오존 구멍, 전염병 같은 기사까지 스크랩해요." 아이는 그런 뉴스들을 뒤적이며 즐기는 것 같다고 했다. "그러지 못하게 하면 얼마나 대드는데요. '금방 죽을 텐데 학교는 가서 뭐 해요?' 라고 쏘아붙인다니까요!"

마리온은 질병에 대한 공포가 있었다. 코감기만 걸려도 죽지 않을까 걱정했고, 얼마 전 고열이 났을 때도 심각한 병에 걸렸다고 상상했다. 말라리아에 대한 기사를 읽은 탓이다. 의사가 아니라고 해도 아이는 믿지 못하고 공포에 떨었다. 엄마가 절망스러운 눈빛으로 말했다. "정말 어떻게 해야 좋을지 모르겠어요."

아홉 살짜리 마누엘은 엄마가 "잘 자라!"고 뽀뽀해준 뒤에도 엄마를 나가지 못하게 했다. 애걸하는 목소리로 "좀 더 있다 가요, 엄마"라고 되풀이한다. 침대에 앉아서 엄마를 꼭 붙잡고 놓지 않는다. 엄마가 단호하게 거절할라치면 "나하고 여기 있어요, 엄마. 어쩜 나 오늘 저녁에 죽을지도 몰라요" 한다는 것이다.

엄마가 "아냐, 넌 죽지 않아!" 하고 안심을 시키면 아이는 "엄마가 그걸 어떻게 알아요? 순식간에 일어나는 일인데!"라고 대꾸한다고 했다. "아니면 엄마가 죽을지도 모르고요. 그럼 난 혼자가 되잖아요." 엄마가 아이의 얼굴을 부드럽게 쓰다듬으며 "쓸데없는 상상이야. 내일 아침이면 둘이 같이 아침 먹고 있을 걸" 하고 말해도 소용없었다. 아이는 뒤돌아 나가는 엄마를 향해 "제가 죽더라도 절 잊지 마세요" 하고 말했다.

▬▬ 7~8세에는 이미 이겨냈거나 극복한 줄 알았던 두려움이 다시 고개를 든다. 부모들은 놀라움을 금치 못한다. 두려움의 강도가 근본적으로 깊어진 아이들도 많다. 희생자가 될지 모른다는 생각을 자주 하고, 모든 걸 자신과 관련짓느라 시선을 다른 데로 돌리지 못한다. 이 시기에 접어든 아이들이 겪는 현실이 그 전과 아주 달라졌기 때문이다.

유치원에 다니는 시기에 아이들은 환상과 마술의 세계에서 사고하지만, 이 단계에 이르면 아이들의 사고가 좀 더 명확해진다. 다섯 살짜리 아이는 햄스터와 완전한 일체감을 느끼고 이야기를 나눌 수 있다고 생각하지만, 일곱 살이 되면 햄스터를 자기가 보살펴 줘야 하는 동물로 인식하고 사람과 다르게 대한다. 다섯 살 된 아이는 전염병이나 전쟁에 대해 구체적인 감각이 없지만, 여덟 살짜리는 그런 위협을 자신과 직접 관련짓는다. 이 시기엔 현실적이고 구체적인 사고 능력이 형성되면서, 한편으로 갈등을 겪기도 한다.

부모의 입장에서 자녀의 불안감을 없애주기란 쉬운 일이 아니다. 대수롭지 않은 반응, 호들갑스러운 반응, 혹은 과장이나 동정 역시 별로 도움이 되지 않는다. 그보다 스스로 극복할 수 있도록 격려하면서 아이와 함께 효과적으로 탈출구를 찾는 편이 현명한 방법이다.

이 단계에서는 우선 인간이 지닌 원초적 두려움이 다시 나타난다. 여기엔 불, 어둠, 천둥이나 벼락, 고통, 질병, 죽음 등이 속한다. 물론 우리가 느끼는 원초적 두려움이 이때 처음 생성되는 것은 아니지만, 발달 과정의 특징상 이 단계에 있는 어린이들은 외부 요인을 자신과 관련짓게 된다. 다섯 살짜리 아이가 천둥, 번개가 칠 때 두근거리는 가슴을 안고 엄마의 품 안으로 뛰어드는데 반해 아홉 살짜리는 엄마나 아빠가 번개를 맞고 죽을 수도 있다고 생각한다. 이 시기의 아이들은 이성의 힘만으로 두려움을 통제하는 데 어려움을 겪는다. 흔히 이를 9세의 두려움이라고 한다.

아기는 생후 8개월 무렵 친숙한 사람과 낯선 사람을 구별하며 낯선 이에게 안기지 않으려 한다. 성격과 기질에 따라 좀 다르기는 해도, 여덟 살이 되면 그 정도가 더욱 심해진다. 남녀를 불문하고 내성적인 어린이는 모르는 사람과 낯선 상황에 불안해하며, 거리를 두고, 상대가 먼저 말을 할 때까지 기다리면서 관찰자의 위치를 고수한다.

아홉 살 즈음에는 다시 한 번 이별에 대한 두려움으로 전전긍긍하게 된다. 부모를 잡고 떨어지지 않으려 하고, 엄마에 대한 애착을 심하게 드러낸다. 이런 두려움은 하루 종일 지속되지만 대개 저녁에 더욱 심해진다. 어떤 엄마는 "글쎄, 다 커서도 앙앙거리지 않나, 아주 애기같이 굴어요. 정신을 못 차릴 정도예요"라고 하소연했다. 아이들은 성장하는 동안 종종 정서적 퇴행 현상을 보인다. 아예 이전 단계로 후퇴하는 경우도 있다. 이는 마치 아이에게 지나친 부담을 주지 말라고 경고하는 것 같다.

나는 이 시기의 어린이들이 어른을 붙잡고 놓아주지 않는 행동을 감정을 채우는 것에 비유한다. 부모에게서 벗어날 준비를 마쳤으면서도 다시 한 번 부모가 자기의 옆에 든든하게 서 있는 사실을 확인하려는 것이다. 아이들은 '난 너를 믿어! 넌 강한 아이야!'라는 부모의 희망을 등에 업고 다음 단계로 진출하기 위해 에너지를 충전한다.

━ 이별에 대한 두려움이 있다고 해서 부모와 자식 사이가 불안하다는 의미는 아니다. 신뢰하지 않는다는 뜻도 아니다. 이별에 대한 두려움은 친숙한 사람을 뒤로 보내야 하는 상황에서 겪는 일종

의 슬픔이다. 아이는 이 시점에서 떠나야 한다는 사실을 분명히 알고 있기 때문에 부모의 사랑과 그들이 주는 포근함을 다시 한 번 확인하고자 하는 것이다. 만약 부모가 그런 상황을 견디기 어려워하면 아이는 부모를 더욱 힘들게 한다. 낮에는 람보나 터미네이터를 자처하고 사소한 문제까지 부모와 힘겨루기를 하면서도 어두워지면 우는 소리를 내는 연약한 어린아이로 돌변한다. 응석을 부리려 하고 사랑이 부족한 것처럼 행동한다. 부모가 아무 데도 가지 않기 바라고, 친구의 집에 놀러 가거나 연주회라도 가면 잠을 이루지 못한다.

"어떻게 해야 잘 하는 건지 모르겠어요." 여덟 살 된 이사벨라의 엄마는 이렇게 말했다. "제가 명상 센터에 가려고 집을 나서면 아주 난리를 벌인다니까요." 또 파트리시아의 엄마는 "아이가 슬퍼하니까 집에만 있어야 되나요? 안 그러면 해가 될까요?" 하고 궁금해했다.

유치원에서 초등학교로 넘어가는 과도기를 겪고 있는 아이들에게는 사랑과 관심이 필요하다. 그러므로 부모는 가장 먼저 아이의 욕구와 감수성을 고려해야 한다. 유치원을 졸업하고 학교에 입학하면 '더 큰' 아이로 성장해야 한다는 부담감이 아이를 슬프게 한다. 자유를 획득하면서 낯선 사람과 생소한 것에 대해 호기심을 갖지만, 한편 그 때문에 불안감과 두려움을 경험하기도 한다. 이럴 때는 부모를 포함한 보호자나 친지 혹은 자기에게 익숙한 것들에 의지하려 든다.

어린이들이 이별에 대한 두려움을 갖는 이 시기에 부모나 양육자는 다음 세 가지 원칙을 유념해야 한다.

#. 어린이가 느끼는 두려움을 진지하게 받아들인다. 평가 절하
하거나 과도하게 반응하는 것을 지양해야 한다. 이런 상황에
있는 아이들에게 필요한 것은 자기의 감정을 공유할 부모지
같이 괴로워하는 부모가 아니다. 동정심은 아이를 더욱 약하
게 할 뿐이다. 두려움을 구체적으로 묘사하게 하고, 그 이유
를 물은 뒤 아이가 어떻게 두려움을 극복할 수 있을지 생각해
보라. 어른이 계속, 그리고 일방적으로 해결책을 제시한다면
아이는 독립적으로 자라지 못한다.

#. 계획한 일들을 그대로 밀고 나가라. 저녁에 약속이 있다면 아
이를 아는 사람에게 부탁하고 예정대로 외출하라. 연락이 가
능한 전화번호를 남겨라. 부모가 아이의 이별에 대한 두려움
때문에 심리적으로 압박을 받는다면 아이에게 구속된다. 아
이들 대부분은 처음에는 슬퍼하더라도 곧 명랑해진다. 엄마
가 양심의 가책을 받으며 우울한 표정으로 아이를 떼어놓으
면 아이는 엄마가 돌아오기만을 학수고대한다.

#. 양육자나 자신을 돌봐주는 친숙한 사람이 잠시 집을 비우게
된다면, 아이에게 약속한 시간에 꼭 돌아올 거라는 확신을 주
도록 한다. 아이의 두려움은 부모의 행동에 따라 약화되기도
하고 강해지기도 한다. 이별의 고통이 클 경우에 눈물을 보이
지 않으려고 감정을 위장하지 말라. 아이는 부모가 자신을 진
지하게 받아들이지 않는다고 생각한다. 헤어질 때는 언제 다

시 돌아올지를 정확하고 솔직하게 알려라. 약속을 지킬 수 있도록 돌아올 시간을 넉넉하게 잡는 것이 좋다. 만일 시간 안에 돌아오지 못할 상황이라면 전화를 해서 언제까지 돌아갈 수 있는지 말하라. 약속한 시간에서 단 몇 분만 늦어도 이별에 대한 아이의 두려움이 증폭된다는 사실을 기억하라. 그렇게 되면 다음번엔 떨어지기가 더욱 어렵다. 아이가 이미 잘 시간이라면 아이의 방에 들어가 뽀뽀를 해주겠다고 약속하고 꼭 지켜라. 그러면 아이는 당신이 곁에 있다는 것을 느낀다. 하지만 당신이 도착했다고 해서 아이가 항상 활짝 웃으며 반겨주리라고 기대하지 마라. 어떤 아이들은 비판적인 눈으로 당신을 보고, 신경을 곤두세우거나 경멸하는 듯한 태도를 취할 것이다. 시비를 걸기도 하고, 비난이 가득한 얼굴 표정을 지을지 모른다. '내 사랑을 받으려면 다시 열심히 노력해야 할 걸!' 하는 식의 거슬리는 언행을 할지도 모른다.

세 살에서 네 살 사이에 처음 부딪친 제거에 대한 두려움은 초등학교에 입학할 무렵, 다시 나타난다. 이는 대개 살인자, 강도, 납치범 등 아이들이 무서워하는 모습을 띠고 등장한다. 그 외에 전쟁이나 사고, 재앙 등에 대한 두려움도 생긴다. 생명을 위협하는 질병이나 전염병도 삶이 유한하다는 사실을 인식시키며 아이를 괴롭힌다.

두려움에 가득 찬 아이들은 부모가 자기를 알아주기 바란다. 다섯 살 무렵에는 강도나 사람을 잡아먹는 무서운 악어 등에 대한 두려움을 환상의 도구를 이용하여 잠재울 수 있었지만, 이 나이엔

한시적인 효과가 있을 뿐이다. 상상의 위력은 감소하는 대신 위협적인 힘이 부각되어 기대감이 사라진다. 하지만 마술과 환상적인 생각들은 일부 흔적을 남긴다. 어느 아이들은 마력을 지녔다고 믿는 헝겊 인형을 가지고 다니거나 마술 주문을 외우기도 한다.

발달과 관련해서 제거에 대한 두려움을 불러일으키는 원인으로 다음 두 가지를 들 수 있다. 아이는 성장하면서 몸이 자란다. 동시에 아이는 자신이 복종해야 하는 '더 크고' 힘센 어른들에게 둘러싸여 있는 환경을 인식한다. 다윗과 골리앗의 구조 속에서 어린이는 괴물, 마귀, 유령, 악어, 강도와 같은 상상의 존재 대신 제거에 대한 두려움을 느끼게 된다.

어린이는 지적으로도 성장한다. 점점 이성적인 방법으로 현실을 이해하고, 자신과 다른 사람들 그리고 세상에 대해 생각한다. 생각도 복잡해진다. 새로운 것을 경험하면서 흡수하고 언론매체나 어른들을 통해 정보를 수집하지만, 이런 소식을 받아들이는 데 부담을 느끼게 된다. '뉴욕에 테러가 있었다는데 나한테 그런 일이 생기면 어떡하나?', '아프리카처럼 우리나라에도 전쟁이 터지면 어쩌지?', '전염병이 돈다고 했는데 그래서 내가 열이 나는 건 아닐까?' 아이들은 이처럼 자신을 피해자라 생각하고 그런 감정에서 잘 헤어나오지 못한다. 제거에 대한 두려움이 커질수록 아이들은 혼란에 빠지고, 끝을 알 수 없는 검은 구덩이에 빠진 것처럼 느낀다.

어린이는 자기의 힘에 대한 관심, 신뢰, 자신감을 바란다. 주위 사람들의 지지도 필요하다. 하지만 어떤 아이에게 도움이 되었던 방식이 다른 아이에게는 긍정적인 효과를 내지 못할 수 있다는 점을 알아야 한다. 이 시기 어린이들의 정서적 발달 수준은 매우 다양하기 때문이다.

━━ 파트리크는 아홉 살, 초등학교 2학년이다. 아이는 주변 환경에 관심이 많아 가능한 모든 정보를 습득하려고 한다. "자기하고 관계가 없는 것까지 알려고 해요." 아빠가 말했다. 그는 아들에게서 모순된 점을 발견했다고 한다. "어떤 면에선 아주 명석해요. 그런데 아직도 어린애처럼 양옆에 헝겊 인형을 두고 잔다니까요." 한번은 언론매체에서 어린이 유괴를 집중적으로 다루었는데 아이가 그 보도에 깊이 충격을 받았다고 한다.

"아빠, 나한테도 유괴 당하는 일이 생길까요?" 아빠는 단호하게 아니라고 대답했다. 아이가 왜 그러느냐고 묻자 아빠는 웃으며 "난 돈이 없거든" 하고 말했다. 파트리크는 "아빠가 돈이 있는지 없는지 나만 보고 어떻게 알아요?" 하고 되물었다. 아빠는 아들을 품에 안고 다독였다. "그런 일은 일어나지 않아." 파트리크의 태도는 강경했다. "그 아이 부모도 그렇게 생각했을 거예요. 그렇지만 잡혀갔잖아요!" 그는 아버지를 바라보았다. "아빠는 유괴범이 요구하는 돈을 주실 건가요?" 아빠가 아들을 안아주며 대답했다. "그렇고말고! 당연하지. 무슨 생각이 더 필요하겠어?" 파트리크는 골똘히 생각했다. "아빠는 돈이 없으니까 집이랑 자동차까지 다 팔아야 하잖아요. 어쩌면 엄마까지."

그는 아들을 품에서 내려놓으며 자전거를 타러 가자고 했다. 파트리크는 곧바로 방을 나갔다. 아이는 곧 속이 훤히 들여다보이는 작은 비닐 봉투를 들고 나왔다. 파트리크가 웃으며 말했다. "후추 가루예요." 아빠가 알 수 없다는 표정을 지었다. "유괴범이 절 자동차에 태우려고 하면 이걸 그 사람 눈 속에 불어넣을 거예요." 파트리크가 웃었다. "아빠, 알겠어요? 날 유괴해갈 수 있는 사람은 없을 거예요. 그러니까 아빠도 돈을 준비할 필요가 없어요."

▬ 열한 살 된 율리아네는 어떤 전염병에 대한 이야기를 듣다가 그 바이러스에는 아직 치료약이 개발되지 않았다는 사실을 알게 되었다. 부모는 그 바이러스가 유럽까지는 오지 않을 거라고 설명해주었다.

"그래도 모르는 일이에요." 율리아네는 고집을 꺾지 않았다. 전염병과 질병에 관한 대화가 몇 주 동안 계속되었다. "계속 그 이야기만 하는 거 있죠." 부모가 말했다. "그 병에 걸리면 반점이 생긴다면서 밥상머리에서도 줄곧 손과 손가락만 살펴보는 거예요. 하도 지겨워서 뭐라고 했더니, 사태가 더 심각해졌어요. 딸애가 '엄마는 내가 죽기를 바라는 거예요?' 라고 묻는거 있죠? 정말 끔찍한 날이었어요."

어느 날인가 아이가 기분 좋은 얼굴로 식탁에 앉았다. "좋은 일 있니?" 엄마가 물었다.

"바이러스에 걸린 게 아니었어요." 율리아네가 의기양양하게 덧붙였다. "혹시 그 병에 걸렸을 경우 치료약을 구할 수 있는 주소도 알아놨어요. 인터넷에서 그 약을 만든 사람을 발견했거든요. 그 사람 전화번호를 냉장고 문에 붙여 놓았으니까 참고하세요."

열 살 야콥은 북아일랜드에서 발생한 신교와 구교도 사이의 내전 소식을 들었다. "우리한테도 그런 일이 일어날까요?" 아이가 아빠에게 물었다. "아니! 우리는 여기서 평화롭게 살고 있잖아." 아빠가 조용하게 대답했다. "하지만 일어나면요?" 야콥은 자기의 생각을 굽히지 않았다. "넌 무엇이든 알려고 하는구나!" 아빠는 좀 답답해졌다. 아이가 아빠를 쳐다보며 물었다. "만약 그런 일이 생긴다 해도 아빠는 나랑 같이 있을 거죠?" 아빠가 그러마고 밝은 목소리로 대답하자 아이는 안도의 숨을 쉬었다. "이제 걱정하지 않을게요. 우리에겐 그런 일이 일어나지 않을 거예요."

아이가 현재 제거에 대한 두려움을 겪고 있다면 다음 세 가지 원칙에 유념해야 한다.

#. 아이의 두려움을 진지하게 받아들여라. 어떤 두려움이 있는지 구체적으로 이야기를 들어보라. 이별과 헤어짐에 대한 두려움이 숨어 있는 경우가 많다.

#. 자신이 의지할 수 있고, 보호받을 수 있기를 원한다. 또 그러한 기대를 확신하고 싶어 한다. 위기를 겪거나 긴급한 사태가 발생했을 때 부모의 지원을 받을 수 있다고 확신하게 하라.

#. 아이의 반응은 제각기 다르다. 어떤 아이는 마술 또는 환상을 이용한 방법을 믿고, 다른 아이는 대단히 현실적이고 구체적으로 상황에 접근한다. 부모는 스스로 문제를 풀어나가려는 자녀에게 힘을 주어야 한다. 물론 더도 덜도 아닌 큰 틀만 제시해야 한다. 자녀가 이 틀을 신뢰할수록 확신도 강해진다.

9세쯤 자신이 죽을지 모른다는 생각과 파괴에 대한 두려움을 느끼기 시작하면서 아이들은 죽음이라는 문제를 두고 지적인 갈등을 하게 된다. 3, 4년 전과는 다른 수준이다. 유치원 시기의 아이에게 죽음은 그저 지나가는 주제에 불과했지만, 성장하는 어린이에게 죽음은 삶이 끝나는 마지막 상태를 의미한다.

"내가 죽을 수 있나요, 엄마?", "아빠가 죽을 수 있나요?" 이런 질문들은 아이가 삶에 위기를 느끼고 있다기보다 성숙했다는 것을 의미한다. 어린이는 자신의 장래와 삶의 의미에 대해 생각한다. 그러는 한편 삶이 허무하다고 생각하기 시작한다. 이런 맥락 때문에 아이는 부모가 자신을 진지하게 생각해주기를 원한다. 부모는 아이의 걱정을 비웃지 말고 믿음직한 대화 상대가 되어주어야 한다. 아이들은 부모가 자신을 진지하게 받아들인다고 생각할수록 자신을 믿고 말하기 어려운 문제도 같이 의논하게 된다.

한없는 믿음은 무관심과 동의어

정서적, 지적 발달 과정에서만 두려움이 파생되는 것은 아니다. 즉 두려움을 느끼기 시작했다고 성장이 진행되는 것은 아니라는 뜻이다. 두려움은 부모가 자녀를 잘 키우려고 노력하는 과정이나 관계에서 발생하는 경우도 많다. 부모가 거부하는 듯한 태도를 보여도 두려움이 생기지만, '우리는 너한테 최고의 것만 해주겠다'라는 식의 태도로 자율성을 무시할 때도 아이는 두려움을 느낀다.

양육과 관련된 두려움은 부모와 자식, 성장하는 아동과 교육을 담당한 사람과의 사회적 관계에서 흔히 발생한다는 점에서 '사회적 두려움'이라 불리기도 한다. 사회적 두려움은 양육을 담당하던 어른이 아이와의 관계를 차단할 경우에도 발생한다. 아이가 버려졌다는 느낌을 받기 때문이다. 이처럼 아동기의 두려움은 상황에 따라 다양하게 나타난다. 이런 것들은 아이가 혼자 이겨나가기에 어려운, 혼란스러운 감정이다.

#. 버림받을지 모른다는 두려움은 일상생활과 발달 과정에서 나타난다. 엄마나 아빠가 "너랑 도망가고 싶어!"라고 말하면 아이는 실제로 위협을 느낀다.

#. 이별에 대한 두려움은 "네가 씩씩하게 행동하지 않으면 고아원에 보낼 거야!" 같은 말을 통해 걷잡을 수 없이 증폭된다. 아이들은 또 "너 때문에 내가 병이 날 지경이야!"라거나 "너 때문에 죽겠어!"라는 말을 들을 때 양심의 가책을 받는다.

#. 갑작스러운 큰 소리나 거친 말투는 아이를 불안하게 만든다.

#. 집안 분위기가 메마르면 아이는 거부감과 상실감을 느낀다.

양육 과정 중에 나타나는 두려움은 가족에게 원인이 있는 경우가 많다. 그러므로 우리는 문제 해결의 실마리를 여기서부터 찾아야 한다. 보통 가정에서는 아이가 느끼는 두려움에 대해 별로 이야기를 나누지 않는다. 이야기를 한다 해도 하찮게 다루거나 반대로 지나치게 극대화 시키는 경향이 많다. 두려움을 경시하거나 위협적인 것으로 생각하는데 그칠 뿐, 아이에게 도움을 주면서 문제를 재미있게 풀어나가는 경우가 드물다는 뜻이다.

물론 사회적 두려움의 원인을 개인적인 환경에만 돌릴 수는 없다. 어른과 함께 나누었던 대화 내용 때문에 불안한 마음이 들수 있고, 학교나 대중매체 등에서 비롯되었을 수도 있다. 그러나 이 같은 두려움의 원인을 다른 대상에서만 찾는 것은 피상적이다. 아이가 사회적 두려움을 느낀다면 성장 과정에 더하거나 덜한 부분이 없었는지 점검해야 한다. 사회적 두려움은 다음과 같은 원인에서 비롯된다.

#. 관심을 받지 못한다는 생각이 들 만큼 자유방임적인 양육 방식

#. 당근과 채찍을 동시에 행사하는 일관성 없는 양육 방식

#. 아이의 지적 능력에만 관심을 기울여 정서적 욕구를 등한시하는 양육 방식

#. 어떤 자율권도 행사하지 못하게 하여 구속된 존재라고 느끼게 하는 과보호 양육 방식

"전 엄마, 아빠를 꽉 잡고 있어요." 하고 열 살 된 카스텐이 말했다. 나는 그것이 무슨 뜻이냐고 물었다.

"엄마, 아빠가 TV를 못 보게 하거나 컴퓨터 게임을 못 하게 하면 다른 아이들은 다 한다고 그래요. 그럼 부모님은 대개 허락하세요." 이 말을 듣고 엄마가 하소연했다. "어떻게 당할 방법이 없는 걸요. 우린 둘 다 가게에서 일해요. 양심의 가책을 많이 받는 터라 쉽게 허락하게 되지요. 저야말로 일관성이 없는 부모예요. 카스텐이 우리를 가지고 노는 꼴이죠. 새끼손가락 하나로도 우리를 조정하니까요!" 그녀가 상황을 자세하게 설명했다.

엄마가 카스텐에게 식탁에 수저를 놓고 식기세척기에서 그릇을 꺼내라고 말했다. 아이는 "싫어요"라고 대꾸했다. 아빠가 "하라니까!" 하고 엄마를 거들자 카스텐이 아빠더러 하라고 반항했다. 아빠는 기어이 화를 내고 말았다. 카스텐이 음흉한 미소를 지으며 일어섰다. 그러더니 식기세척기에서 접시를 두 개 꺼내 옮기는 척하면서 보란 듯이 바닥에 떨어뜨렸다. "이런, 미끄러졌네." 카스텐은 조롱하듯 입을 비죽 내밀었다. 그러곤 칼, 포크 등을 꺼내 차례로 떨어뜨렸다. "힘이 없어." 아이는 이렇게 말하면서 제 방으로 들어갔다. 부모는 어이없는 표정으로 서로 바라보았다.

"그런 상황에서 우리가 뭘 어떻게 할 수 있겠어요?" 카스텐은 부모의 말을 듣고 어깨만 으쓱했다. "엄마, 아빠가 절 사랑한다는 걸 표현했으면 좀 잘했겠지요." 나는 아이에게 물었다. "어떻게하면 되는 건데?" 나를 바라보는 아이의 얼굴은 무표정했다. "엄마, 아빠는 절 쳐다보지 않아요. 못된 짓이라도 해야 겨우 쳐다봐요. 소리 지르고, 눈을 부라리거나 아니면 악을 쓰고……." 아이는 나를 오랫동안 바라보더니 불안하게 웃으며 말했다. "절 좋아하지 않는 것 같아요." 아이는 잠깐 말을 멈췄다. "하긴 그렇게 화를 냈으니 미안한 마음도 들겠죠, 뭐. 그러니까 제가 원하는 걸 허락해 주는 거 아닐까요?"

이처럼 경계 없이 자유분방하게 자라는 아이들이 예상 외로 많다. 이러한 아이들은 혼자라는 느낌을 받고 사회적 관계를 형성하는 데 어려움을 느낀다. 자녀를 과도하게 보호하고 공간적으로 활동 범위를 제한하며 부모의 근처에서 벗어나지 못하게 하면 아이의 자율성과 독립성은 구속되고 기대와 다른 정반대의 결과를 낳는다. 무제한적 자유 뒤에는 비인간적인 거리감이 있다. 아이는 여기서 극복하기 힘든 거리감과 두려움을 느낀다. 반항과 마찰, 파괴적인 공격성, 부산함, 거리를 두지 않는 태도 등은 모두 수정되어야 할 사항들이다.

양육은 인간 사이의 관계, 결속력, 갈등과 관련이 있다. 의지할 곳이 없고, 보호받을 곳도 없다고 느끼는 어린이는 자신이 혼자라고 생각한다. 자신을 키워주고 원초적 믿음과 자존심을 형성하게 해준 사람들과 유대감을 느끼지 못하며, 스스로를 인간관계에서 떨어져 나온 존재라고 생각한다. 사회에 합류하고 감정을 조정하고자 하는 어린이의 희망을 간과하거나 오해할 경우 아이는 불안해하고 두려움을 느낀다.

\#. 정서적 방향. 집단에 속한 것에 불편을 느끼고 타인과 교류하지 못한다면 대인 관계도 쉽지 않다. 다른 사람을 중요하게 생각하지 않으므로 상대에게 적절한 태도를 취하지 못한다. 이런 어린이는 타인에게 거리감을 두지 않으므로 아무에게나 안기려 하거나 반대로 수동적이며 내성적이 된다.

\#. 사회적 방향. 일정한 틀 안에서 경계나 규칙을 지키고 도덕을 실천하며 모범을 보여주는 모델이 필요하다. 아이들은 방향

을 잃으면 약속 자체에 영향을 받게 되어 지키는 경우가 줄어들고, 자신의 경험 또한 믿지 못한다. 특정한 계획을 고집하거나 새로운 경험을 회피한다.

#. 개성에 대한 꿈. 최소한의 경계조차 설정하지 않고 자유스럽게 자란 어린이는 자신에게 관심을 갖고 존중하는 법을 모른다. 자신을 존중할 줄 모르기 때문에 타인을 존중하지 않으며, 타인의 존엄성도 인정하지 않는다. 자신을 아무것도 아닌 존재로 생각하고 파괴적이며 반사회적인 행동을 하게 된다.

#. 힘을 소유하려는 꿈. 지나치게 자유방임적으로 자란 어린이는 무능력하고 결정력이 약하다. 책임지기 싫어하고, 물질적 실패에 쉽게 좌절하며, 자신이 지닌 능력을 사회적으로 적절하게 활용할 줄 모른다. 행동으로 인정받지 못하기 때문에 타인을 지배하거나 힘을 행사하고자 하며 종종 고집을 부린다.

자녀를 자유방임적으로 키우면서 경계를 설정하고자 하면 아이는 부모가 자신의 체면을 깎고 신경을 거슬리게 하는 것으로 판단하여 힘겨루기를 한다. 부모와 자식의 관계가 나빠지는 것은 물론 적대적인 관계로 치달을 수 있다.

이런 방식으로 아이를 키우면 타인에 대한 신뢰를 쌓지 못하고 필요한 타협까지 거부한다. 부모는 오랜 시간을 들여 설득하고 타협하다가 충동적으로 벌을 주게 된다. 따라서 아이는 경계 설정을, 서로 존중하면서 이루어지는 것이 아닌, 강한 자의 권리로 받아들인다. 이럴 때 상황은 더욱 악화된다. 부모는 화해하기보다 자녀를 엄중하게 문책하게 되고, 결국 모든 것을 처음부터 다시 시작해야 하는 악순환이 계속되는 것이다.

━━ 나는 상담을 진행하는 동안 용기를 잃거나 아무것도 할 엄두를 내지 못하고, 새로운 도전을 회피하거나 생산적인 일에 관심이 없고, 책임을 거부하려는 아이들이 늘고 있다는 것을 알았다. 주로 경계를 모른 채 제멋대로 자라 온 아이들이었다. 아이는 자신이 무엇을 할 수 있고, 무엇을 할 수 없는지 잘 모른다. 아이는 패배자의 기분을 느끼고 누구도 자신과 타협하려고 하지 않기 때문에 버려졌다고 생각한다. 부모가 무조건, 그리고 한없이 자녀를 믿으면 아이는 도리어 자신감을 형성하지 못한다. 부모의 끝없는 믿음을 자신에 대한 무관심으로 받아들이기 때문이다.

울타리를 좁게 치면 용기가 자라지 못한다

최소한의 경계조차 설정하지 않는 양육법과 반대되는 방식 역시 결과가 참혹하기는 마찬가지다. 과잉보호에, 아이의 활동 범위를 일일이 지정하며, 무엇이든 대신 해주는 부모 밑에서 자란 아이는 제대로 숨쉬기조차 어려워한다. 이것은 사실 친밀함을 바탕으로 하는 교육적 지원의 개념이 아니라 간섭에 불과하다.

늘 보호받기만 하는 어린이는 자신과 자신의 능력을 적절하게 평가하는 법을 모른다. 이 때문에 불안 증세가 나타나고 경계

자체를 두려워하며 경계를 넘는 것에 유난히 겁을 낸다. 또 새로운 것을 받아들이거나 자기의 능력을 시험하는 데 서툴다. 항상 과잉보호를 받는 어린이는 무엇이든 빨리 포기하고, 실망을 견뎌내지 못하며, 훌쩍거리거나 징징거리면서 주위 사람들에게 쉽게 의지하려 든다. 그러면 주위 어른들은 용기를 북돋우는 대신 '언어의 젖병'을 물리거나 실망했다는 표정을 애써 감추며 이렇게 말한다. "이리 와. 그건 그렇게 심각한 문제가 아니잖아.", "그래, 뭘 또 했어? 우리 귀염둥이!", "엄마가 우리 귀여운 아들한테 시범을 보여줄게."

과잉보호 양육 방식은 아이 스스로를 작은 아이로 생각하게 하며, 감정적으로 만들고, 지적으로 어른에게 종속되게 한다. 그러나 부모는 과잉보호를 하면 관계에 결속력이 생기고 친근함이 높아질 것이라고 착각한다. 늘 걱정하는 어린이 옆에는 늘 걱정하는 부모가 있다. 걱정이 이들을 묶어주는 것이다. "아침부터 저녁까지 저는 늘 우리 아이가 별일 없이 잘 지내고 있나 하는 생각뿐이에요. 아이가 잘되면 그것으로 대만족이에요!" 이런 환경에서는 아이들 역시 부모를 걱정한다. "부모님이 잘 지내셨으면 좋겠어요. 걱정하지 말고요!" 그 결과 아이는 걱정 아닌 걱정까지 하게 된다.

그렇게 되면 아이는 신뢰감을 기반으로 긍정적인 타협의 경험을 쌓거나 규칙을 받아들이는 대신 주저하면서 타인과 외부 환경에 구속된다. 도전을 시도하는 과정에서 만난 이방인이 접근하면 아이는 이를 위험 요소로 생각하여 관계를 맺는 데 실패하고, 결국 부정적인 경험을 쌓게 된다. 과잉보호 속에서 자란 어린이들은 위험 상황에 직면했을 때 길을 잃는 경우가 많은데, 혼자 있어 본 적도 없거니와 스스로를 방어하는 기술이 없기 때문이다. 아이들은 원칙적으로 무엇이든 기꺼이 할 준비가 되어 있다. 서로 돕고 함께 하고자 하며 무엇인가 열심히 해서 자기가 가족 구성원이 틀림없다는 것을 증명하고자 한다. 그러나 부모가 항상 대신해서 일을 처리하고, 보호하며, 더 많이 아는 사람의 노릇까지 하면 아이는 용기를 잃고 능력을 발휘하는 데 두려움을 느끼고 결국 실패를 두려워하게 된다.

아이와 함께 실패에 대해 이야기하는 것은 중요하다. 그러나 "내가 너한테 뭐라고 했니!"와 같은 표현은 자녀를 실패자 또는 아직 덜 자란 어린아이로 간주하는 말이다. 간접적 조언이나 비밀스러운 명령 대신 아이가 느끼는 실망을 공유하는 것이 좋다. 반면 "대수롭지 않은 거야" 같은 표현은 잘못을 만회하려는 자녀의 노력과 감정에 부모가 무관심하게 대응하는 것으로 받아들여진다. 아이 스스로 해결책을 찾으려 할 때 부모의 도움과 지원은 절대적이다. 아이는 이를 통해 자신이 경험한 실수는 본인 자체의 결함 때문이 아니라 순간적으로 처리하는 능력이 부족하여 일어난 것을 알고 연습을 통해 극복할 수 있다고 믿게 된다. 그런 관점에서만 자신의 능력을 이용하여 자발적으로 재도전할 용기를 낼 수 있다.

━ 아이들이 용기를 잃으면 일상생활에서 두려움과 불안을 느낀다는 사실을 구체적인 상황을 통해 들여다보자.

"로버트는 걱정꾸러기예요." 부모가 말을 꺼냈다. "아무것도 하지 않으려고 해요." 부모가 로버트를 상담실에 데려왔을 때 아이는 여덟 살이었다. "아침마다 애를 학교까지 데려다줘야 해요." 엄마가 슬픈 목소리로 말했다. "몇 분 정도 교실 밖에 서서 아이가 잘 있는지 지켜봐야 하고요." 아이는 윗옷이나 코트조차 스스로 입지 못하고 장승처럼 서 있다고 했다. 집안일 좀 도우라고 하면 "엄마, 안 돼요. 내가 하면 꼭 무슨 일이 생긴단 말이에요"라고 대답하는데 실제 무슨 일인가 벌어진다고 했다.

로버트를 처음 보았을 때 난 그 아이에게서 용기를 잃은 사람의 전형적인 모습을 보았다. 목소리는 낮았으며 걸음걸이는 조심스러웠고 눈길은 불안정했다. 엄마와 아빠는 아이의 옆에는 앉아서 처음부터 끝까지 "우리 아기 로버트는……"이라고 표현했고, 아이가 행여 무슨 실수라도 하면 곧바로 동정심을 나타냈다. 로버트는 자발성을 경험할 기회가 전혀 없었다. 부모는 항상 곁에서 "로버트, 이리 와!", "로버트, 여기야!", "로버트, 조용히 해!", "로버트, 넌 아직 어려" 등의 말을 했다. 그러다 무엇인가 해내면 아이가 쓰러질 정도로 칭찬을 퍼부었다. 하지만 아이가 일을 성공적으로 해내는 경우는 별로 없었다. 목표가 눈앞에 있는데도 중간에 포기해서 이제까지 쌓아온 노력을 수포로 만들곤 했다.

예를 들면 이런 상황이다. 로버트가 찻잔 두 개를 부엌으로 날랐다. 대단히 불안해 보였다. 하지만 로버트는 자발적으로 뭔가 한다는 사실을 자랑스러워했고, 부모는 그런 아이를 대견하게 지켜보았다. 부모는 하고 싶은 말이 있어도 꼭 참고 아이를 관찰했다. 로버트가 부엌에 다다랐을 무렵, 갑자기 아빠가 소리쳤다. "로버트, 조심해! 계단이야!" 로버트는 이미 계단을 보았고 계단을 오르려고 속도를 늦추던 참이었다. 그런데 아빠가 소리치는 바람에 깜짝 놀라 그만 균형을 잃고 말았다. 찻잔이 바닥에 떨어져 깨져 버렸고 로버트는 아빠를 피해 달아났다. "로버트! 미안하다." 로버트가 울자 아빠가 말했다. "그렇게 슬퍼할 필요 없어. 괜찮아."

부모가 자신을 진지하게 받아들이지 않는다는 생각 때문에 스스로 책임지고 용기 있게 건설적인 해결책을 찾지 못하는 아이들이 많다. 그 부모들은 로버트의 부모처럼 자녀가 새가슴을 지녔다고 생각하거나 자녀를 꿈꾸는 작은 바보로 본다. 아직 아무것도 할 수 없는 어린 존재로만 생각할 뿐 아이의 능력이 무엇인지 건설적인 관점에서 따져 보지 않는다.

▬ "우리 엄마, 아빠는 최고만 원해요." 열두 살짜리 니콜의 말이다. "하지만 절대 내가 최고가 되는 걸 보지 못할 거예요." 아이가 웃으며 말했다. 나는 그게 무슨 뜻이냐고 물었다.

"전 유치원 다닐 때부터 놀 수 없었어요. 절대로 놀면 안 됐다고요. 유치원에서 돌아오면 엄마는 대뜸 '너 오늘 만들기 했니?' 하고 물어요. 학교에 들어간 첫날엔 아빠가 '이제 시작이야. 더 이상 놀면 안 돼'라고 했고요. 엄마는 친구도 골라줘요. TV를 보거나 게으름을 피우는 친구들하곤 당연히 놀 수가 없어요. 발레 선생님이 별로면 곧장 새로운 선생님으로 바꿔줘요. 벌써 네 번째 걸요."

니콜은 쓴웃음을 지었다. "한 과목이라도 '노력을 요함'을 맞으면 경고장이 날아와요. 네 번째엔 과외를 받아야 하고요." 아이는 말을 끊고 깔깔댔다. "그래서 언제부턴가 모든 걸 엉망으로 하기 시작했어요." 니콜은 나를 쳐다보았다. "그래도 가끔 점수가 좋게 나올 때도 있어요. 그러면 아빠가 뭐라는지 아세요? '이것 봐라. 잘하잖니. 노력하면 되는 거야. 노력하면!' 하죠." 아이의 목소리가 점점 빨라졌다. "주말은 또 주말대로 프로그램이 꽉 짜여 있어요. 전시회, 콘서트, 생태 학습장 견학……. 생태 학습장 가는 건 정말 끔찍해요! 엄마가 졸졸 따라다니며 '니콜, 저 숲 좀 봐. 저 숲은 어쩌구저쩌구……' 하니까요."

니콜의 유아기를 보면 부모의 양육 관점을 알 수 있다. 아빠와 엄마 둘 다 끔찍할 정도로 딸아이를 위했다. "전 절대 아이가 될 수 없었어요." 니콜은 과거를 회상했다. "다른 아이들처럼 지저분하게 놀면 안 됐죠. 지금도 생각나요. 어렸을 때 식기세척기에서 그릇 꺼내는 걸 좋아했는데 서툴러서 제대로 쌓아놓지 못했어요. 그런데도 우리 엄마는 '잘하는구나, 니콜. 그렇게 하면 된다. 다음엔 더 잘할 거야'라고 해요. 한번은 친구랑 자전거에 플라스틱판을 대려고 한 적이 있었어요. 그게 유행이었거든요. 친구랑 나사를 풀고 타이어를 빼낸 다음 어떡하면 좋을지 의논하고 있었어요. 그런데 갑자기 아빠가 나타나더니 한순간에 뚝딱 다 맞춰놓지 않겠어요. 우리한테 물어보지도 않고요. 얼마나 황당했는지 아세요? '야, 웃긴다! 너네 집은 항상 이러니?' 하고 친구가 한심하다는 듯 물었어요. 제가 고개를 끄덕이자 '정말 안됐다' 하더라고요."

그러다 어느 순간부터인지 니콜이 소리를 지르기 시작했다. "엄마, 아빠가 나를 망치고 있어!" 엄마는 그 말을 듣고 너무 놀랐다. 모욕을 받은 것처럼 느꼈다. "니콜, 사과해라. 우리가 너한테 얼마나 공을 들이는지 알잖아? 그런데 뭐라고?" 그 이야기를 하면서 니콜은 화를 참지 못해 눈물까지 흘렸다. "전 아무것도 아니었어요. 저는 항상 우수한 성적을 내야 했고요. 엄마, 아빠는 그런 절 데리고 다니면서 자랑만 하려고 했죠." 아이의 목소리가 갈라졌다. "우리 니콜은 언제나 '매우 잘함'만 받아와요, 하고 자랑하다 할머니라도 오시면 '니콜, 할머니께 성적표 좀 보여 드리렴!' 이러는 거예요." 분을 참지 못한 니콜이 허공에 대고 소리를 질렀다. "빌어먹을! 거지 같은 세상이야! 다 없어져 버렸으면 좋겠어요!"

━━ 케빈은 다른 방식으로 반응했다. 아이는 마음이 불안하고 뭔가 두려워하는 것 같았다. 나는 그 아이가 열세 살이 되었을 무렵 소년원에서 처음 만났다. 아이는 말랐고 창백했다. 환경에 순응하는 듯했으나 목소리는 알아듣기 어려울 정도로 힘이 없었다. 케빈의 학교 성적은 평균 정도였다. 담임은 아이에게 실업계 학교에 진학하면 좋을 것 같다고 했다. 하지만 아빠가 동의하지 않았다. "우리 애는 인문계 고등학교에 갈 거요. 할 수 있어요. 꼭 그래야 해. 내 경우를 보쇼. 실업고등학교만 나온 탓에 뒤처졌다고. 그러니 두 번 다시 그런 이야길랑 꺼내지도 마쇼. 내 아들은 인문계 고등학교에 보낼 거요. 더 많이 배워야 해. 아이도 나중에 고마워할 거고."

상담 시간에 케빈이 말했다. "4학년 때부터 저는 하루에 두 시간씩 숙제를 해야 했어요. 저녁때마다 부모님께 공부하는 모습을 보여줘야 했거든요. 그렇게 하지 않으면 집 안이 온통 시끄러워졌어요." 나는 아이에게 부모님이 공부할 때 도움을 주냐고 물었다. "아니요. 그냥 저 혼자 방에 앉아서 공부해요. 그러다 화장실이라도 가면 엄마가 곧장 따라와서 공부하라고 잔소리하죠."

아이는 생각에 잠겼다. "우리 부모님은 야단치는 것밖에 할 줄 몰라요." 케빈이 나를 바라보았다. "점수가 나쁘게 나오면 말도 안 해요. 그럼 전 방에 틀어박혀서 나가지도 못해요." 사실 케빈은 다양한 방면에 관심이 있었다. "전 제가 기르는 토끼 두 마리를 정말 좋아했어요." 아이는 더듬거리며 말했다. "그런데 토끼에 정신이 팔려서 공부 안 한다고 아빠가 그 애들을 죽여 버렸어요." 케빈은 그 사건으로 정신적인 충격을 받았다. 너무 화가 난 나머지 교과서를 다 찢어 버렸고 더 이상 학교에 다니지 않겠다고 선언했다. 부모는 처음에 감정을 이기지 못해 "그러면 거지나 노숙자가 될 거야"라고 경고했다. 하지만 케빈이 아무런 반응을 보이지 않자 "경찰을 불러야겠다. 그럼 경찰이 널 학교에 데려다주겠지!"라고 하거나 "네가 학교 안 가면 아빠가 교도소에 가게 된다고!"까지 했다. 케빈은 압력에 못 이겨 다시 학교에 나갔다. 그러나 학습 장애 증상을 보였고 교사에게 심하게 반항했다.

— 양육과 관련된 두려움과 사회적 두려움이 지속되는 데에는 몇 가지 이유가 있다.

#. 부모가 자녀에게 기대하는 것은 많으나 적절하게 지원을 못 하는 경우 아이에게 일관성이 결여된다. 엄격하게 벌로 다스

리거나 꾸짖고 부정적인 반응을 자주 보이면 아이는 용기를 잃게 되고, 감정이 매우 불안정해진다. 부모와 자식 사이에 따뜻한 인간관계가 결여되어 있다면 상황은 더욱 악화된다. 자녀가 부모의 사랑을 의심하기 때문이다.

\#. 아이들에겐 보살핌이 중요하지만 과잉보호는 해가 된다. 보살핌이란 아이의 고유한 인격 형성을 지향하는 것으로 상황과 나이에 맞게 행동을 지도하고, 자율적이고 책임감 있는 행동을 장려하며 실험적인 태도를 지원하고 따뜻함을 느끼게 해주는 것이다. 과잉보호는 반대의 결과를 낳는다. 과잉보호는 지금 이 자리에 있는 자녀를 인정하고 인격적 성숙을 지원하는 대신 상상 속의 미래를 지향하고 다른 아이들과 비교한다. 또 어린이의 특성을 조금도 고려하지 않으며 책임감을 심어주지 않고 놀이나 호기심을 방해하거나 제한하여 어린이에게 제약을 가한다.

양육을 담당한 사람이 아이 대신 문제를 해결해 버릇하면 아이는 자신의 능력을 평가 절하하고, 결국 문제 해결 능력을 갖추는 데 실패한다. 따뜻함 대신 숨 쉴 공기조차 허용하지 않는 열기와 보이지 않는 압력이 아이를 짓누르며 채찍을 가하고 독립성을 빼앗기 때문이다. 과잉보호는 고도의 불안을 초래한다. 자의식이 결여되고, 용기가 없어지며, 불만족스럽고 불안한 감정이 기저를 이루게 된다. 과잉보호는 끈끈한 결속력과 유대감을 주지 못한다. 과잉보호를 받는 아이는 놀이를 중간에 그만두는 경우가 많고, 양육을 담당하는 사람이 방에서 나가거나 곁에 없으면 불안해한다. 이별 단계에 직면했을 때 쉽게 흥분하고 다른 사람과 교류하지 못한다. 과잉보호로 배양되는 사회적 능력은 아무것도 없다. 아이들을 그저 두려움에 떠는 수동적인 사람으로 만들 뿐이다.

▬ 이이가 부담을 느끼는 동기는 다양하고 복잡하다. 양육에서 완벽을 기하려는 부모들이 굉장히 많은데, 이들은 대개 아이 자체보다 양육이라는 과제에 더 관심을 둔다. 이들은 자녀와의 의사소통에 냉정해지고 신뢰와 유대감을 상실하면서 자녀와의 관계에 거리를 두게 된다. 또 어떤 문제가 발생했을 때 즉시 해결할 수 있다고 착각한다. 결과가 좋아야 한다는 강박관념에 사로잡혀 자녀를 압력하게 되는 것이다. 모든 사람은 순조롭고 원활하게 제 능력을 발휘해야 한다.

어떤 이들은 자녀를 학교 성적으로 평가하고 자녀가 자신에게 표시하는 신뢰를 오용한다. 아이도 이를 느끼고 부모의 기대에 부응하고자 처음에는 그와 같은 게임에 보조를 맞춘다. 하지만 자신이 부모의 욕구를 더 이상 충족시키지 못하게 되면 곧 반항하게 된다. 다양한 방법으로 복수하거나 부모를 정신 못 차릴 정도로 괴롭히며 고의적으로 실망시킨다.

아이들 역시 좋은 결과를 내고 싶어 한다. 하지만 그런 결과가 의무가 되면 용기를 잃고 위축되거나 심할 경우 좌절을 경험한다. 거절에 대한 두려움, 벌에 대한 두려움, 부모에게 아픔을 줄지 모른다는 두려움도 이때 형성된다. 혹은 완벽한 존재가 되겠다는 일념으로 스스로에게 어떤 실수도 용납하지 않고 나이가 들어서도 이를 인생의 원칙으로 삼는다. 이렇게 완벽함을 추구하는 사람은 타인의 인정을 받기 위해 평생 동안 쓸데없이 노력하며 스트레스를 받는다.

인지능력의 발달속도는 '거북이 마라톤'

"아르네는 제 형 토마스랑 여러 가지로 비교돼요." 후베르투스가 말했다. "비교하는 게 나쁜 줄 알지만 일부러 그러는 건 정말 아니에요. 차이가 너무 많이 나니까 어쩔 수 없더라고요." 아르네는 이제 막 학교에 들어갔는데 형과 달라서 모든 것을 어려워한다고 했다. 무한정 참을성이 필요하다는 것이다. "정말 힘들어요. 아르네는 너무 느려요. 요즘 들어 더 느려진 것 같아요."

다른 집은 그 반대였다. "카롤린은 벌써 열두 살이나 먹었는데 시간을 엄청 잡아먹어요. 달팽이 같아요!" 그러나 아이는 가고 싶은 곳은 어디든지 다닌다고 했다. 카롤린의 동생 파울라는 "세상아, 내가 간다!"고 외치며 태어난 아이 같다고 했다. "물론 문제야 일으키죠. 이제 겨우 일곱 살 반인데도 하는 것도 많고요. 책도 읽을 줄 알고, 의사 표현도 다양하고, 제 언니를 말로 몰아붙이기도 해요. 새로 나온 컴퓨터 게임을 하면 대개 파울라가 이기죠. 그 앤 별로 어려워하는 게 없어요."

6~9세는 과도기로 접어드는 시기다. 인지적, 지적 발달을 포

함한 모든 영역에서 그렇다. 그러나 이런 과도기도 아이마다 다르게 나타난다. 어떤 아이에겐 시간이 아주 많이 필요하다. 정체기를 겪는 아이도 있고 때로 후퇴를 반복하는 아이도 있다. 지적 능력을 어떻게 써야 할지 모르는 아이도 있다. 이와 반대로 어떤 아이들은 그런 과정들을 단숨에 통과한다. 자기의 능력을 시험하고 실천에 옮기는 데 조금도 주저하지 않는다. 부모는 자녀가 어떤 발달 모습을 보이든지 꾸준히 돌보며 문제를 극복할 수 있도록 도와야 한다. 아이를 있는 그대로 받아들이고 개성을 존중해야 한다. 즉 다른 아이와 비교하지 말고 차이를 존중하며 인정하라는 뜻이다. 비교는 아이를 혼란스럽게 하고 슬픔과 열등감에 빠지게 만든다. 어쩌면 부모의 사랑을 의심하게 할 수도 있다.

6~9세는 다양한 정신적 능력과 성과가 형성되는 시기다. 이때 아이들은 새로운 문제를 통해 현실을 읽어낸다. 사물에 관심을 갖고, 탐구하며, 다양한 정보들을 찾으며 세상에 대한 지식을 쌓아간다.

▬▬ 여덟 살 된 팀은 TV에서 인디언을 다룬 방송을 보고 여러 가지 의문이 생겼다. 궁금한 점을 해결하기 위해 아이는 아빠와 도서관을 찾아갔다. 아이는 관련 분야의 책을 읽으면서 인디언에 대한 전문가가 되었다. 나중에는 부모조차 놀랄 정도였다.

여덟 살 반인 루이자는 북해에서 바다표범이 죽었다는 이야기를 읽었다. 루이자는 그 이야기에 마음이 흔들렸다. 그래서 그해 여름휴가를 북해로 가자고 졸랐고, 마침내 북해에서 바다표범을 관찰하게 되었다. 루이자는 헝겊 인형도 바다표범으로 바꿨다. 손에 넣을 수 있는 책을 모두 읽었고, 인터넷에 접속해 정보를 수집했으며 자기가 살고 있는 도시의 시장에게 부탁해 바다표범이 있는 곳의 시장에게 구명 편지를 보내달라고 요청했다.

지식이 늘어날수록 아이들의 언어 구사 능력은 점점 완벽해진다. 어휘도 풍부해지고 말장난을 할 줄 알게 되며 우스갯소리나 비꼬기를 즐긴다.

아이들은 일정 수준에 오르면 읽고 쓰기를 배운다. 그러나 어떤 아이들에게는 이 일이 생각보다 훨씬 힘들 수 있다. 철자 하나하나를 구분해야 하고, 단어 역시 일일이 구분해야 하기 때문이다. 사실 이것은 시간을 요구하는 과정이다. 아이도 마찬가지지만 주위 사람들 역시 참고 기다려야 한다. 만일 학습 속도를 인위적으로 촉진하려고 압력을 가한다면 아이는 용기와 자율성을 잃고 배우고자 하는 마음 자체를 잃을 수도 있다. 읽고 쓰기를 배우면서 느릿느릿한 성향이 드러나는 경우도 많다. 어린이의 성장 과정에는 발전, 정지, 후퇴가 혼합되어 있다는 것을 알아야 한다.

동시에 아이들은 시야를 넓히면서 부모를 떠나 세상으로 나가고자 한다. 알고 싶은 것이 많아지고 무엇이든 배우려고 하며 자기의 능력을 보여주고 싶어 한다. 하지만 이것이 학교와 관계된 능력만 의미하는 것은 아니다. 이 시기의 아이들이 학습 능력을 키워나가는 데 필요한 네 가지 조건이 있다.

#. 신체 활동은 인지적 학습 과정을 쉽게 수행할 수 있도록 돕는

다. 정신적 학습에만 치중하면 아이는 불균형하게 자랄 확률이 높다. 외적 활동과 내적 활동은 서로 분리될 수 없기 때문이다. 특히 정신적 발달이 더딘 어린이에겐 놀이를 장려하는 것이 좋다.

#. 이 시기의 어린이는 언어를 통해 받아들인 내용을 정리한다. 어린이는 그중 상당 부분을 진지하게 받아들인다. 언어 능력이 높을수록 자신이 수용한 내용을 조정하고 분류할 줄 아는 능력이 향상된다. 물론 여기에도 개인차는 있다.

#. 아이들은 말로만 자기의 의사를 표현하는 게 아니라 활동을 통해서도 나타낸다. 신체 활동을 통해 현실 세계에 자기의 존재를 알리는 것이다. 자기의 뜻을 일찌감치 표현할 수 있는 아이가 있는가 하면 시간이 많이 걸리는 아이들도 있다.

#. 초등학교를 다니는 시기의 학습은 감정과 깊게 연관되어 있다. 6~9세의 어린이는 순수한 추상적 개념을 받아들이지 못한다. 딱딱한 정보만 가지고는 무엇을 어떻게 시작해야 하는지, 그 정보들을 자기의 행동과 어떻게 관련지어야 할지, 그것이 일상생활과 어떤 관계에 있는지 알지 못한다. 추상적 사고를 통해 일반적인 결론을 도출하는 것은 11세 혹은 12세가 되어서야 가능하다. 그 전에는 구체적인 행위와 일에서 일반적인 결론을 이끌어낼 수 있을 뿐이다.

이 시기의 어린이는 다양한 시도를 통해 현실에 도전한다. 따라서 경험도 많이 하게 된다. 여섯 살 요나스는 모래를 한 삽 가득 떠서 평평한 장난감 접시에 담았다. 그런데 플라스틱 양동이가 눈에 들어왔다. 아이는 '저기 담으면 더 많아지겠다'고 생각하고 접시에 있던 모래를 양동이에 쏟아 부었다. 모래는 바닥에만 겨우 깔렸다. 하지만 시간이 좀 흐르면 아이는 더 이상 그런 계산을 하지 않는다. 모래의 양은 일정하고 그것을 담는 통만 달라진다는 것을 깨닫기 때문이다.

어린이는 놀이를 하면서 사물의 양과 형태를 학습한다. 하지만 생각을 통해 일반적인 결론에 도출하기까지는 몇 주가 걸릴 수도 있고, 몇 달이나 혹은 몇 년이 걸릴 수도 있다. 그 답을 스스로 찾아낸 어린이가 자신을 자랑스러워하는 것은 당연한 일이다.

6~9세의 과도기에 접어든 어린이들은 모든 것에 열정을 품고, 모든 것을 모으려 한다. 포켓몬 카드에서부터 맥주 병마개까지 온갖 것들을 모은다. 모으고 정리하고 분류한다. 만일 똑같은 게 두 개 있으면 친구와 바꾸기도 한다. 책상이나 방바닥에 모아놓은 물건들을 가지런히 정리하기도 한다. 물건들을 분류하면서 무슨 보물인양 다치지 않게 보호막을 설치하기도 하고, 엄마가 청소를 하느라 섞어놓기라도 하면 매우 가슴 아파한다. 만일 무엇 하나 망가지기라도 하는 날이면 몹시 화를 낸다.

8, 9세에서 12, 13세의 아이들은 기뻐하고 슬퍼했던 대상에 대해 어느 순간 무관심해진다. 한때 아이를 사로잡았던 수집의 열정과 감정이 자신과 아무 상관없는 것처럼 행동한다. 아이는 이미 그 단계를 졸업하여 다른 세계에 가 있기 때문이다.

어린이는 물건 수집을 통해 자기의 열정이 타인에게 어떤 의미를 주는지 부모의 반응을 통해 배운다. 물건을 여러 카테고리로 분류하고 성격을 구분하며, 한계를 설정하고, 비교하고, 가치의 비중을 잰다. 또 의미를 부여한다. 좋아하는 것을 소유하고자 싸움을 벌이는 것은 예삿일이다. 더 이상 집착하지 않는 물건은 친구와 바꾸거나 책상 밑으로 던져 버리기 일쑤다.

추상적인 개념을 이해할 수 있다고 할지라도 아이의 지식과 사고는 아직 마술적이고 환상적인 구조에서 벗어나지 못한다. 어린이는 이런 상상 속에서 내적, 외적 현실의 사건들을 해석한다. 어린이는 창의성의 대가들이다.

▬ 다음 두 가지 상황은 세계를 바라보는 어린이의 관점에는 현실적이고 지적인 이해와 마술적이고 환상적인 이해가 병행되어 있다는 사실을 보여준다.

일곱 살 반인 야나는 11월 말이 되자 부모에게 자기는 이제 더 이상 산타 할아버지를 믿지 않는다고 말했다. "그거 엄마, 아빠가 한 일이잖아요." 아빠는 깜짝 놀랐다. "옷이랑 마스크랑 산타 수염을 지하실에서 발견했어요!" 야나의 목소리에는 자신감이 넘쳤다. "어차피 처음부터 알고 있었어요." 아이가 손사래를 쳤다. "엄마, 아빠는 날 너무 잘 알잖아요. 내가 뭘 원하는지 하나도 빼놓지 않고 모조리! 세상에 아이들이 얼마나 많은데요." 부모는 더 이상 할 말이 없었다. "'그래? 그럼 이제부터는 크리스마스 때 선물을 안 해도 되겠구나' 라는 말이 나오려는 걸 간신히 참았어요." 아빠가 말했다.

며칠 뒤 엄마는 야나와 함께 백화점에 들렀다. 매장에는 이미 크리스마스 장식이 걸려 있었다. 그날은 마침 니콜라스의 날(12월 6일. 산타클로스의 실제 모델인 '성 니콜라스'를 기념하여 아이들에게 선물과 캔디를 나눠준다—옮긴이)이었다. 야나가 엄마에게 무엇을 사달라고 했다. 둘이 에스컬레이터를 타고 2층 장난감 매장에 도착했을 때 눈앞에 산타클로스가 나타났다. 산타클로스는 자루 속에서 초콜릿과 사탕을 꺼냈다. 그는 어린이들에게 가까이 가지 않고 자리를 지키고 있었다. 몇몇 아이는 궁금하다는 듯 가까이 갔고, 다른 아이들은 발이 땅에 붙은 듯 그 자리에 서 있었다. 야나는 엄마 손을 꼭 잡고 의심쩍은 눈으로 산타를 쳐다보았다.

아이는 한참 망설이다가 천천히 엄마의 손을 놓더니 산타에게 다가갔다. 산타 근처까지 간 아이는 멈춰 서서 산타가 다른 아이들에게 초콜릿을 나눠 주는 모습을 구경했다. 그러다 갑자기 그를 잡아당기면서 발로 찼다. 산타가 자루 속에서 사탕봉지를 꺼냈다. 야나가 손을 내밀고 봉지를 받았다. "고맙습니다." 야나가 아주 작은 목소리로 말했다. 하지만 되돌아 갈 생각은 하지 않았다. 산타가 야나를 향해 몸을 숙였다. 길고 흰 수염이 야나에게 닿을 뻔했다. "받고 싶은 게 더 있니?" 산타의 목소리가 유쾌하게 울렸다. 야나는 그의 손을 자세히 관찰하고 쓰다듬었다. 그리고 조심스럽게 손을 빼더니 이번엔 수염을 만졌다. 그리고 활짝 웃으며 "산타가 정말 있어요!"라고 외쳤다.

야나는 엄마에게 달려가 손을 꼭 잡았다. 하지만 아무 말도 하지 않았다. 나중에 집에 돌아오는 길에 아이는 이렇게 말했다.

"산타 할아버지는 있어요. 내 생각엔 산타 할아버지가 작년에 우리 집에 왔다가 지하실에 자기 물건을 두고 간 거 같아요."

━━ 니클라스가 여섯 살이 되었을 때다. 아이는 유령을 무서워했다. 유령이 창문을 통해 들어온다고 믿었기 때문에 항상 창문 쪽을 유심히 지켜보았다. 창문 앞에는 자작나무가 한 그루 있었다. 아이는 어두컴컴할 때 나뭇가지가 흔들리면 몹시 무서워했다. 엄마는 잠자리에 들기 전에 커튼을 치라고 일러주었다.

"그 가지들이 날 봐요. 가지들이 유령으로 변한다고요. 내 방으로 들어와 나를 때리고 아프게 만들어요." 니클라스는 공포에 질려 부모의 방으로 들어오곤 했다. 어느 날 저녁, 아이는 부모에게 밤 인사를 한 뒤 자신 있는 목소리로 말했다. "오늘 밤에는 엄마한테 안 갈 거야. 마술 약을 창틀에 얹어 놓았거든요. 그 약을 먹으면 유령이 쓰러져요."

"그래? 어디서 났어?" 엄마가 물었다. "난 한 번도 본 적이 없는데." 그러자 아이가 조용히 대꾸했다. "엄마는 유령이 아니니까 그렇지! 내 약은 유령 눈에만 보이거든요."

니클라스는 그 후 몇 주 동안 별 문제없이 잘 잤다. 그러다 어느 날 저녁, 다시 훌쩍거리며 안방으로 뛰어들었다. "창틀 위에 마술 약을 두는 걸 잊었어요. 그래서 좀 전에 유령들이 날 보고 웃었어요. '이제 내가 널 데려가겠다'고 말했어요." 다음 날 저녁 니클라스는 정색을 하고 엄마를 쳐다보았다. "엄마, 매일매일 나한테 자기 전에 마술 약을 놓는 거 잊지 말라고 이야기해주세요. 절대

잊으면 안 돼요." 니클라스는 거의 2년 동안 매일 마술 약을 창틀에 얹어 놓았다. 그러던 어느 날 아이가 말했다. "더 이상 약 이야기 안 해도 돼요. 어제 자다가 불을 켰는데 나뭇가지가 보였어요. 유령이 아니더라고요. 그냥 나뭇가지였어요."

━━ "학교가 시시해요. 숙제 때문에 놀지도 못해요. 항상 뭔가 배워야 하고요. 우리 엄마는 나랑 숙제를 같이하는데, 그때마다 싸워요." 여덟 살배기 루카스가 나에게 말했다.

반면 일곱 살에 입학한 마라이케는 "전 학교가 좋아요. 더 이상 유치원에 다니지 않아도 되잖아요. 유치원에선 항상 동생을 돌봐줘야 했거든요. 그게 얼마나 귀찮았는지 몰라요. 하고 싶은 것도 맘대로 못 하니까요. 그런데 지금은 안나랑 같이 놀 수 있어 좋아요. 안나는 저랑 제일 친해요" 하며 웃었다. "이젠 글도 읽어요. 내 동생은 아직 못해요. 난 키도 많이 컸어요." 아이가 덧붙였다. "숙제만 없다면 더 좋을 텐데. 숙제가 항상 말썽이에요. 매일 숙제부터 해야 되니까요. 안 그러면 안나네 집에 못 놀러가요."

"난 학교 갈 때랑 집에 올 때가 제일 좋아요." 아홉 살 로버트가 말했다. "보른, 라세와 같이 학교에 함께 걸어가는 게 정말 재미있어요." 아이는 고개를 끄덕였다. "우리 선생님도 참 좋은 분이세요. 아주 멋있어요. 가르쳐주시는 것도 아주 많아요." 로버트는 잠시 생각하다 말했다. "선생님도 가끔 기분이 안 좋을 때가 있어요. 그럴 땐 꼭 우리 엄마 같기도 하고, 마녀 같아요. 그러면 어떻게 해야 할지 몰라서 그냥 귀를 막고 아무 말도 안 들어요."

"저도 학교가 좋아요." 열 살 마르코의 말이다. "하지만 집에 오면 항상 학교 이야기를 해야 해요. 엄마는 묻고 또 물어요. 귀에 구멍이 뚫릴 것 같아요. 집에 오면 쉬고 싶다는 생각밖에 없는데." 아이는 잠시 생각했다. "그럴 땐 창가로 가요. 창은 아무것도 묻지 않으니까요." 마르코는 다시 심각한 표정을 지으며 말했다. "예전엔 아빠가 같이 놀아주었는데 이제는 매일 숙제 검사만 해요."

"유치원 때처럼 아무 때나 일어날 수 없어서 속상해요." 유치원과 학교의 차이점을 묻자 여덟 살짜리 베니타가 대답했다. "궁금한 게 있으면 항상 질문해야 돼요. 운동장에서는 남자 애들이 무섭게 뛰어다니기 때문에 어떤 때는 다칠까 봐 겁도 나고요." 아이는 미소를 지었다. "그래도 선생님들은 친절해요. 제가 슬퍼하거나 피곤해 하면 품에 안아주세요."

아이들은 초등학교에 입학하면서 낯선 세계에 진입한다. 유치원 시기가 끝나고 새로운 단계가 눈앞에 펼쳐지는 것이다. 그렇다고 모든 아이들이 다 즐거워하는 것은 아니다. 이 같은 과도기를 의심과 불안으로 대하는 아이들도 있다. 아이들은 익숙하지 않은 환경에 도전장을 내기도 하지만, 두려워하거나 낯설어하며 뒤로 물러나기도 한다.

#. 보리스는 초등학교에 입학하기 약 8주 전부터 다시 아기 소리를 내기 시작했다. 한 단어로 된 말을 했고, 목소리도 작아져 알아듣기도 힘들었다.

#. 일곱 살 반인 마르쿠스는 학교에 들어가기 석 달 전부터 밤에

오줌을 쌌다. 친구들이 알면 학교에서 놀림감이 될 거라고 말해주자 오줌의 양이 더 많아졌다.

#. 이제 막 여덟 살 된 카트린은 학교가 시작되기 넉 달 전부터 다시 엄마에게 매달리기 시작했다. 밤이면 부모님의 침대로 달려갔고, 자신이 우울하고 슬픈 상황에 놓인 것처럼 행동했다.

#. 일 년 먼저 입학한 일곱 살 피아는 부모가 학교에 대해 이야기했을 때 무척 흥분하고 좋아했지만, 첫 주부터 성실하게 수업을 들을 수 없었다. 아이는 늘 코감기, 고열, 중이염 등을 달고 산다.

어린이는 초등학교 입학이라는 환경의 변화에 대해 다양하게 반응한다. 용감하게 학교에 가는 아이가 있는가 하면 지나칠 정도로 씩씩한 아이도 있고, 익숙한 환경과의 이별을 예민하게 받아들이며 슬퍼하는 아이도 있다. 또 이전 발달 단계에 주저앉는 아이가 있고, 병을 달고 사는 아이도 있다.

아이들은 학교에 입학하면서 일상생활의 변화를 경험한다. 이들은 제가끔 다르게 반응한다. 발달 속도도 천차만별이다. 또 새로운 도전에 자신만의 고유한 의미를 부여하기도 한다. 어린이들은 호기심이 많고 늘 배우고자 한다. 하지만 아이들에겐 학교라는 구조에 적응해야 한다는 과제가 있다.

어떤 아이는 아주 빨리 적응하고, 또 어떤 아이는 오랜 시간이 필요하다. 유치원에 다닐 때와 달리 40분 단위로 구성된 시간표 때문에 압박감을 느끼기도 한다. 수업 시간에 조용히 앉아 있어야 한다는 것도 아이들에겐 엄청난 속박이다.

　아이가 초등학교에 입학하면서 부모와 자녀 사이의 관계도 달라진다. 학교에 간다는 것은 자기가 사회적 그룹의 일원이 되는 것을 받아들인다는 뜻이다. 집과 가족을 떠나 또래에 초점을 맞춰야 한다는 것을 의미한다. 학교에 입학하고 나서 아이는 지식과 경험의 지평선을 확장한다. 부모가 여전히 중심점에 남아 있지만 점점 더 친구들의 비중이 커진다.

　교사는 가정교육에도 영향을 미친다. 아무런 제약 없이 자유분방하게 성장한 어린이들은 경계에 대한 개념을 익히게 되고, 규칙적인 분위기 속에서 자란 아이들은 학교에서 당근과 채찍을 경험하게 될 수도 있다.

　아이들은 익숙한 환경을 떠나 많은 시간을 보내야 할 새로운 장소를 맞은 셈이다. 이제까지 자신이 경험을 쌓아온 영역과 확실히 다른 곳이다. 그 때문에 정신을 못 차릴 만큼 피곤해하는 아이가 있고, 새로운 환경에 적응하기 위해 많은 시간이 필요한 아이도 있으며, 숙제를 힘들어하는 아이도 있다.

▬　초등학교에 입학할 날이 가까워지면 부모들은 스스로 질문을 던진다. '우리 애가 학교에 잘 적응할 수 있을까? 학습 내용을 따라갈 수 있을까?' 그러나 학교에 간다는 일에 어린이의 정신적 능력만 필요한 것이 아니다. 아이들은 학교생활을 통해 신체적, 정서적, 사회적, 언어적, 인지적 발달 그 모두를 골고루 체험한다. 그러므로 어린이의 신체적 발달 수준을 무시하고 정서적, 사회적 성숙

의 의미를 깨닫지 못하는 부모는 학교를 지식 발달의 장으로만 단순하게 생각하다가 큰 코를 다치게 된다.

학교에 다니는 것은 어린이에게 도전을 의미한다. 아이들 대부분은 1학년 때 겪는 두려움을 곧잘 극복한다. 그러나 10~11세에 오는 신체적 변화는 상당수 아이들을 위기에 빠뜨린다. 아이들은 그 때문에 인지적, 지적 능력에 부정적 영향을 받기도 한다. 아이들이 위기를 느끼거나 공격적으로 변하고 자주 실망감을 표출한다면 읽기, 쓰기 능력 이외의 다른 방면에서 발달이 제대로 이루어지고 있는지 살펴보아야 한다. 학교를 다닐 수 있을 만큼 성숙했다는 것을 알게 해주는 지표엔 다음과 같은 것들이 있다.

스스로 결정하고 행동하는 능력
비판과 두려움을 극복하고 자신의 욕구를 표현하는 능력
타인을 배려하고, 타인의 입장을 고려하며, 타인을 수용하는
  능력
다른 어린이와 함께 놀고, 놀이 규칙을 인정하고 지키는 능력
다른 사람과 사회적 교류를 하되 '한 대 맞으면 나도 한 대 친다' 라는 주장에 따라 행동하지 않는 능력
적절한 언어 표현을 하고 다른 사람의 주장을 듣는 능력

어린이의 발달 수준은 아이가 속한 가정과 사회적 환경에 영향을 많이 받는다. 그러나 부모는 아이에게 필요한 것들을 완벽하게 마련해줄 수 없다. 학교생활에 잘 적응하도록 입학하기 1년 전부터 준비한다 해도 어린이는 부담을 느끼기 마련이다. 그러므로 어린이의 고유한 발달 수준과 나이, 그리고 발달 속도를 고려하여 양육해야 한다.

우선 부모는 자녀가 다니는 학교에 대해 잘 알아야 한다. 입학했다는 것 하나만으로 아이가 학교를 좋아할 수는 없는 노릇이다. 사실 입학은 어린이들 각자가 학교에 다닐 준비를 충분히 해야 한다는 요건이 전제되어야 한다. 또 아이가 새로운 생활을 받아들이고 학교에서도 충분히 지원받고 있다는 느낌이 든다면 부모는 영향력을 줄이고 학교의 교육 방침을 수용해야 한다. 부모는 교사를 신뢰하고, 교사는 부모를 신뢰해야 한다.

부모가 속한 가정과 교사가 속한 학교 사이에 교류가 잘 이루어질 때 아이는 학교에 쉽게 적응할 수 있다. 서로 적대감을 내보인다면 바람직하지 못한 결과만 초래될 뿐이다. '아이의 행복을 위해서'라는 구실로 기선을 제압하려는 다툼이 발생하기 때문이다. 이 같은 상황을 겪으면 아이는 어른들이 자신에게 해를 끼치는 것으로 여기고, 부모와 교사가 서로 다른 방향을 가리키는 통에 목적의식을 상실하고 헤매게 된다. 양육자는 아이들에게 다양한 교육 방법을 경험할 수 있도록 기회를 제공해야 한다. 아이들은 다양한 경험을 통해 보다 의욕적으로 자란다.

4

일상에서 벌어지는 양육갈등

청소 안 하기 : "세상에, 이렇게 더러울 수가!"

"나는 애들이 돼지우리 같은 방 안에서 어쩌면 저렇게 잘 지내는지 이해하지 못하겠어요." 아홉 살 마리오와 열두 살짜리 랄프의 엄마는 고개를 저었다. 자기 역시 청결에 목매지는 않지만 아이들의 방에 들어서면 머리가 아플 지경이라고 했다.

"방에 폭탄이 떨어진 것 같아요." 그녀는 얼굴을 찌푸렸다. "그렇게 어질러 놓고 뭘 찾지 못하면 저한테 달려와요. 그럼 어쩔 수 없이 함께 찾아야 해요." 그런 순간이면 버릇을 고치겠다고 말하지만 그녀는 이제 더 이상 믿을 수 없다고 했다. 며칠 있으면 똑같은 상황이 되풀이 된다는 것이다.

열 살 카르멘과 여섯 살 이나의 엄마도 사정이 비슷했다. "저희 집도 그래요. 아이들이 학교 가면 적어도 3주에 한 번은 방을 뒤집어야 한다고요. 애들은 집에 와서 저희 방을 보고 다시 안 그러겠다고 맹세하고요." 그녀는 빙그레 웃었다. "어쨌든 상관없어요. 청소를 하라고 해도 애들이 말을 듣지 않으니까요."

"그래요, 어쩔 수 없어요." 레나의 엄마가 대화에 끼어들었다. "여덟 살 정도면 이제 질서가 무엇인지 알 만한 나이잖아요." 그녀는 다른 엄마들을 바라보았다. "제 딸도 마찬가지예요. 그 나이면 자기 방 청소 정도는 해야 할 일 아닌가요?" 다른 엄마들이 고개를 끄덕이며 동감을 표시했다. "전 레나한테 언제쯤 청소하겠다고 미리 알려줘요. 그러고는 그 시간에 청소기를 갖고 들어가지요. 레나는 알레르기가 있어서 먼지가 나면 기침을 해요. 치우지 않은 게 바닥에 있으면 그대로 쓰레기통 행이에요." 그녀는 눈썹을 치켜 올렸다. "그럼 아이는 소리를 지르고 온통 난리가 벌어지죠. 자기 물건을 내버렸으니까 다른 걸 사 내라면서요." 그녀는 격렬하게 고개를 흔들었다. "교육적으로 좋지 않을지 몰라요. 하지만 레나한테 '청소한다'고 미리 말했으니까 결과도 책임질 줄 알아야죠."

"얼마 전에 저는 페터한테 방 좀 치우라고 했어요. 그랬더니 이 녀석이 상관없다는 거예요." 베라가 말했다. "그래서 저도 '난 뭐 좋아서 하는 줄 알아?' 하고 소리를 질렀지요." 그런데 예상 밖으로 아이가 여유만만하게 대답하더란다. "그럼, 내버려 두세요." 그녀는 익살스러운 표정으로 말했다. "엊그제 다시 청소 이야기를 했더니 이번에도 또 뻔뻔스럽게 관심이 없다고 하는 거예요. 그래서 제가 관심 없어도 할 수 있는 일이니까 청소를 하라고 했죠. 그랬더니 기분 나빠서 툴툴거리면서 방을 치우더라고요."

아이들은 청소를 대수롭지 않게 여긴다. 하지만 아이들에겐 나름대로의 독특한 정돈 방식이 있다. 아이들은 방이 어질러져 있어도 자기에게 필요한 물건이 어디 있는지 정확히 안다. 어른들이 보기엔 어디에 무엇이 있는지 도저히 알 수 없는 것처럼 보여도 방 주인은 필요한 것들을 쉽게 찾아낸다.

　　열 살배기 디륵은 "엄마, 아빠는 죽기 살기로 청소하는 사람들"이라고 말한다. 아이들의 삶 속에는 혼란이 내포되어 있는 것 같다. 질서를 유지하려면 에너지를 많이 써야 하는데 아이들은 도통 관심이 없다. 자기만의 정돈 방식을 개발하고 놀이하듯 활용한다. 하지만 어른들은 이것을 이해하지 못해 과도하게 힘겨루기를 하고, 책임을 전가하다가 결국 험악한 관계가 형성된다.

　　어른의 관점에서 보았을 때 무질서는 화가 나고 신경 쓰이는 일이지만, 사실 이것은 어린이의 성격과 무관하다. 사람들은 흔히 겉과 속을 관련짓기 좋아한다. 그러나 경험상 겉과 속이 딱 들어맞는 경우는 극히 일부에 불과하다. 부모들은 대개 아이들의 무질서한 성향에 모순적으로 반응한다. 조금 혼란스러울 때는 귀엽게 보아 넘기지만, 일단 화가 나면 모기 한 마리 본 것을 코끼리로 둔갑시켜 극단적인 표현까지 마다하지 않는다. "네가 방 치우는 걸 난 이제껏 한 번도 못 봤다!"는 식이다.

　　열한 살짜리 아르네의 집에 친구 베아트리체가 처음 놀러 왔다. 그날 아르네는 갑자기 청소에 중독된 것처럼 행동했다. 수잔네는 아홉 살이다. 아이는 어느 날 어지러운 방을 더 이상 편하게 생각하지 못하게 되었다. 그래서 스스로 방을 깨끗하게 정돈해야겠다고 마음먹고 실행에 옮겼다. 요하네스는 꼭 필요한 지도가 어디 있는지 못 찾게 되자 최소한 학교 공부에 필요한 자료만큼은 따로 정리해 두기로 했다.

▬ 아이들은 이 같은 과정을 통해 자연스럽게 질서 의식을 익힌다. 어른들이 자녀에게 충고를 하거나 지속적으로 경고를 보내면 일시적으로 혼란이 정리될 수는 있다. 그러나 아이들은 이 때문에 더 큰 좌절감을 맛본다.

안니카의 엄마 크리스텔은 열한 살짜리 딸이 영 못마땅하다. "애 방이 어떻든 사실 별 문제는 없어요. 하지만 그 때문에 제 일이 더 많아지는 게 화가 나요. 빨래도 많아지고 다림질 거리도 늘고요. 그 앤 물건들을 바닥에 던져놓고 밟고 다닌다고요." 그녀는 나를 쳐다보며 하소연했다. "그런 땐 정말 화가 나요. 그래서 '온종일 네 뒤치다꺼리하느라 지쳤다. 왜 엄마가 그 많은 일을 대신 해야 하니? 어디 한번 네가 엄마를 위해 종일 빨래하고 다림질을 한다고 생각해 봐라, 기분이 어떨지.'"

"그랬더니 애가 뭐라고 하던가요?" 그녀는 이야기를 계속했다. "엄마 마음을 이해해요." 안니카는 엄마를 동정했다. "나도 나 자신이 한심스러워요. 엄마는 일도 많은데 내 일까지 떠맡고 있으니까요. 미안해요. 엄마!" 크리스텔은 딸의 반응에 적이 놀랐다. "잘못 들은 건 아닌지 귀를 의심했어요." 그러나 안니카는 여전히 세탁물을 정리하지 않았고 다림질을 돕지도 않았다. 아이는 옷이 특히 많은 편이었다. 스스로 옷을 골라 어울리게 입는 능력은 뛰어났지만 세탁에는 조금도 관심을 두지 않았다. 엄마는 안니카에게 언제 세탁할 건지 조심스럽게 물었다. "금방 할게요." 딸은 입버릇처럼 말했다.

어느 날 안니카는 입고 싶은 옷을 찾지 못했다. 남은 것은 바지 하나, 블라우스 하나, 재킷 하나였다. 그대로 차려 입고 나간다면 대단히 실험적인 차림새가 될 터였다. 안니카는 광대처럼 보였다. 하지만 아이는 상관하지 않았고 우스꽝스러운 차림으로 학교에 갔다. 엄마는 걱정이 되었지만, 안니카는 아무렇지 않은 눈치였다. 아이는 튀는 복장을 한 채 매일 학교에 갔다.

"7일째인가 8일째 되는 날, 결국 애가 학교에서 돌아오기 전에 전 쌓여 있는 옷을 몽땅 빨고 말았어요. 냄새가 너무 심했거든요." 학교에서 돌아온 안니카는 방으로 들어갔다가 금방 밖으로 나왔다. 아이는 초콜릿을 사 가지고 왔다. "엄마, 고마워요! 엄마가 심장이 약한 거 알고 있었어요." 그 사건은 안니카에게도 교훈을 주었다. "이젠 스스로 빨래도 하고 다림질을 해요. 2주에 한 번씩!"

방 청소라는 사안을 다룰 때 부모가 취할 수 있는 방법은 한정되어 있다. 이때 화가 난 상태에서 방법을 찾으면 안 된다. 어떤 경우에는 문제가 더 심각해지기 때문이다. 열한 살배기 파트리지아가 말했다. "예전에는 엄마가 소리 지를 때만 청소했어요. 우리 엄마는 '청소 안 하면 만화영화도 없어!' 하거든요. 영화를 보고 싶으니까 결국 청소를 했지요." 아이가 히죽거렸다.

— 3~7세의 어린이 경우엔 스스로 청소할 능력이 없어서 못하

는지 아니면 능력은 되는데 하기 싫어하는 것인지 구분해야 한다. 어린이들은 어질러놓는 것을 좋아하고, 어른들은 정리하기를 좋아한다. 하지만 아이들에겐 자기들만 아는 질서가 있다.

기억력 게임을 보면 이 사실을 알 수 있다. 나이가 어릴수록 아이들은 어른보다 큰 점수 차로 이긴다. 아이들은 꼼꼼히 정돈하는 것보다 대강 정리하는 것을 좋아한다. 하지만 물건이 너무 많을 경우 전체를 보는 능력이 떨어진다. 혼란에 빠져 어떻게 일을 처리해야 할지 갈피를 못 잡는 것이다. 자신의 능력을 넘어선 상황에 부딪쳤기 때문이다. 정리, 정돈은 아이들이 유치원에 들어갈 무렵부터 가르치는 게 좋다.

아이들의 방은 대개 지저분하다. 여름옷 옆에 겨울 옷가지가 쌓여 있고, 1년 넘게 갖고 놀지 않는 장난감이 여기저기 흩어져 있기 일쑤다. 아이가 방을 치워도 좋다고 하면 뭔가 다른 방법을 강구하라. 더 이상 관심을 보이지 않는 장난감은 다른 곳에 보관하라. 어떤 부모는 아이들이 눈치 채지 못하게 몇 개씩 슬쩍 빼내기도 한다.

부모와 자녀는 정리, 정돈을 함께 치러야 할 의식으로 정할 수 있다. 약속을 받아낸 다음 아이의 나이와 발달 수준에 따라 일정 기간 동안 돕다가 스스로 하도록 유도하면 좋다. 단 부모가 도울 때는 아이의 원칙에 맞춰야 한다는 점을 기억하라.

━━ 하지만 어린이도 약속을 지켜야 한다는 점을 잊지 말아야 한다. 약속을 지키지 않는다면 어린이 역시 경계선을 침범한 잘못을

깨닫게 해야 한다. 여섯 살 된 막스는 그야말로 '작은 혼란', 그 자체라고 했다. 무엇이든 삼중으로 어지럽힌다는 것이다.

"무슨 뜻인가요?" 내가 묻자 막스의 엄마는 쓴웃음을 지었다. "선생님은 아직 못 보셨군요. 바닥에 레고를 깔고 그 위에 다른 장난감을 둔 상태에서 그날 가지고 놀던 것들을 맨 위에 쌓아요. 하루 동안 가지고 노는 장난감만 해도 셀 수 없을 정도죠."

막스는 요구 사항이 많고 까다로웠다. 아이는 매일 저녁 잠들기 전 네 단계에 걸친 의식을 고집한다고 했다. 먼저 동요를 부르고 짧은 동화를 들려준 다음 함께 기도하고 마지막으로 "굿나잇 키스"를 해주어야 한다는 것이다. 어느 날 엄마는 막스를 재우려고 들어갔다가 흩어진 레고 부품에 발가락이 찔렸다. 화가 난 엄마는 동요를 불러주는 대신 야단을 쳤다. 엄마가 화를 내자 막스는 방을 치우겠다고 약속했다. 하지만 그때뿐이었다.

"약속을 통 안 지켜요." 그녀의 목소리에 화가 묻어났다. "약속을 안 지키면 동요를 불러주지도 않았고, 동화를 읽어주지도 않았어요. 박사님, 막스는 어느 한 가지라도 안 해주면 잠을 안 자요. 슬퍼하고 불행하다고 느끼나 봐요. 그럴 때 어떤 표정을 짓는지 박사님께서 한번 보셔야 하는데." 그녀는 거의 울음을 터뜨릴 것 같았다. "무슨 뾰족한 방법이 없을까요? 선생님이라면 좋은 방법을 알고 계실 것 같아요."

나는 생각에 잠겼다. "이렇게 말해 보세요. '청소할 필요 없어! 하지만 최소한 방문에서 네 침대까지는 길을 좀 만들어놔' 하고요." 그녀는 즉시 문제가 해결됐다는 듯한 반응을 보였다. 나는

"오솔길이 생길지 모르는데 뭘 그렇게 좋아하세요?" 나는 좋은 생각이 하나 있다고 알려주었다. "오솔길을 치우지 않는다면 문 앞에 서서 의식을 치르도록 하세요. 좀 큰 목소리로 동요를 부르고, 동화책도 좀 더 큰 소리로 읽어주세요. 기도도 큰 소리로 하시고요. 뽀뽀는 날려 보내시고요." 그녀는 깔깔거리며 웃었다. "멋진 방법이네요!"

막스의 엄마는 아들에게 자기의 계획을 알려주었다. 아들은 즉시 길을 만들어 놓겠다고 약속했다. "엄마, 제가 항상 길을 만들어 놓을게요!" 막스가 진지하게 말했다. "잊어먹지 않게 미리미리 말해주세요. 엄마가 다치지 않게 길을 만들어 놓을게요. 진짜요!"

실제로 아이는 아주 넓은 길을 만들었다. 길 만들기는 8일 동안 계속되었다. "그러다 하루는 그 오솔길마저 장난감으로 뒤덮이고 말았어요." 엄마는 오솔길을 만들라고 하루 세 번 정도 말을 했고, 막스는 씩씩하게 "응, 금방 할게요"라고 대답했지만 실천은 하지 않았다. 자기 전의 의식을 치를 시간이 다가왔다. 막스는 침대 위에 무릎을 굽히고 엄마를 불렀다. 하지만 엄마는 문 앞에 서 있었다.

"엄마, 안 들어와요?" 아이의 목소리가 떨렸다. "엄마, 제발!"

그러나 엄마는 문 앞에 선 채 다른 때보다 좀 더 큰 목소리로 노래를 불렀다. 막스는 가만히 들었다. 노래가 끝났을 때 아이가 다시 애원했다. 그녀는 약해지려는 마음을 꾹 눌렀다. 그녀는 그렇게 서서 동화책을 읽어주었고 기도를 해주었다. 그러고 나서 움직이지 않고 뽀뽀를 날렸다. 아이의 눈이 실망으로 일렁거렸다. "좋

아. 난 자리에 누워서 죽을 거예요!"

"내일 보자, 예쁜 아들!" 하지만 막스의 엄마는 끝까지 견디지 못했다. 잠자리에 들기 전 막스의 방으로 갔다. 방 안에 널려 있는 물건들을 넘어 아들에게 날아가고 싶은 마음뿐이었다. 그런데 웬일인가. 침대까지 아주 넓은 길이 생겨나 있었다. 그녀는 조심스럽게 다가가 아들의 가슴에 귀를 대 보았다. 숨소리가 고르게 들렸다. 엄마는 미소 지으며 아들의 이마에 입을 맞춰주었다.

늑장 부리고 꾸물거리기 : "이제 제발 좀 서두르렴."

한네스는 아침만 되면 구제 불능의 불평쟁이가 된다. 게다가 우울해하기까지 한다. 6시 45분, 한네스가 코코아 잔을 앞에 두고 하염없이 앉아 있다. 컵 안에서 생겼다 사라지는 거품을 멍하니 바라본다. 엄마가 없었다면 한네스는 아마 거기 영원히 앉아 있을지도 모른다. 엄마는 재촉하다 못해 목소리를 높였다. "그러다 늦겠어!" 주위 상황이 빠르게 돌아갈수록 한네스는 조용해졌다. 독서 삼매경에라도 빠진 것처럼 말이다. 7시 반이 다 되자 아이는 자리에서 벌떡 일어나 서둘러 물건을 챙긴 후 버스 정류장으로 뛰어갔다.

엄마가 조심하라고 소리쳤지만 한네스는 전혀 귀를 기울이지 않는다. 숨이 턱까지 차서 도착했지만 버스는 이미 가 버렸다. 아이는 화가 나서 책가방을 땅바닥에 던져 버린다. 뭐라고 중얼거리는 순간 낯익은 승용차 한 대가 다가온다. 조수석 유리창이 내려가면서 부드러운 목소리가 들린다. "어서 타. 서두르지 않으면 늦어." 아이는 엄마의 말을 따른다. 그러곤 조수석에 앉아 으르렁거린다. "엄마, 빨리 가요. 저 버스를 앞질러 가야 돼!"

━━ 부모라면 누구나 한두 번쯤 아이가 등교한 다음, 그날 수업 시간에 필요한 것들을 발견해 본 경험이 있을 것이다. 그럴 때면 아이가 학교에서 혼나지 않을까 조바심하느라 신호등도 눈에 들어오지 않는다. 준비물을 챙겨들고 허겁지겁 달려가면 아이는 창밖을 내다보며 이렇게 말한다. "우리 엄마가 어떻게 알고 또 왔네!"

내가 그 이야기를 하자 참석한 부모들이 모두 웃음보를 터뜨렸다. 열두 살짜리 마르코의 엄마가 나를 바라보며 입을 열었다. "제 경우는 그보다 훨씬 심각해요." 그 말에 모든 참석자들이 궁금해했다. "좋아요. 제 이야기를 들려드리죠."

마르코는 버스를 타고 학교에 다닌다. 그래서 아침에 일찍 일어나야 하는데 다행히 혼자서 잘 일어난다. 그 시간에 마르코의 엄마는 아직 침대에 있다. 마르코가 원하기 때문이다. "전 다 컸어요. 혼자서도 할 수 있어요." 하지만 엄마 카롤라는 아들을 완전히 믿을 수 없어서 마음 놓고 잠을 잘 수 없다. 현관문이 닫히는 소리를 들어야만 비로소 안심을 했다.

어느 날 아침, 마르코가 학교에 간 뒤 그녀는 자리에서 일어났다. 거실에 나간 그녀는 거실 탁자 위에 놓인 아들의 정기권을 보고 깜짝 놀랐다. 다른 생각을 할 겨를이 없었다. 얼른 아이의 뒤를 쫓아 달렸다. 저쪽에 아들의 모습이 보였다. 그녀가 이름을 크게 불렀지만, 아들은 알아차리지 못했다. 이웃집을 지날 무렵 마르코의 친구 야노쉬가 정원 문을 열고 나오는 모습이 보였다. 아이가 마르코의 엄마를 보고 웃었다. "아줌마! 벌써 사육제예요?" 그녀는 발걸음을 멈추고 자기의 옷차림을 살펴보았다. 아직 잠옷 차림이었다. 세미나 참석자들은 그 말에 웃음을 터뜨렸다. "우리 엄마들이 이렇다고요." 마르코 엄마가 탄식하듯 말했다. "그러게 말이에요. 스스로 우리 자신을 웃기는 존재로 만든다니까요. 아이들을 돕는답시고 마냥 이리저리 뛰어다니면서요."

아침저녁으로 아이들의 물건을 챙기느라 정신없이 뛰는 부모의 노고를 모르는 사람이 있을까? 아이들이 약속 시간에 늦거나 고집을 부리면 부모들은 그게 마치 본인의 잘못인 것처럼 미안해하고 자기의 탓으로 돌린다. 그러나 아이들은 부모의 모습을 한 천사가 언제 어디서든 자기를 구해줄 것이라 믿기 때문에 변하지 않는다.

어린이들은 이처럼 간접적이면서도 효과적으로 부모에게 영향력을 행사한다. 이들은 자신이 유치원이나 학교에 늦으면 부모가 얼마나 괴로워하는지 잘 안다. 아이는 독특한 멜로디에 따라 여유만만하게 피아노를 치고, 부모는 그 가락에 맞춰 춤을 춘다. 더 이상 돕지 않겠다고 위협을 해도 못 들은 척한다. 부모가 화가 났을 때 내뱉는 말이 막상 상황에 부딪쳤을 때 보여주는 행동과 전혀 다르기 때문이다. 아이들은 이미 부모의 말이 속 빈 강정이라는 것을 알고 있다.

아이들은 "어떻게 가는지 두고 볼 거야!"라든지 "네가 어떤 성적을 받아오든 상관하지 않을 거야" 등의 말에 신경을 쓰지 않는다. 감정이 상한 부모가 입버릇처럼 내뱉는 말이라는 사실을 잘 알고 있는 탓이다. 더욱이 아이들은 부모가 그렇게 말할 때 어떻게 반응해야 하는지 알고 있다. 또 그런 말들은 시간이 지나면 완화되거나 한발 더 나아가 부모 스스로 그러한 행동을 후회하고 미안해한다는 것조차 뻔히 꿰뚫고 있다. 만약 부모가 어디선가 자극을 받아 한계를 설정하려 들면 어떻게 녹여야 하는지 그 방법도 안다. 부모가 벌을 주겠다고 으름장을 놓으면 갑자기 예쁜 짓을 하거나 계략을 쓴다. 눈물을 쏟기도 하고 부모의 명예에 흠집을 내거나 처량한 표정으로 모성애를 자극하는 아이도 있다. 이를테면 "알겠어요. 이젠 엄마, 아빠가 절 더 이상 사랑하지 않는다는 뜻이지요?" 하고 말하면서 부모의 아킬레스건을 건드린다.

이렇게 행동한다고 해서 아이들을 교활한 존재라고 단정 지을 필요는 없다. 다만 아이들은 자기에게 어떤 방법이 좋고 나쁜지 정확하게 알고 있고, 자기가 결코 호락호락한 존재가 아니라는 것을 보여주고 싶어 한다는 것만 명심하면 된다.

어린이는 제 행동이 어떻게 영향을 끼치고 어떤 결과를 낳는지 피부로 느껴야 한다. 아이들에게 경계를 침범하거나 약속을 지키지 않고, 때로 규칙을 짓밟을 자유가 있다. 그러나 반드시 책임이 뒤따라야 한다. 자유와 책임은 하나이며 서로 분리될 수 없다. 자녀에게는 자유를 주고 부모에게는 책임만 주는 일은 결코 있을 수 없다. 즉 "장갑 안 낄래요. 하지만 내 손이 얼면 엄마 책임이에요!"라든지 "난 천천히 할 거예요. 그렇지만 내가 늦으면 아빠 책임이에요" 하는 말들을 용납해서는 안 된다는 뜻이다.

━━ "또다시 궁지에 몰렸어요." 여섯 살배기 제시카의 엄마가 말했다. "전 최선을 다했는데 이번에도 실패했어요. 제시카는 공주병에 걸렸어요. 날마다 최고로 예쁜 옷만 입으려고 해요. 혼도 내 보고, 화를 내기도 하지만 소용없어요. 날마다 전쟁이에요. 그런데요 녀석이 남편만 있으면 아주 털털한 척하는 거예요. 저만 나쁜 사람 만드는 거죠. 남편은 또 모든 걸 다 아는 왕처럼 행세하고요. 어떤 때는 목을 조르고 싶다니까요." 그녀는 웃으며 말을 이었다.

"그런데 제시카의 유치원 선생님이 좋은 아이디어를 하나 냈어요." 엄마는 더 이상 옷 때문에 신경을 쓰지 않기로 결심했다. 제시카는 그 말을 듣고 놀라는 한편 안심했다. 스트레스가 누그러지고 상황도 완화되었다. 며칠 뒤 제시카는 화나고 슬픈 얼굴로 집에 돌아왔다. 아이는 유치원과 유치원 교사를 흉보았다. 그러면서 더 이상 유치원에 다니고 싶지 않다고 했다. "다른 아이들은 밖에서 노는데 난 안에 있었어요. 난 사다리 타기나 점프하는 거 못 해요. 만들기나 노래 부르기만 할 줄 안다고요!" 엄마가 왜 그러냐고 물었다. 제시카는 "다른 애들은 바보거든요. 그러니까 그렇게 노는 거예요" 하고 대꾸했다. 하지만 진짜 이유는 다른 데 있었다. 공주 같은 옷차림을 하고 놀이에 끼고 싶지 않았던 것이다. 다음 날 아침, 제시카는 청바지에 스웨터를 입고 나왔다. "항상 공주 노릇하는 것도 힘들지? 안 그래?" 엄마가 아이를 다독이며 말했다.

제시카는 스스로 자기의 행동에 따른 결과를 느꼈다. "다른 친구들하고 같이 어울려 놀지 못한다는 소릴 들으니까 마음이 안 좋았나 봐요." 엄마가 미소를 지었다. "하지만 아이가 그 문제로 불평을 해대니까 사실 속으로는 좀 고소하더라고요. 물론 겉으로는 안 그런 척했지만요."

어른들이 결과만 중시하는 것 같다고 느낄 때 어린이는 정확하게 그에 맞춰 반응한다. 교육에는 어린이에게 책임감을 심어준다는 의미도 포함된다. 어린이가 어른과의 관계에서 중요한 존재로 대우받고 있다는 것을 인정할 때, 그리고 책임을 져야 할 것이 나이와 발달 수준에 적합할 때 아이들은 기꺼이 책임을 진다.

제시카의 태도에서도 이를 알 수 있다. 엄마는 제시카와의 관계는 유지한 채 갈등을 겪었다. 아이가 유치원에서 마음이 상해 왔어도 엄마는 감정에 간섭하거나 사태를 악화시키지 않았다. "내가 그럴 거라고 주의 줬잖아" 등의 말로 더 많이 알고 있는 행세도 하지 않았다. 제시카는 처음엔 자기가 불리한 위치에 놓이게 된 책임을 다른 아이들과 교사에게 전가했다. 이것은 그 또래에 맞는 행동이다. 하지만 나중에는 상황을 돌이켜보고 스스로 수용할 만한 해결책을 생각해냈다.

"저도 비슷한 일을 겪었어요." 모니카가 이야기를 꺼냈다. "파트리크는 아침마다 온몸이 마비된 오리 같아요. 그 애는 혼자서 유치원을 가요. 물론 제가 수 천 번 땀을 흘리고 난 다음에요. 똑똑한 척도 혼자 다 해요. '걱정하지 마세요. 내가 도착해야 수업을 시작한다고요' 하면서요." 실제로 교사는 파트리크가 올 때까지 수업을 시작하지 않았다. 어느 날 담당 교사인 마티나는 확실한 선을 그으리라고 결심했다. 그러곤 지각을 하면 동요 부르기 시간이 끝날 때까지 문 밖에서 기다려야 한다고 말해주었다.

"마티나 선생님 역시 제 생각과 같았던 거지요. 하루는 아이가 집에 왔는데 얼굴이 아주 슬퍼 보이더라고요. 눈물 자국도 있었고요. 전 아이를 품에 안고 격려해주었지요. 하지만 그 이상은 행동하지 않았어요. 그런데 태도가 변하지 않더라고요. 다음 날은 산책 시간이 있었어요. 아이가 유치원에 또 늦었는데 친구들 모두 산책을 떠나고 없었대요. 결국 애가 좋아하지 않는 다른 선생님 반에서 수업을 받았어요. 낯선 아이들과 하루를 보내야 했으니 제 딴에도 용기가 필요했겠죠. 그 사건은 아이한테 혹독한 시련이었어요."

그녀는 씁쓸하게 웃었다. "그날 아이가 이렇게 말하더라고요. '엄마, 나 이제 마티나 선생님 반에 시간 맞춰 갈래요. 도와줄 거지요?' 그래서 전 아이가 좋아하는 달걀 모양 시계를 세 개나 샀어요. 노래가 나오는 걸로요. 하나는 언제 잠자리에서 일어나야 하는지 알려주고, 다른 하나는 세수하고 샤워하는 시간을 알려주고, 나머지는 출발 시간을 알려주는 시계였죠. 시간은 아이 스스로 결정하도록 했고요. 파트리크는 침대에 오래 머무는 대신 식사 시간을 줄였어요. 그래서 시간을 정확히 맞추게 됐죠. 스트레스를 받거나 서두를 필요가 없어졌죠." 그녀가 말을 이었다. "이제 우리는 평온한 상태를 유지하게 됐어요."

파트리크는 자기의 행동에 대한 결과를 경험한 뒤 스스로 결론을 이끌어냈다. 이 이야기에서 생각해 볼 것이 하나 더 있다. 시간적인 여유가 있을 때에는 스트레스를 받으면서까지 서두를 필요가 없다. 파트리크는 아침 시간을 자기의 속도에 맞춰 조정했고, 부모는 영향력을 행사하는 대신 아이가 신뢰할 수 있는 틀을 제시하고, 실천할 수 있도록 지원했다. 그 틀 속에서 아이는 잘못을 개선하고, 자기에게 적합한 해결 전략을 개발하여 발전을 이룬 것이다.

숙면 장애 : "곤히 잠든 아이의 얼굴을 볼 순 없을까?"

마틴과 로스비타 부부는 실망과 분노가 뒤섞인 가운데 어찌할 바를 몰랐다. 네 살짜리 딸 페트라가 밤에 자주 일어나기 때문이다. 엄마는 말을 꺼내기조차 어려워했다. "우리 둘 중 한 사람은 꼭 아이랑 자야 돼요. 별의별 방법을 다 써 봤지만 조금도 도움이 안 돼요. 어떡하면 좋죠?"

"둘째를 가지세요. 그러면 아이들이 대개 잘 자거든요." 내가 웃으며 충고했다. "부인 역시 잠 잘 자는 착한 아이를 경험하게 될 테고요." 그녀가 남편을 바라보며 잠시 생각에 잠겼다. "아이가 잠을 못 자는 게 혹시 내 탓은 아닐까 생각하게 돼요. 믿지 못하시겠지만 어떤 때는 죄책감마저 들어요."

아빠는 아직 확신이 안 서는 모양이었다. "다른 아이들은 잠을 잘 자나요?" 나는 안 그런 아이들도 많다고 설명했다. "왜 그럴까요?" 엄마가 물었다. "잠자러 가는 걸 무조건 싫어하는 아이들도 있고, 어두운 게 무서워서 그러는 아이도 있지요. 간혹 잠자다 죽어버리면 어떡하나 걱정하는 아이도 있어요. 꿈 때문에 잠드는 걸 두려워하는 아이들도 있지요. 잠자러 가는 걸 부모한테서 밀려났다고 생각하는 아이도 있고, 잠시 떨어지는 게 영원으로 이어질지 모른다고 상상하는 아이들도 꽤 된답니다.”

아이들이 잠을 잘 자지 않아 스트레스를 받는 부모들이 의외로 많다. 수면 습관에는 아이의 고유한 기질과 성격, 부모의 양육 태도가 상당한 영향을 미친다.

수면 시간은 아이마다 다르고, 대개 생후 1~6년 사이에 바뀐다. 자녀에게서 적당한 수면 시간을 발견해내려면 몇 주 동안 아이가 잠자는 시간과 깨는 시간을 날마다 기록해 보는 게 좋다. 그러면 자녀에게 필요한 수면 시간을 알 수 있다. 그런데 이런 개인차를 심각하게 받아들이지 않는 부모들이 많다. 신생아의 경우만 해도 어떤 아기는 열여덟 시간 동안 잠을 자고, 또 어떤 아기는 열두 시간만 자도 생활에 문제를 일으키지 않는다. 또 수면 시간은 아이의 신체적, 정서적, 지적 발달에 따라 달라진다. 어떤 아이는 성장기에 접어들면 잠이 적어지고, 반대로 잠이 많아지는 아이도 있다.

헤르만과 리타 부부는 여섯 살짜리 아들 로버트가 잠을 잘 자지 않아 걱정이 이만저만 아니었다. 참고 서적도 많이 읽었지만 도움이 되지 않았다. 나는 부모에게 아이가 비교적 잠을 잘 잤던 때가 언제였느냐고 물었다. “휴가 때요!” 엄마가 대답했다. “맞아요. 그랬어요.” 남편이 아내의 말에 동조했다. “우리 모두 긴장감에서 해방됐죠. 늦게까지 잠을 안 자도 뭐라 하지 않았고, 일찍 일어나라고 채근할 필요도 없었으니까요.” 휴가 기간이었기 때문에 생활이 느슨했다는 것이다. “마음에 여유가 있었죠. 평상시보다 일관성도 있었고요.”

남편이 출장을 가느라 집을 비우면 엄마는 로버트에게 좀 더 늦게까지 놀아도 괜찮다고 했다. "애 방에 가서 잠을 잘 때도 있었어요. 아이가 옆에 있으면 포근하잖아요. 어떤 때는 로버트가 제 방에 와서 놀다가 같이 자기도 했고요."

▬ 수면 장애로 어려움을 겪는 아이들은 전체 어린이의 약 1/3 정도다. 그러나 침대에 들어가자마자 잠들지 않는다고 해서 심각하게 받아들일 필요는 없다. 부모가 명령을 한다고 해서 아이가 바로 잠들 수 없는 노릇이다. 아이들은 대개 자신만의 의식을 연출한 뒤에야 진정한 평화를 느낀다. 애지중지하는 헝겊 인형을 품에 안고 고민이나 걱정거리를 털어놓을 시간도 필요한 것이다. 제시간에 잠을 자거나 숙면을 취하는 문제는 외부에서 가해지는 사소한 변화에 종종 영향을 받는다.

#. 잠자러 가는 아이에게는 규칙적이고 일관성 있는 의식이 필요하다. 어느 순간 그런 의식이 아이에게 맞지 않는다고 느낄 때면 과감히 새로운 의식을 만들거나 다른 내용으로 보충해야 한다. 만일 아이가 매일 저녁 같은 주제를 문제 삼는다면 그 의식은 이미 가치를 상실했고 안정감을 주지 못한다는 사실을 깨달아야 한다. 또 잠자기 전 의식 중 하루 동안 일어난 사건이나 경험을 털어놓게 하는 것도 좋다. 아이는 걱정거리를 털어버리고 마음을 편히 가질 수 있다.

#. 아이들에겐 혼자 있다는 느낌을 주지 않는 그 무엇인가가 필요하다. 손때 묻은 헝겊 인형이나 동물 인형을 품에 안고 스

스로 잠드는 방법을 찾아내는 것은 아이에게 특히 중요한 의미가 있다. 아이가 잠자는지 확인하려고 부모가 수시로 방을 들여다본다거나 아이의 취침 시간이 불규칙하면 숙면 장애를 극복하는 데 도움이 되지 않는다.

\#. 아이가 너무 일찍 자러 간다고 불평하는 부모도 있다. 하지만 독립성과 자율성이 성장한 경우 일찍 잠이 들기도 한다. 수면 일기장을 적어보라. 하지만 아이가 자러 가는 것을 싫어하거나 취침 시간을 자꾸 미루는 행동은 비정상적인 일이 아니므로 과도하게 반응할 필요가 없다.

"우리 애는 거의 매일 밤 이불을 끌고 제 방으로 들어와요. 벌써 다섯 살인데 말이죠. 그 나이면 대개 방에 혼자 있을 수 있잖아요." 마누엘의 엄마가 상황을 설명했다.

"우리도 그 문제로 고민 중이에요. 딸애는 벌써 아홉 살인데 아직도 밤마다 우리랑 같이 자요." 테레사의 아빠가 말을 받았다. "어떤 때는 자리를 다 차지하고 사방을 헤집고 다녀서 저나 아내가 침실에서 나가서 자기도 하죠. 예쁜 방이 있는데도 말이에요."

침실을 점령당해 본 경험이 있는 부모가 많다. 아주 조심스럽게 부모의 침대로 기어 올라와 엄마에게 몸을 밀착하는 아이가 있는가 하면 요란스럽게 뛰어 올라 부모를 밀쳐내고 자리를 확보하는 아이도 있다.

숙면에 들지 못하는 문제는 자신만의 수면 리듬을 발견해야 하는 신생아와 유아에게서 자주 발생된다. 수면 리듬이 안정권에 접어드는 시점은 대략 생후 4개월쯤이다. 물론 여기에도 차이는 있다. 부모는 아주 사소한 문제일지라도 수면 리듬을 무력화할 수 있다는 것을 인식해야 한다. 어른들은 별것 아니라고 생각하는 일이 아이의 입장에서는 큰 문제일 수 있다. 이를 테면 휴가 전, 크리스마스 시즌, 할머니나 할아버지가 오기로 되어 있는 날, 취학 무렵, 큰 질병을 겪어낸 뒤, 동생의 출생, 이사, 부모와의 관계가 위기에 놓일 때 등이 그러한 문제들이다.

아이들은 자신의 수면 리듬을 아주 서서히 인식한다. 또 유감스럽게도 쉽사리 혼란에 빠지기 때문에 모든 것을 처음부터 다시 시작해야 한다. 특히 위기 상황에 놓였을 때 아이들은 나이가 어릴수록 부모 곁에서 자겠다고 고집을 부린다. 이 같은 상황을 한 번에 다스릴 특효약은 없다. 세대를 걸쳐 전수받은 경험에서 우러나온 지식도 도움이 되지 않는다.

예닐곱 살짜리 아이들이 자는 방은 아이의 취향에 맞춰 꾸며 줘야 한다. 아이가 밤만 되면 부모를 찾는다고 해서 독립성이 결여되어 있다고 볼 수는 없다. 낮에는 씩씩하게 행동하는 자율적인 아이라 해도 밤이 되면 부모의 따뜻한 품을 그리워하기 마련이다. 아이에게도 다음 날을 위한 충전의 시간이 필요하다. 그렇지만 부모가 마냥 이타심에 불타는 충전소 역할을 할 수는 없다. 부모 역시 다음 날 활동을 하려면 숙면을 취할 권리가 있기 때문이다.

"너무너무 신경 쓰여요." 어떤 엄마가 말했다. "중간에 한번 잠이 깨면 다시 잠들기가 어렵거든요. 그래서 제 반지 하나를 수건에 싸서 아들 녀석 베개 밑에 넣어줬어요. 자다가 깨면 수건을 안고 진정하라고요."

"전 머리카락을 이용했어요." 다른 엄마가 싱긋 웃으며 말했다. "미용사가 그렇게 조언해주더라고요. 머리카락을 한 움큼 묶어서 베개 아래에 넣어줬죠. 그래서 그런지 모르겠지만, 암튼 지금은 잘 자요."

이 엄마들은 손쉽게 얻을 수 있는 물건을 이용해 아이들이 지나치게 부모에게 의존하는 것을 막았다. 잠을 푹 자지 못하는 아이나 자주 잠에서 깨어나는 아이에게는 익숙한 물건이나 냄새가 편안함을 준다. 엄마가 꼭 곁에 있어야 한다고 생각하는 아이도 있지만, 상징적인 물건을 통해 대리 만족을 느끼는 어린이들도 많다. 도움이 될 만한 세 가지 방법을 소개한다.

#. 아이가 부모의 침대에서 잠을 잘 잔다면 익숙한 냄새 때문인 경우가 많다. 이럴 때는 아이가 사용할 베개 커버, 이불, 침대 커버 등을 부모가 며칠 사용한 뒤 아이 방에 가져다 놓으면 도움이 된다. 밤에 잠이 깼을 경우 아이는 그 냄새 때문에 부모가 곁에 있다고 생각할 수 있다.

#. 엄마가 입던 옷을 아이의 베개 밑에 넣어 두는 것도 괜찮은 방법이다. 혹시 이런 방식을 썼다가 나중에 성도착증에 빠지게 되면 어쩌나 염려스럽다면 아이가 좋아하고 아끼는 물건을 사용해도 좋다. 아이가 아끼는 헝겊 인형이나 동물 인형 등은 시각적으로 친숙할 뿐 아니라 자기의 타액 때문에 다른 것과 바꿀 수 없는 특별한 의미를 지닌다. 어떤 엄마는 아이

가 안고 자는 때 묻은 곰 인형이 너무 더러워서 세탁을 했다
가 한바탕 난리를 겪었다는 이야기를 들려주었다. "아이가 너
무 심란해했어요. 곰 인형에 손때가 묻을 때까지 계속 우리
방으로 건너오더라고요."

#. '땀수건'도 적절한 도구가 된다. 엄마의 땀 냄새가 밴 수건은
아이에게 다른 것과 바꿀 수 없는 소중한 물건이 된다. 3~4일
정도 지난 수건을 아이의 베개 밑에 넣어 두면 아이는 냄새에
취해 숙면하게 된다.

하지만 이 같은 방법이 늘 특효약이 될 수는 없다. 무엇보다 항상
여유를 가지고 아이를 대하라. 조금도 양보하지 않고 원칙만 고수
하려 들면 오히려 장애가 생긴다.

"우리 아들은 벌써 일곱 살이에요. 그런데 아직도 밤마다 엄
마를 찾아요." 어떤 엄마가 격앙된 목소리로 말했다. "지금 제일 걱
정되는 게 뭐지요?" 내 물음에 그녀가 주저 없이 대답했다. "앞으
로도 계속 그럴까 봐 걱정이에요." 나는 여자 친구가 생긴다면 엄
마에게 안 갈 게 분명하다고 대답해주었다.

아이들의 숙면 문제는 부모의 행동 여하에 따라 달라진다. 아
이가 자다가 깨서 우는 것은 부모와 더욱 돈독한 관계를 맺고 싶어
하며 지원을 요청한다는 뜻이다. 엄마나 아빠가 곁에 있다는 것을
확인하기 위해 자꾸 깨는 것이다. 이런 아이들은 낮에도 불안해하
며 억눌린 듯 행동하고 부모와 떨어지려 하지 않는다. 그러므로 아
이가 밤에 자다 일어나면 부모가 도와주는 게 좋다. 하지만 중도를

잃어서는 안 된다. 관심이 없는 것과 마찬가지로 지나친 관심 역시 문제를 일으키는 원인이 된다. 아이가 좀 우는 소리를 한다고 해서 곧바로 빨간 불을 번쩍이며 달려갈 필요는 없다. 그러면 아이는 부모를 끌어들이기 위해 이 같은 행동을 계속하게 된다. 부모와의 관계가 안정적이고, 부모가 자신을 존중해준다고 믿는 아이는 스스로 자기감정을 이겨낸다. 반대로 마음속에 깊은 불안이 자리 잡고 있는 아이는 요란스럽게 도움을 찾는다. 이 경우 부모가 너무 일찍 개입하게 되면 아이 스스로 두려움을 극복하는 법을 배우지 못하게 된다.

다시 한 번 강조하지만, 취침 시간 문제나 숙면 장애는 지극히 정상적인 현상이므로 부모의 양육 태도에서만 문제를 찾는 것은 옳지 않다. 아이의 기질과 몸 상태 역시 중요한 원인이 되기 때문이다. 교육적 조처들은 교정의 의미로 활용되어야 한다. 문제를 해결할 수 있는 몇 가지 쉬운 방법이 있다.

#. 아이의 수면 장애가 정말로 심각한 문제인지, 또 아이가 이를 고치고 싶어 하는지 점검하라. 진정으로 변화를 바라는 게 아니라면 압력을 행사할 필요가 없다. 약간 혼란스러운 상태가 경직된 생활보다 오히려 낫기 때문이다. 다만 혼란 속에서도 안정을 찾을 수 있어야 한다.

#. 수면 일기장을 기록하라. 자녀의 수면 문제를 정확하게 진단할 수 있다. 이를 통해 문제가 생각보다 심각하지 않다고 결론지을 수도 있다. 외부 조언자들은 흔히 호미로 막아도 될

것을 가래로 막아야 될 것처럼 확대 해석하는 경향이 짙다. 또한 문제는 아주 가까운 곳에서 해결할 수 있다는 사실을 인지해야 한다. 예를 들어 수면 문제가 질병과 연관되었을 수도 있는 만큼 그 원인부터 밝히는 것이 중요하다.

#. 취침 시간 문제나 숙면 문제가 가정의 분위기와 어떤 관계가 있는지 점검해야 한다. 형제간의 경쟁심, 방을 같이 쓰는 사람과의 리듬 차이, 일관성이 결여된 의식 등도 장애 요인으로 작용할 수 있다.

#. 문제가 발생했을 경우 책임자를 가리려 하지 말고 함께 해결책을 찾도록 노력하라. 아이가 자다 깨면 불을 켜 놓는다든지 익숙한 물건을 곁에 놓아두어 도움을 줄 수도 있다. 아이가 일어나면 과장된 반응을 자제하고 잠시 쓰다듬어줘라. 곧 편안히 잠들 수 있다는 기대감을 표현하라.

#. 어린이들은 언젠가 깨지 않고 잠자는 법을 배운다. 시간이 걸릴 따름이다. 부모가 할 일은 곁에서 지켜보며 지지해주고 조력자의 역할을 이행하는 것이다. 아이들마다 발달 속도가 다르다는 사실을 염두에 두고 자녀를 다른 아이와 비교하지 말라. 그 때문에 아이가 압력을 받는다면 문제만 심각해질 뿐이다.

문제를 즉시 해결해 주는 특효약은 없다. 자녀를 그대로 두면 스스로 기적을 만들어내기도 한다. 하지만 기적이 나타나는 데도 시간이 필요하다.

여섯 살 난 보리스는 밤마다 언제나 같은 시간에 부모를 찾아온다. 금방 잠들기는 하지만 중간에 일어나기 때문에 엄마는 어느 날부터 아예 아들의 방에서 잠을 잤다. 부모의 입장에서는 견디기가 점점 어려워졌지만 아이의 행동에는 변화가 없었다. 벌을 준다고 으름장을 놓거나 상을 준다고 유혹해도 소용이 없었다. 나는 그녀에게 보리스더러 언제쯤 혼자 잘 수 있겠느냐고 물어보게 했다.

9월 초, 그녀는 아들에게 내가 시킨 대로 물어보았다. 보리스는 "산타 할아버지가 오면요!"라고 씩씩하게 대답했다. 12월이 다 되어갔지만 아이는 수면 습관을 바꾸려 하지 않았다. 11월 말에 접어든 어느 날, 아이가 엄마에게 말했다. "산타 할아버지를 놀라게 해줄 거예요. 혼자 잘 수 있다는 걸 보여줄래요. 엄마가 도와줘요."

보리스의 계획은 제법 치밀했다. 만약 자기가 다시 엄마에게 가면 침대로 데려다 주되 방문은 열어 놓아달라고 부탁했다. "엄마, 먼저 불을 켜고 엄마 스카프를 내 침대에 걸어주세요!" 이런 의식은 4일 동안 계속되었고 마침내 5일째 되는 날, 보리스는 중간에 일어나지 않고 계속 잤다. 다음 날 아이는 "엄마, 오늘부터는 진짜로 엄마 방에 안 갈 거예요. 이젠 문을 닫아도 괜찮아요. 하지만 불은 켜 놓으세요!"라고 말했다. 아이는 유치원에 갈 준비를 하며 몹시 자랑스러워했다. "산타 할아버지도 놀라실 걸요!"

크리스마스 저녁이 되었다. 아이는 창문에 양말을 걸면서 자기가 그린 그림을 한 장 넣었다. 그림 속에는 남자 아이가 혼자 잠을 자고 있었다. 아이 옆에는 아주 큰 곰 인형이, 한쪽 구석에는 램프가 있었으며 창문 뒤에 만족스러운 얼굴을 한 보름달이 떠서 모든 광경을 지켜보고 있었다. 엄마는 그림 위에 '산타 할아버지, 보리스는 혼자서도 잘 자요.' 라는 글귀를 적어 주었다. "보리스는 한다면 해요! 하기 싫은 건 죽어도 안 하고요." 엄마가 말했다.

음식 가리기 : "으웩, 나 이런 거 먹기 싫어!"

"제가 어렸을 땐 아버지가 제일 큰 고기 조각을 드셨어요. 아버지가 무슨 말씀을 하시면 모두 조용히 그 말을 들었고요. 엄마까지요!" 어떤 엄마가 어린 시절의 기억을 떠올리며 말했다.

　　두 아이의 아빠인 로버트가 말을 받았다. "우리 형제들은 모두 벙어리처럼 입을 다물고 앉아 있어야 했지요. 식사 시간에 손으로 턱을 괴고 먹을라치면 당장 날벼락이 떨어졌고요. 아버지는 무력을 써서라도 손을 내리게 했죠."

　　"저는 식탁 위에 놓인 것만 먹어야 했어요." 이제는 세 아이의 엄마가 된 요하나가 말했다. "행여 반항이라도 하면 곧 시끄러워졌죠. 부모님은 전쟁 통에 겪었던 어려웠던 일을 이야기하면서 우리더러 행복한 줄 알라고 하셨죠." 그녀는 잠시 말을 더듬었다. "그렇다고 요즘 우리가 그분들과 정말 다른 식으로 살고 있는 걸까요? 다들 건강식에 미쳐 있는 것 같은데, 저는 사실 잘 모르겠어요." 그녀는 잠시 생각에 잠겼다. "어떤 때는 우리가 아이들에게 나쁜 영향력을 행사하고 있다는 생각이 들어요. 물론 좋은 뜻으로 하는 말인 걸 아니까 애들도 항의하지 못하지요. 우리 막내딸은 이유식을 좀 빨리 시작했어요. 유기농 주스랑 채소를 먹이려고 그랬죠. 모두들 자식한테 최고의 것만 먹이는 데 혈안이 되어 있잖아요."

어떤 아빠가 말을 거들었다. "애들이 툴툴거리면 훈계를 해요. 깨인 부모들은 그렇게 하는 게 애들한테 득이 된다고 생각하거든요. 하지만 어떤 땐 내가 부모님 세대의 행동 방식을 답습하고 있다는 생각이 들어요." 그는 씁쓸한 표정을 지었다. "저는 어렸을 적에 음식이 너무 많다고 생각되면 식탁 밑에 있는 고양이한테 던져줬어요. 스프는 슬쩍슬쩍 고무나무 화분에 쏟아 부었고요. 그걸 다 먹고도 잘 자란 걸 보면 고무나무도 참 대단해요. 하지만 고양이는 가끔 제 침대에다 먹은 걸 토해내곤 했지요." 식사 때문에 생기는 갈등은 예나 지금이나 별로 다를 게 없다.

열 살 배기 토마스는 건강식 때문에 문제가 생긴다고 말했다. 아이의 엄마는 빵을 직접 굽는다고 했다. 완벽한 엄마인 셈이다. "아휴, 정말 끔찍해요!"

그 말을 듣고 프리츠가 웃었다. "우리 부모님은 그 정도는 아니에요. 하지만 식탁 위에 있는 건 다 먹어야 해요." 그리고 좀 이상하다는 듯 덧붙였다. "우리 부모님은 제가 무엇을 잘 먹는가보다 무엇을 먹어야 하는지를 더 중요하게 생각해요." 어른들이 '난 너희보다 더 잘 알고 있으니 내 말을 따르라'는 식의 태도를 보이면 아이들은 부모의 지배에 대항하기 위해 더욱 파괴적인 행동을 한다.

토마스가 다시 말을 이었다. "전 학교에 가면 점심으로 싸 간 참깨빵 샌드위치를 디륵이 가져온 사탕하고 바꿔 먹어요." 몇몇 부모들이 원칙에 입각하여 "올바른" 식사만 고집하면서 선조들이 과거에 썼던 "바른 식사"의 개념을 현대적으로 재해석하는 반면 일부 부모들은 자녀의 먹을거리에 무관심하다. 이런 경우 아이들은 식사 예법이나 스스로 음식을 만드는 일이 얼마나 중요한지 깨닫지 못한다. 과거에는 "음식을 입에 넣고 이야기하지 마라, 음식을 손으로 잡지 마라"고 가르쳤지만, 이제는 더 이상 그럴 수가 없다. 햄버거나 피자는 손으로 먹어야 하는 음식이고, 얌전하게 밥을 먹는 아이가 별로 없는 세상이 되어버렸기 때문이다.

어떤 사람은 식사 예법을 가르쳐야 한다고 생각하는 반면, 격식에 구애받을 필요가 없다고 생각하는 사람도 있다. 예절에 가치를 부여하는 가정이 있는가 하면, 식사 시간이 갖는 상징적이고 실질적 의미에 더 주목하는 가정도 있다. 부모들이 위생적이며 건강에 좋은 음식을 강요하며 잘 먹으면 사탕이나 초콜릿 등으로 상을 주기도 한다. 부모가 이런 식으로 식습관을 길들이면 아이는 식사 시간에 누릴 수 있는 재미를 모르게 된다. 식사 시간에 도덕을 설파하거나 힘을 과시하는 부모도 있고, 편안한 분위기를 무시하거나 가족 간에 대화를 나누는 것을 금지하는 부모도 있다. 어느 집은 유기농 식단과 건강 지상주의에 목숨을 걸고, 또 어떤 집은 날마다 새롭게 등장하는 패스트푸드에 열광한다.

아이들은 식사 시간에 예절 바르게 행동하는 것을 몹시 힘들어한다. "그렇다고 애들한테 올바른 식사 예법을 안 가르칠 수도 없잖아요?" 하고 묻는 엄마도 있다. 물론 식사 예절도 중요하고, 밥 먹는 시간이 단순히 음식물을 섭취하는 것 이상으로 가치 있는 일이란 사실을 배우는 것도 중요하다. 그러나 어린이들은 다른 사람들과 어울려 즐겁게 식사하는 것을 좋아한다. 식사 예법을 가르친답시고 부모가 아무 말 없이 밥만 먹는다면 아이들도 그렇게 따라 할 것이고 결국 식사에 재미를 느끼지 못하게 된다. 그러므로 2~3세의 자녀에게 식사 예절을 가르치려고 노력하거나 숟가락, 젓가락을 올바르게 사용하라고 다그치는 것은 시기상조다. 어린아이들에겐 식사 시간이 또 하나의 놀이 시간이다. 아이들은 입과 입술, 혀를 사용해 음식을 탐구한다. 그런 모습이 늘 예쁘지는 않지만, 잘 차려진 식탁에서 막간을 이용해 담배를 피우거나 전화를 받는 어른들보다 가치 있는 것은 사실이다. 식사 시간에 서로 좋은 분위기를 유지할 수 있는 몇 가지 방법이 있다.

#. 불결의 기준은 가족마다 다르지만, 어린아이들이 손장난을 하는 것은 특별한 현상이 아니다. 이런 아이들에게는 턱받이나 받침 접시, 방수포 등이 도움이 된다. 손가락으로 장난을 치다가 음식을 흘릴지도 모른다는 스트레스를 줄여주기 때문이다.

#. 수저 사용법을 가르치면 어린이는 자신의 손가락 능력을 점검하고 경험하면서 물체를 손에 쥐고 균형을 잡는다는 게 무엇을 의미하는지 실험할 수 있다. 수저는 음식을 탐구하고 섞을 수 있는 놀라운 도구로, 상상력이 풍부한 어린이들에게 훌륭한 도구가 된다.

#. 어린이들은 식사 시간이 길어지는 것을 끔찍하게 생각한다. 아이들은 나이가 어릴수록 쉽게 지루해하고 그만큼 더 많은

변화를 원한다. 개인의 기질이나 성향, 식사 분위기 혹은 형제가 같이 있느냐, 또 음식 맛이 어떤가에 따라 행동이 달라지기도 한다. 아주 어린 아이라면 식탁에서 놀이를 통해 지루함을 달랠 수 있고, 초등학교에 들어가기 전후의 어린이라면 식사가 끝난 후 놀이 코너나 어린이방으로 유도하는 것이 좋다.

#. 어린이의 식욕은 변화무쌍하다. 그러므로 더 많이 먹으라고 강요하거나 특정한 음식을 먹으라고 강요해서는 안 된다. 이 같은 요구들은 재미의 원칙을 부정하는 것이다. 어린이들은 불량 식품을 좋아한다. 그러므로 억지로 금지하기보다는 균형 잡힌 음식을 먹도록 지도하면서 불량 식품이 왜 몸에 나쁜지 지속적으로 알려주는 게 좋다. 불량 식품을 먹었을 경우 배가 아플 수 있다는 점을 주지시키는 것도 좋은 방법이다. 아이 스스로 배앓이를 경험하고 나면 스스로 금지된 식품을 외면하게 된다.

#. 건강식에 대한 논의는 활발하지만, 수분 보충에 대한 관심은 적은 것 같다. 탄수화물이 적은 광천수, 희석한 주스, 무가당 차는 허기를 없애줄 뿐만 아니라 어린이의 정신적, 신체적 건강에 필수적인 요소들이다. 수분 섭취가 부족하면 쉽게 피곤해지고 집중력이 저하된다.

식사 시간을 예절 훈련장으로 이용하는 것은 바람직하지 않다. 가족이 모인 식탁은 사회적 장소로 배려와 대화 문화를 습득하는 터전이 돼야 한다. 다음 몇 가지 사항을 지키려고 노력해 보자.

#. 식사가 시작될 때 유치원이나 학교에서 일어난 일을 말할 수 있는 시간을 아이에게 주자. 그 순간을 놓치면 이야기를 듣기 어렵다.

#. 자녀에게 일방적으로 질문을 퍼붓지 마라. 아이가 스스로 말을 꺼낼 때까지 기다려라. 말을 하도록 유도하되 "오늘 학교에서 어땠어?", "유치원에서 뭘 만들었어?", "오늘 숙제가 뭐야?"라고 묻는 대신 다른 식으로 표현하는 것이 좋다. 어린이들은 이런 질문을 받을 때 조사당하는 느낌을 받는다.

#. 아이가 말을 꺼내지 않으면 먼저 이야기를 시작하라. 부모 역시 자기의 일과에 대해 이야기 할 수 있다. 교훈을 전달하는 강연이 아니라면 아이들은 부모가 이야기하는 것을 좋아한다.

#. 아이의 식사 습관이나 태도를 계속 지적하는 것은 좋지 않다. 아이가 무엇을 먹는지 또 무엇을 먹지 않는지 관찰하지 마라.

많은 어린이들은 먹을 수 있는 것이면 무엇이든 가리지 않고 먹는다. 무턱대고 삼켜 버리기 일쑤다. 요즘 유아나 유치원생들 중 과체중인 어린이가 점점 늘어나고 있다. 정상 체중을 초과하는 어린이들도 많다. 유전적인 요인도 영향을 끼치겠지만, 정신적 요인도 간과할 수 없다. 특히 가정에서의 학습이 문제 되는 경우가 많다.

"듣고 보니 집에서는 아무것도 신경 쓰지 말라는 뜻 같아요." 몇몇 학부형이 이런 비판을 했다. 균형 감각을 유지하는 것은 중요한 일이다. 경계가 없이 너무 느슨한 태도도 좋지 않지만, 너무 엄격한 태도 역시 좋지 않다. 나이가 어릴지라도 어느 정도 음식을 섭취해야 하는지는 대강 알고 있다. 아이들은 육감적으로 자신에게 필요한 열량이 얼마만큼인지, 몸에 좋은 음식은 무엇이고 좋지 않은 건 무엇인지 알고 있다. 부모가 계속 자녀를 조정하고 뒤를 봐줄수록 아이는 부모의 품을 벗어나지 못하고 성장을 멈추거나 반항하고 저항하게 된다.

부모들은 우선 규칙적인 식사 시간과 식탁 예절을 지키되 아이들이 과일과 채소를 충분하게 섭취하도록 지도해야 한다. 아이들은 흔히 자기가 먹을 음식을 선택하는 과정에서 비타민과 수분 섭취를 무시하는 경향이 있다. 그러나 어린이가 음식물을 스스로 선택할 수 있게끔 용기를 주고 독려하라. 부족한 부분을 눈여겨보았다 지원하고, 눈에 보이는 것만 가지고 아이의 식습관을 시시콜콜 따지지 말라.

부모는 아이들의 모델이다. 즉 가장 가까운 곳에서 사회적 가치를 전달하는 사람들이다. 식사는 강제성이나 도덕성과 아무런 연관이 없다. 그러므로 식사 때문에 훈계를 일삼거나 벌을 주는 것은 자녀가 정신적으로 성장하는 데에 아무런 도움이 되지 않는다. 특히 식사 시간에 부모의 힘과 권위를 휘두르는 것은 금물이다.

욕설 내뱉기 : "이 개새끼야!"

"개새끼!" 로빈은 이 말을 처음 들었다. 아이는 이제 막 다섯 살 되었고, 유치원에 들어온 지 몇 주 밖에 되지 않았다. 몇몇 단어는 알고 있었지만 그런 말은 처음이었다. 로빈이 대부처럼 따르는 파트리크는 아이가 유치원에 들어간 후부터 종일 곁에 데리고 다녔다. 파트리크는 로빈의 우상이었다. 파트리크는 다른 패거리의 대장인 뵤른에게도 전혀 기죽지 않는 아이였다. "개새끼!" 하고 파트리크가 말하자 뵤른은 차갑게 "너나 그래!" 하고 대답했다. 로빈은 그게 무슨 뜻인지 도무지 감을 잡을 수가 없었다.

"개새끼라고!" 로빈은 그 말을 되뇌었다. '개'는 강하게, '새끼'는 부드럽게 발음해 보았다. 또 친구들이 그 단어를 어떻게 쓰는지 유심히 관찰했다. '개'란 말도, '새끼'란 말도 모두 잘 아는 단어들이었지만 그 둘이 어우러지니 전혀 새로운 느낌이 났다.

로빈이 집에 도착하자 엄마가 반가이 맞아주었다. 그는 엄마 앞에 서서 상냥한 눈으로 엄마를 보았다. "안녕, 내 사랑!" 하고 엄마가 말했다. 로빈은 엄마를 쳐다보며 "안녕, 개새끼!" 하고 말을 받았다. 엄마 얼굴이 싸늘하게 변했다. '맞췄어. 딱 맞췄어!' 로빈은 이렇게 생각하며 속으로 웃었다.

"너 어디서 그런 말을 배웠니?" 엄마가 날카롭게 물었다. 로빈은 두 손을 바지 주머니에 넣은 채 태연하게 대꾸했다. "유치원에서요!" 잠시 침묵하다 아이가 말을 이었다. "다들 그 말을 써요." 엄마가 화난 목소리로 물었다. "다들 그런다고?" 로빈이 고개를 끄덕였다. "당장 유치원에 전화해야겠다. 이건 그냥 넘어갈 수 없어. 내가 뭣 때문에 돈을 내는지 모르겠다." 그녀가 날 선 목소리로 말을 이었다. "어머니날엔 꽃 한 송이조차 안 만들면서. 이제 그런 말까지 배워 오다니!"

엄마가 전화를 걸러 달려가는 사이 로빈은 교활한 웃음을 지었다. '세 시간만 있으면 할머니가 오시지. 내가 그 말을 하면 어떻게 말씀하실까? 한번 두고 봐야지.' 잠시 후 할머니가 오셨다. 기분 좋은 목소리로 할머니가 로빈을 부르자 아이는 대뜸 "안녕하세요? 할머니. 개새끼!" 하고 말했다. "로빈, 그만 하지 못해!" 엄마가 끼어들었다. "어머니, 애가 유치원에서 이상한 말을 배웠어요." 엄마가 멋쩍은 표정으로 설명했다. "무슨 이상한 말?" 로빈이 물었다. "무슨 뜻인지 너도 알잖아!" 엄마 얼굴에 언짢은 기색이 역력했다. "그런 말을 쓰면 안 돼. 엄마가 언제 너한테 그렇게 말하든? 엄마는 네가 그런 말 하는 게 싫어." 그러자 아이는 "엄마도 하면 되잖아" 하고 받아쳤다. 재미있는 모양이었다.

할머니는 웃음이 나는 걸 가까스로 참았다. "이리 와서 할미한테 새 책 좀 보여주겠니?" 할머니가 손자를 향해 몸을 돌렸다. 두 사람은 아이의 방으로 사라졌다. 로빈은 할머니 품에 안겨 그림책을 넘겼고, 할머니는 간간이 아이를 쓰다듬어 주었다. 한참 시간이 흐른 뒤 할머니가 손자에게 말했다. "애, 로빈, 난 개새끼가 아니란다!" 아이는 깜짝 놀라 할머니를 쳐다보면서 쑥스럽게 웃었다. 할 말을 잊은 듯했다. 로빈은 잠시 생각하다가 할머니의 뺨에 입을 맞췄다. "할머니는 물론 개새끼가 아니에요. 우리 집 강아지예요." 그 말은 할머니가 로빈을 부를 때 애칭처럼 쓰는 표현이었다. "하지만 아주 늙은 강아지지!" 할머니가 웃었다.

■ 아이들은 욕설에 매력을 느낀다. 욕을 하면서 넘지 말아야 할

경계를 시험하고 규칙과 가치의 유효성을 시험한다. 욕이나 비속어들은 비도덕적이며 무질서한 아이들의 환상 세계를 표현해주는 말이기도 하다. 아이들은 말이 내는 울림을 통해 자기 생각을 드러낸다. 욕설과 비속어의 의미를 다양한 상황에 적용해 보며 의미를 왜곡하기도 하고, 주위 사람들의 반응을 시험하기도 한다. 유치원은 대다수 어린이들이 다양한 언어를 표현하고 실험할 수 있는 곳이다. 여기서 아이들은 <u>스스로</u> 표현하거나 남을 관찰하면서 말이 주는 효과들을 경험한다. 이때 행동의 모델이 되는 아이들은 주로 상대적으로 나이가 많다.

아이들은 자기가 선택한 단어를 가족이나 형제에게 먼저 써 본다. 그리고 효과를 관찰한다. 상대방의 반응이 심각할수록 아이들은 그 단어가 '직격탄'이라는 것을 눈치 채고 다시 사용한다. 예로 들었던 로빈의 경우처럼 부모가 대응하지 않으면 집에 놀러 온 할머니에게 "개새끼, 안녕!"이라고 인사를 건넨다. 그러나 할머니마저 반응을 보이지 않을 경우 아이는 스스로 말뜻을 파악할 때까지 경계를 계속 넘나든다. 아이들이 욕을 할 때 대응할 수 있는 몇 가지 방법이 있다.

#. 아이가 욕하는 것을 한두 번 들었을 때는 못 들은 척한다. 그러면 아이는 이렇게 생각할 것이다. '어? 다른 데서는 효과가 있었는데 우리 집에서는 안 통하네.' 부모가 "어디서 배웠니?"라고 묻는 것은 좋지 않다. 아이가 재빨리 방어 태세에 들어가면서 다른 사람에게 책임을 전가하기 때문이다.

#. 못 들은 척 넘어갔는데도 효과가 없다면 행동으로 보여준다. 계속 무시하는 것은 오히려 역효과를 낳는다.

#. 아이가 욕을 할 때는 다음과 같이 대응하는 게 좋다. "나는 그런 말을 듣고 싶지 않아!" 아니면 "나는 개새끼가 아니야!" 만일 아이들이 "왜?"라고 묻는다 해도 장황하게 설명할 필요가 없다. 아이들이 바라는 것은 짧고 확실한 대답이다. 아이들은 어른이 주제를 돌려서 설명하면 부담을 느낀다.

#. 단어 때문에 개인을 비난하면 안 된다. 이를 테면 "그런 말을 하다니, 넌 참 나쁜 애로구나!" 같은 표현은 하지 않는 게 좋다. 아이들은 모든 면에서 경험이 필요하다. 경계를 설정하고 이를 넘나들었을 때의 결과도 스스로 느껴 볼 필요가 있다.

여섯 살짜리 카롤리네는 잔뜩 화가 나 있었다. TV 앞에 앉아 있다고 엄마가 사탕을 주지 않았기 때문이다. 계속 졸랐는데도 엄마가 사탕을 주지 않자 아이 입에서 "바보 같은 년!"이라는 욕설이 튀어나왔다.

"취소하지 못해!" 엄마가 큰 소리로 말했다. 카롤리네는 보란 듯이 등을 돌렸다. "잘못했다고 하라니까! 얼른!" 엄마의 목소리는 아주 날카로웠다. 그러자 아이가 내뱉듯 말했다. "미안해, 바보 같은 년!" 엄마는 너무 화가 나서 TV를 끄고 말았다. 카롤리네가 자리에서 일어나며 말했다. "어차피 그만 보려고 했어. 재미있는 것도 하나 없는 데 뭐." 아이는 아무 일 없었다는 듯 자리를 떴다. 그리고 엄마에게 들리지 않도록 조그만 소리로 "바보 같은 년!" 하고 말했다. 엄마가 다시 뭐라고 했느냐며 소리쳤다. 아이는 심드렁하게 "TV가 재미없다고 했어요!" 하곤 제 방으로 들어갔다.

━━ 잘못을 개선하고 사과를 받아내는 것은 중요하다. 아이들의 행동에 변화를 주는 것 역시 의미 있는 일이다. 하지만 이 모든 것은 갈등이 해소되고 사태가 진정된 뒤에야 가능한 일들이다. 분위기가 험악할 때는 효과적인 해결책을 기대하기 어렵다. 서로 욕하거나 힘겨루기를 하다 보면 지치게 된다. 그러므로 먼저 시간을 벌어두라고 권하고 싶다. 아이가 경계선을 침범하면 일단 무시하라. 그런 다음 앞으로 규칙을 어기지 않도록 경계를 설정해 주도록 하라.

　욕설을 다스리는 또 다른 방법이 있다. 남에게 욕을 들었을 때 어떤 마음이 드는지 아이들 스스로 경험하게 하고 확실하게 경계를 설정해주는 것이다.

　유치원 교사인 게르다는 초등학교 입학을 코앞에 둔 아이들일수록 나쁜 표현을 서슴지 않는다고 말한다. 아이들은 주로 자기보다 나이 어린 아이들을 언어폭력의 대상으로 삼는다고 했다. "물론 어린 애들도 지지 않고 대들긴 해요." 이제는 유치원마저 언어폭력에 물들었다는 것이다. "어떻게 손을 써 볼 도리가 없어요. 한계를 정해도 소용없어요. 엄격하게 할수록 오히려 더 심해지죠. 아이들은 금지된 것에 호기심을 더 많이 갖잖아요." 그녀는 이야기를 하다 말고 고개를 저었다. "교사들이 옆에 있으면 한 아이가 '똥구멍' 하고 말해요. 입술만 달싹거리면서요. 하지만 우리는 입모양만 봐도 애가 무슨 말을 하는지 다 알잖아요. 그러면 옆에 있던 애가 얼른 '오줌싸개!' 라고 되받아쳐요. 조용히 하라고 주의를 주면 '우린 아무 말도 안 했는데요!' 하고 대꾸하지요. 아이들은 제가 실망하고 낙담하는 걸 노리는 것 같아요."

아이들은 교사가 '저속한 언어'를 받아들이지 않으려 하고, 그런 말을 들을 때 불편해한다는 것을 잘 안다. 그래서 교사를 상대로 줄곧 힘겨루기를 시도하는지 모른다. 나는 게르다에게 새로운 의식을 도입해서 분위기를 조금 누그러뜨려 보라고 제안했다. "돼지라는 단어로 말놀이를 해 보세요. 먼저 놀이 시간과 장소를 정하고, 아이들에게 그 단어를 넣어서 말을 짓게 해 보세요. 그 대신 다른 시간에는 욕하는 걸 금지하고요."

"혹시 더 공격적으로 변하지 않을까요? 다른 아이들까지 덩달아 그러면 어떡하죠?" 그녀가 걱정스러운 표정을 지었다. "그러면 원하는 사람만 참석시키든가요." 게르다가 또 물었다. "다른 시간에도 계속 그런 말을 쓰면 어떻게 하지요?" 여전히 확신이 서지 않는 눈치였다. "아이들은 당신을 자극해서 힘겨루기를 하려는 거예요. 정말 욕을 하고 싶어서 그러는 게 아니죠. 욕을 하면 관계가 어떻게 달라질까 궁금한 거죠. 어쩌면 그런 행동으로 관심을 얻고 싶은 건지도 모르고요."

게르다는 아이들에게 "특별한 단어 시간"에 대해 설명했다. 다른 시간에는 욕을 하면 안 된다는 것도 알려주었다. 특히 식사 시간과 용변 시간을 주의하라고 일러주었다. 아이들도 기꺼이 동의했다. 아이들은 오전 열 시부터 15분 동안 '돼지 타임'을 갖기로 했다. 교사가 빨간색 플라스틱 돼지를 탁자 위에 올려놓으면 의식이 시작되었다. "제가 너무 심각하게 받아들였나 봐요. 생각보다 나쁜 말을 많이 모르더라고요. 처음엔 '똥구멍'이라는 단어가 나왔고, 그다음이 '오줌', '똥돼지'였어요. 얼마 안 가 말 잇기 놀이처럼 변했고요. '돼지, 꿀꿀이, 꿀꿀이죽, 호박죽, 팥죽' 하는 식으로요. 아이들이 아주 재미있어했어요. 웃고, 고함치고, 즐거워했죠. 15분 뒤엔 아이들 대부분이 지쳐 떨어졌어요. 너무 신나게 놀아서 그랬나 봐요." 그 이후 아이들이 서로 욕하다가 싸우는 일은 거의 일어나지 않았다고 한다.

아이들이 경계선을 침범하는 것은 스스로 방향을 찾기 위해 노력한다는 증거다. 아이들에게는 즐거운 놀이가 될 수 있지만, 어른의 입장에서는 스트레스를 받을 수 있다. 다음 사항을 지키면 문제가 의외로 쉽게 해결된다.

#. 경계를 침범했다는 신호를 정확하게 보내라. 그리고 당신이
    용납하지 못하는 게 아이 자체가 아니라 상황과 욕설이란 것
    을 분명하게 밝혀라.
#. 어떤 사건을 이해하는 것과 수용하는 것을 혼동하지 마라.

놀이에 예외 규정을 도입하면 어린이는 경계가 무엇인지, 어른들이 중요하게 생각하는 규범이 무엇인지 인식하게 된다. 또 어른 편에서는 자신의 가치관을 전달할 수 있으므로 도움이 된다. 물론 예외 규정이 특효약이 될 수는 없다. 그러나 '예외 놀이'를 통해 예기

치 못한 상황에 빠진 아이를 구할 수도 있다.

　7, 8세 된 아이들이 욕을 할 때 대응할 수 있는 방법은 다양하다. 유치원에 다니는 아이들은 놀이 삼아 욕을 한다. 때로 상대방을 약 올리려고 욕을 하기도 한다. 하지만 나이가 많은 자녀가 욕을 하면 부모와 자식 관계는 부정적으로 변할 수 있다.

　부모 세미나에 참석한 어떤 엄마가 말했다. "제 딸 니나는 정말 심각해요. 그 애는 열한 살인데, 우리 부부가 오랫동안 아이를 갖기 위해 노력하다 얻은 귀한 딸이에요. 우리는 아이한테 이로운 건 뭐든 다 했어요. 지금도 늘 그 아이를 위해 살아요. 그런데 그 애가 요즘……."

　남편이 사건을 설명했다. "어제는 절 때렸어요. 맑은 하늘에 날벼락이었죠. 여기 좀 보세요." 그는 목 주위의 푸른 상처를 보여 주었다. 엄마가 설명했다. "아빠가 자기랑 놀아주지 않는다는 이유 하나 만으로 그런 거예요." 나는 그에게 "니나가 당신을 하찮게 취급했군요!" 하고 말했다. 아빠가 즉시 말을 받았다. "맞아요." 엄마가 묵은 이야기를 꺼냈다. 몇 년 전부터 니나는 엄마, 아빠한테 "이리 와, 똥구멍!"이라거나 "이제야 먹을 걸 줘, 뚱돼지?"라고 했다. 내가 어떤 반응을 보였냐고 묻자 엄마는 "친절하게 대하기도 하고, 그냥 못 들은 척하기도 했어요. 그게 다 아이들이 거쳐야 할 단계라고 생각한 거죠." 하고 대답했다. 엄마는 골똘히 생각에 잠겼다가 말을 이었다. "저는 우리 애가 어떻게든 그 시기를 잘 넘겨야 한다고 생각했죠. 난 어릴 때 안 그랬지만, 요즘 아이들은 다 그런가 보다 했죠 뭐."

어른들은 타인에 대한 언어폭력과 신체 폭력이 증가하는 것을 걱정하며 불안하게 생각한다. 그 문제와 관련하여 요즘 아이들은 남을 존중하고 배려하는 마음이 없다고 이야기한다. 위의 상황은 언어의 경계선을 침범한 사례들이다.

   #. 어린이는 타인과 관계를 맺을 때 경계가 어디인지, 얼마나 더
      갈 수 있는지 끊임없이 시도하면서 시행착오를 겪는다.

   #. 언어폭력 때문에 양육자와 자녀 사이에 문제가 발생하면 즉
      시 조처를 취하는 게 좋다. 개인적인 모욕을 계속해서 수용하
      면 상대가 강해진다. 로빈의 경우처럼 아이가 경계를 침범했
      을 때 놀이로 대응해주는 것도 좋은 교육 방법이다. 그러나
      인간의 존엄성이 무시당했을 때마저 무관심하게 대응한다면
      아이를 부추기는 결과밖에 되지 않는다.

교육이나 양육을 담당하는 사람이 고쳐주지 않는다면 아이들의 공격성은 더욱 격렬해진다. 말이든 행동이든 어린이의 분노를 계속 방치하면 타인이나 가족을 경시하게 만드는 결과를 초래할 뿐이다.

교육관의 충돌 : "아빠는 괜찮다고 했단 말이야!"

"우리 부부는 양육 문제에 의견이 일치하지 않아요. 그 사람은 말을 다 들어주는 스타일이에요. 그렇게 하는 게 아이한테 해가 되지

는 않을까요?" 부모들이 흔히 하는 질문이다. 어린이들은 자라면서 특별한 양육 방식을 경험한다. 부모들의 가치관은 다양하다. 유치원이나 학교, 스포츠 클럽에서 경험하는 양육 방식 역시 집과 다를 수 있다. 그 때문에 아이들은 실망할 수도 있지만, 스스로 극복할 수도 있다.

어린이들은 다양한 양육 방식에 부딪친다. 양육자와의 관계가 각양각색인 만큼 부모, 교사, 친척 등 양육자가 누구인가에 따라 다른 방식을 경험한다. 이 같은 다양성을 경험하면서 현실 감각을 익히고 자기주장을 펼 자신감과 자신에 대한 신뢰를 쌓아간다. 이때 어른이 지켜야 할 몇 가지 원칙이 있다.

1. 통일성이 있어야 한다. 그렇지 않을 경우 아이들은 양육자 사이에 싸움을 붙일 수 있다.
2. 양육자의 시각이 다르다 해도, 어느 한쪽이 아이를 유혹하는 일은 없어야 한다. "내 말을 들으면 더 잘 해줄 텐데"라거나 다른 양육자를 감정적으로 비하하는 말은 피해야 한다. 어린이들이 누구에게 충성해야 할지 고민하게 되기 때문이다.
3. 양육자 간에 합의된 기본 원칙에 근거해서 양육해야 한다. 아빠는 자유롭게 풀어주는 데 비해 엄마는 엄격하고 일관된 방식을 고집한다면 자녀는 부부를 싸움으로 몰고 갈 수 있다.

슈누르 씨 집의 점심시간. 페터와 아내 미르테에게는 여섯 살 파트리지아와 아홉 살 난 올레가 있다. 아빠는 점심시간에 집에 와서 가족과 함께 식사를 한다. 그는 항상 일에 쫓기기 때문에 모든 것이 신속하게 진행되기를 원한다. 점포 계산원으로 일하는 남편은 평상시 소음에 시달려서 집에 오면 조용하게 지내길 원한다. 또 식사 때면 아이들이 반듯하게 앉아 밥을 먹기 바란다. 음식을 가지고 장난치는 것도 용납하지 않는다.

미르테 역시 원칙을 지켜야 한다고 생각하지만 기준이 조금 다르다. 어쩌다 한 번 손으로 턱을 괼 수도 있다고 생각한다. 그래서 부부는 규칙을 정했다. 주중에는 엄마가, 주말에는 아빠가 식탁 예절을 가르치기로 한 것이다. 그렇다고 스트레스가 없어진 것은 아니었다.

목요일, 가족이 식탁에 앉는다. "맛있게 먹자." 엄마의 말이 떨어지기 무섭게 올레가 요란한 소리를 내며 스프를 먹는다. "올레, 좀 조용히 해라." 엄마가 주의를 준다. 하지만 아이는 못 들은 척 먹는 데만 열중했다. 아빠가 못마땅한 눈으로 아내를 쳐다본다. 그녀는 어깨를 으쓱한다. '그 정도는 괜찮아'라는 표현이다. 올레는 아무것도 눈치 채지 못한 것처럼 시끄럽게 밥을 먹는다. 아빠가 모든 사람이 다 들을 만큼 큰 소리로 한숨을 쉰다.

"올레, 좀 조용히 먹어라!" 엄마가 다시 한 번 경고를 한다. 쩝쩝대는 소리가 약간 줄어들었다. "더 이상 못 참겠다." 아빠가 신경질적인 목소리로 말한다. "넌 밥 먹는 모양이 꼭 돼지 같구나!" 그러자 아이가 "저 돼지 맞아요, 아빠! 산돼지가 더 어울리겠네요." 올레가 대든다. 동생 파트리지아는 오빠가 산돼지라고 하는 말소리에 깔깔 웃는다. 덕분에 입에 물었던 음식 조각이 아빠에게

튀었다. 아빠는 비난 섞인 눈초리로 아내를 바라보았다. "이게 바로 당신 식대로 가르친 결과야!" 그는 화를 내며 얼룩진 셔츠를 바라본다.

올레와 파트리지아는 뻣뻣하게 굳은 아빠의 얼굴을 보고 금방 조용해졌다. "웃을 일이 아니야. 빌어먹을!" 그는 아내를 향해 "내가 왜 집에서까지 이런 스트레스를 받아야 하는지 정말 모르겠어. 차라리 식당에서 먹을 걸" 하고 소리쳤다. 엄마는 어깨를 한 번 으쓱하더니 뾰로통한 목소리로 덧붙인다. "그거야 당신 선택이지요. 당신이 점심을 집에서 먹겠다고 결정했잖아요!"

파트리지아가 애원하듯 말한다. "전 아빠랑 밥 먹는 게 좋아요." 아빠는 "너희가 조용히 해야 밥 먹을 기분이 나지" 하고 말했다. 올레는 그 사이 스프를 다 먹었다. 아이는 접시를 들어 올려 바닥에 남아 있는 것까지 다 핥아 먹는다. 그 모습을 본 아빠가 다시 한 마디 한다. "그렇게 먹지 마라. 돼지 같다고!" 올레는 조용히 접시를 내려놓으며 아빠를 향해 말한다. "산돼지라니까요, 아빠!" 잠시 후 아이가 아빠에게 말했다. "오늘은 목요일이에요. 아빠는 주말에만 우리에게 말씀하실 권리가 있잖아요."

그날 저녁, 부부는 낮에 있었던 상황을 되짚어 보았다. "당신은 약속을 지켜야 해요." 아내가 말했다. "그러지 않으면 아이들이 혼란스러워한다고요." 그의 얼굴에 잠시 후회하는 빛이 서렸다. "나도 알아. 하지만 도저히 참을 수 없었어. 나는 휴식이 필요해!" 부부는 결국 주중 3일은 아빠가 식당에서 밥을 먹고 나머지 이틀 동안만 집에서 함께 식사하는 것으로 합의를 보았다.

그 가족은 원칙적으로 갈등을 잘 풀어내고 있다. 슈누르 부부는 식사 예법을 다루는 관점이 서로 다르다는 것을 알고 있었다. 그 때문에 아이들이 혼란을 겪지 않도록 약속도 정했다. 다만 아빠가 약속을 제대로 지키지 않아 스트레스가 발생했을 뿐이다. 올레는 의도적으로 아빠를 자극하고 싶어 했다. 엄마는 말과 행동을 통해 아이들에게 모델이 되었고 가족의 구심점 역할을 했다.

▬ 서로 다른 관점과 양육 방식을 실천에 옮긴다는 것은 차이를 인정하고 수용한다는 뜻이다. 베라는 남편에게 아이들의 방 청소를 책임지겠다는 약속을 받아냈다. "전 항상 애들과 부딪치는 편이예요. 하지만 남편은 저보다 느긋하지요."

분업은 성공적으로 진행되었다. 청소 때문에 혼란스러웠던 가정은 다시 평온을 되찾았다. 하지만 복병이 있었다. 남편의 질서 기준은 베라와 좀 달랐다. "저는 아내보다 관대한 편이에요. 하지만 일면 깔끔한 성격도 있어요." 크뤼거 부부가 세미나에서 자신들의 상황을 소개했을 때 우리는 크뤼거 부인이 남편의 방식에 관심을 갖지 않을 수 있는 방법을 찾아내려고 했다. 그녀는 "차라리 안 보면 괜찮아요. 그 안에서 무슨 일이 벌어지든" 하고 말했고, 나는 그 말에서 해결책을 찾았다. "그럼, 아이들 방에 들어가지 마세요." 내가 이렇게 충고했다. 결국 베라는 스스로 이 문제를 풀어냈다. 이제 그들 가정에서 '청소'라는 주제는 그렇게 중요한 문젯거리가 되지 않았고, 가족은 머리를 맞대고 최선의 생활 방식을 고안해내기에 이르렀다.

━━ 조부모와 부모의 양육 방식이 다른 경우에도 문제가 일어난다. 조부모와 같이 지내다 돌아온 아이들은 흔히 "할아버지랑 할머니는 괜찮다고 한단 말이에요. 거기 가서 살래요" 하고 말한다. 당황한 부모들은 아이들에게 "마음대로 해!" 하고 호통 치기 일쑤다.

아이들을 할아버지, 할머니에게 맡길 경우 부모들은 사전 교육을 잊지 않는다. "어머니, 시몬이 먹는 주스 가져 왔어요. 자꾸 콜라를 주시면 안 돼요." 또 이렇게 당부하는 것도 잊지 않는다. "할아버지 집에선 TV를 오래 볼 수 있다는 말이 나오게 하면 안 돼요."

여섯 살 반인 소피아는 부모와 조부모의 서로 다른 양육 방식을 지혜롭게 소화해냈다. 할머니는 생쥐가 나오는 TV 만화 시청은 허락했지만, 좀 더 보여달라고 하면 일언지하에 거절했다. 반면 아빠는 그 프로그램 외에 두 가지를 더 봐도 좋다고 허락했다.

소피아는 두 사람의 말을 다 따랐다. 할머니가 돌봐주러 오실 경우 소피아는 우선 생쥐가 나오는 만화를 본다. 그러고 나서 할머니에게 이렇게 사정한다. "할머니, 비디오 하나만 더 보게 해주세요." 할머니가 "오늘은 더 이상 안 돼" 하고 단호하게 말씀하셔도 아이는 물러서지 않는다. "할머니는 지금 우리 집에 와 계시잖아요. 우리 집에서는 두 가지를 더 봐도 된다고요!"

아이들은 다양한 환경을 경험하면서 자신에게 가까운 것이 무엇인지 생각한다. 아이와 가까이 있고, 아이들의 일상생활에 깊이 연관된 양육자일수록 더 많이 스트레스를 받는다. 이때 아이들은 부모의 약점을 잘 알게 된다. 아버지와 자녀의 관계를 되짚어보아야 하는 것도 바로 이 부분이다. 아버지들은 대부분 하루 종일 일을 하므로 아이와 거리를 두게 되는 경우가 많다. 물론 거리를 둔다고 해서 자녀를 향한 감정에 깊이가 없다는 뜻은 아니다. 그러나 시간적인 제약 때문에 아이들과 좋은 관계를 맺기 힘들다고 생각하는 바로 그 지점에서 아이들은 기회를 엿본다. 아빠들은 흔히 모든 것을 빼놓지 않고 관찰하며 구체적으로 간섭하는 엄마의 힘을 약화시킬 수 있기 때문이다. 그러므로 아빠들은 다음 두 가지 원칙을 고수해야 한다.

#. 아빠는 자녀 양육을 전적으로 책임질 수 있는 시간과 공간을 정해야 한다. 이때 엄마는 남편과 아이들을 위해 한발 물러서야 한다.

#. 아빠가 양육의 일부를 맡는다 해도 엄마가 세운 원칙에 크게 벗어나서는 안 된다. 아이들은 영악하기 그지없다. 그래서 아빠가 느끼는 양심의 가책을 자신에게 유리하게 이용한다. 예를 들어 엄마가 TV를 못 보게 했다고 치자. 아이는 아빠가 퇴근해서 집에 들어오는 소리를 듣자마자 뛰어나가 껴안는다. 그리고 "아빠, 사랑해요!" 하면서 같이 TV를 보자고 조른다. 만일 이 말에 주저 없이 "그래, 그러자!"라고 한다면 엄마의 입장에서는 정말 화나는 일이다. 먼저 "엄마는 뭐라고 하셨어?"라고 묻든지 아니면 "엄마한테 허락 받고 와" 하고 말해야 아이가 부모 사이를 갈라놓지 않게 된다.

양육 방식이 다르다는 것은 경계 설정이나 규범을 세우는 데는 의견이 일치하지만, 실천 방법이 다르다는 뜻이다. 아이들은 할아버지, 할머니, 엄마, 아빠가 어느 방향으로 가고자 하는지 정확하게 알고 있다. 처음에 든 사례를 보면 슈누르 부부는 식사 시간에 지켜야 할 기본 원칙 몇 가지는 합의를 보았지만, 실행에 옮기는 방법에 대해서는 서로 의견이 달랐다.

바로 양육 방식에 차이가 있는 것이다. 아빠는 대단히 엄격하며 타협을 모르는 데 비해 엄마는 보다 융통성 있는 방식을 고집한다. 방법이 다르면 공통분모를 찾을 길이 없고, 아이들에게도 결코 이롭지 않다. 엄마, 아빠의 양육 방식이 아주 다를 때 상처를 입는 쪽은 언제나 아이들이다. 설상가상으로 조부모까지 경쟁 관계에 돌입할 경우 아이의 욕구와 행복은 뒷전으로 밀려난다. 서로 다른 양육 방식의 이면에는 대개 다음과 같은 이유가 숨어 있다.

#. 아이의 행복을 실천하고 있다는 이기적인 생각이다. "엄마는 늘 절 위해 최선을 다 한다고 말하지만 저한테 남는 게 뭐죠?" 열한 살짜리 바바라가 비웃듯 말했다.

#. 부부간의 불화와 갈등이다. 부모나 조부모가 단지 아이의 비위를 맞추겠다는 생각으로 과도하게 지출을 일삼는다면 아이는 누구에게 충성해야 할지 몰라 고민하게 된다.

아픈 마음 찌르기 : "다른 애들은 다 하는데!"

아이들은 의식적으로든 무의식적으로든 경계를 침범하거나 경계선을 넓힐 전략을 세운다. 아무리 늦어도 유치원에 들어갈 무렵이 되면 아이들은 자기의 위치를 확고히 하고 발언권을 확장하려고 구체적인 전략을 세운다.

다음은 일곱 살짜리와 열 살짜리가 나눈 대화 내용이다. 여기서 볼 수 있듯 아이들은 다양한 전략을 구사한다.

"내가 한번은 되게 화가 났어. 그래서 집을 나간 적이 있어. 여섯 살 때였는데 정말 짐을 싸서 나갔어. 해가 진 뒤에 말이야. 아빠는 화를 내면서 '나가게 내버려 둬' 했고, 엄마는 '당신 미쳤어요?' 하고 소리를 질렀지. 난 그런 소리를 들으면서 집을 나왔어. 그런데 밖이 어두컴컴해 보여서 더럭 겁이 나는 거야. 그때 엄마 발자국 소리가 들렸어. 그래서 일부러 빨리 걸었지."

마리가 말을 이었다. "난 마음이 내킬 때마다 토할 수 있었어. 숨을 좀 참고 있으면 모든 걸 다 토할 수 있어. 카펫에다가. 아무리 닦아도 썩은 냄새가 가시질 않는다고 엄마가 하소연했지. 난 그런 식으로 원하는 걸 거의 다 받아냈어. 지금은 하고 싶지 않은 게 있으면 배가 아프다고 해."

"난 엄마, 아빠가 요구 사항을 들어주지 않으면 바닥에 머리를 찧어댔어. 그럼 막 걱정하다가 나중엔 포기하시더라. 지금은 그런 짓을 안 하지만, 어떻게 하면 원하는 걸 얻어낼 수 있는지 잘 알아. 슬픈 얼굴로 쳐다보며 '난 오래 살지 못할 거예요' 그러면 주

춤하거든. 그게 별로 안 좋은 짓이란 건 나도 알지만, 다른 방법이 없잖아?" 라이너의 말이었다.

아르네가 웃으며 말을 받았다. "말 한 마디면 돼. '다른 애들은 다 하는데!' 라고 해 봐. 그럼 엄마들은 바로 양심의 가책을 느낀다니까. 아빠한테는 잘 안 통하지만, 저녁엔 통할 수도 있어."

"다른 애들은 다 하는데!" 아이들은 이 한 마디로 밤늦게까지 TV 보기, 멋있는 티셔츠 사기, 잠 안자기, 새로운 장난감 얻어 내기 등을 해결한다. 아이들은 어떻게 표현하고 어떤 식으로 행동해야 부모를 설득할 수 있는지, 좀 더 솔직한 표현을 쓰자면 '얻어 낼 수 있는지' 알고 있다. 아이들은 그런 말들로 효과를 볼 수 있다는 것을 알고 있다.

부모는 어떤 상황에 닥쳤을 때 쉽게 빠져 나오지 못한다. 가장 좋은 방법은 예전에 했던 약속을 언급하는 것이다. 그러나 이때 "내가……"로 시작하는 문장을 말해야지 "사람들은……"으로 시작하면 안 된다. "너도 컸으니 사람들이 그런 짓을 하지 않는다는 것쯤 알고 있지?"라는 말 대신 "엄마는 너하고 약속했어. 난 아직도 그 약속이 유효하다고 생각한다"고 말해야 한다.

"아빠는 '네가 내 집에 사는 이상 내 말을 들어야 한다' 고 하시는데 난 정말이지 그 말이 듣기 싫어요" 하고 페터가 말했다. 아이는 잠시 뜸을 들이다 "저라면 그런 소리 안 하겠어요"라고 했다. 나는 그 말이 왜 싫은지 물었다. "아빠 말에는 무조건 아빠 생각을 따라야 한다는 명령과 고집이 들어 있어요. 그런 게 싫어요. 저는 그런 어른이 되지 않을래요."

"당신은 권위적인 가장인가요?" 내가 아이의 아빠에게 물었다. "물론 아니지요. 하지만 심한 건 참을 수가 없어요." 그는 듣기 싫다는 표정을 지었다. "그럼 이 토론을 그만 두시지요" 하고 내가 충고하자 그는 대뜸 "절더러 제 아버지처럼 되라는 건가요?" 하며 힘없이 고개를 숙였다. "당신이 확실하게 의견을 표현한다는 이유만으로 당신 아버지와 같다고 할 수는 없어요." 그는 생각에 잠겼다. "하지만 제 아버지한테도 나름대로 장점은 있었어요." 그는 웃으며 대답했다. "우리 아버지는 편안한 사람이었죠. 거기 비하면 저는 딱딱한 막대기 같은 사람이에요."

▬ "제 상황도 비슷해요." 안토니아가 끼어들었다. "저도 항상 그 문제로 토론을 벌여요. '다른 애들은 전부 다 해요' 라는 거요. 그런데 언제부턴가 그 소리가 지겹더라고요."

"전부 누구?" 그녀가 딸인 베아테에게 물었다. 아이는 "전부!" 하고 똑 부러지게 대답했다. "누가 전부라는 거야?" 안토니아가 캐묻자 베아테는 "미리암이랑 다른 애들 전부 다"라고 대꾸했다. 미리암 말고 누가 그러느냐고 엄마가 윽박지르자 아이는 좀 더 생각하다가 두 사람 이름을 더 댔다. "우테와 사브리나!"

"겨우 세 명이네." 엄마가 결론을 내렸다. 베아테는 모욕을 당한 것 같은 어조로 대답했다. "그래도 다야." 엄마가 세 아이한테 전화를 걸겠다고 하자 베아테는 화가 나 어쩔 줄을 몰랐다. "엄마를 믿었는데 전화를 한다고?" 그 말에 엄마는 의기양양해졌다. "그래, 그 셋은 될지 몰라도 너는 안 돼!" 베아테가 한숨을 쉬며 소리쳤다. "다음에 태어나면 다른 엄마랑 살 거야." 안토니아가 미소 지으며 대답했다. "하지만 지금은 나랑 살아야 해."

아이에게는 규범과 가치에 대한 믿음을 보여주어야 한다. 그러면 아이들은 어른을 신뢰하고 안심한다. 또 다른 집의 아이들은 다른 양육 방식에 따라 살고 있다는 사실도 알려주어야 한다. 아이들은 종종 저희끼리 비교하고 평가한다. 가정마다 다른 양육 방침과 방식에 어떤 장단점이 있는지 서로 이야기를 나누면서 경험하는 것이다. 다른 집의 아이들이 자기보다 뭔가 더 할 수 있다는 것을 알고 실망할 수도 있지만, 정서적으로 안정되어 있다면 충분히 참아낼 줄도 안다.

"가끔 깜짝 이벤트를 해야 해요." 크리스타가 말을 꺼냈다. 그녀의 아들 보리스는 열두 살이다. "학교 끝나고 집에 왔을 때 제가 행여 '안 돼!' 라고 하면 아이는 곧장 거부 반응을 일으켜요. 주기적으로 화를 내고, 소리 지르고, 폭발해요. '모두 다 하는데 왜 나만 못해' 하고 달려들거나 상스러운 말을 하죠. 어떤 때는 '엄마는 약아빠졌어' 라고 소리 지르기도 하고요."

엄마는 더 이상 참을 수가 없었다. 어느 날 학교에서 돌아온 아이가 또 화를 내자 엄마가 말했다. "네 말이 맞아. 엄마가 함부르크에서 제일 약삭빠를 거야. 이제 밖에 나갈 시간이 된 거 같아. 플래카드를 하나 만들었는데 봐줄래?" 그녀가 아이 앞에 플래카드를 펼쳐 보였다. 거기엔 이렇게 쓰여 있었다. '나는 함부르크에서 가장 약삭빠른 엄마다. 약삭빠른 엄마들이여, 뭉치자!' 그녀가 웃으며 말을 이었다. "이걸 들고 시청으로 갈 거야. 이본네, 헬레나 엄마랑 같이. 우리는 똑같이 약아빠진 엄마들이거든."

보리스는 잔뜩 긴장했다. "뭐라고요?" 엄마가 "이제 간다!" 하고 일어서자 단번에 현관문으로 달려가 문을 잠그며 애원했다. "가지 마요!" 엄마는 왜 안 되느냐고 물었다. "제가 엄마 때문에 신문에 나면 좋겠어요?" 결국 엄마는 아이와 계약을 맺었다. 불평불만을 하지 않고 4주 동안 엄마를 조르지 않으면 절대 시위에 참여하지 않겠다고 약속한 것이다.

"네가 약속을 잊지 않도록 플래카드를 벽에 걸어 놓을게." 보리스는 어이없다는 듯 말했다. "그럼, 제 친구들이 뭐라고 하겠어요?" 하지만 엄마는 어깨만 으쓱할 뿐이었다. 보리스는 방으로 돌아가며 중얼거렸다. "예전에는 이 방법이 잘 먹혔는데……."

좋은 말의 비극 : "또 한 번 말해야겠니!"

부모와 자식 사이의 관계가 어른들의 불분명한 표현 때문에 균형을 잃는 경우가 많다.

"전 말하고 또 말해요." 기젤라가 말문을 열었다. "입이 닳도록 말이에요. 물론 친절하게 말하려고 노력도 해요. 하지만 소용없어요. 제가 꼭 마녀 노릇을 해야만 애들이 말을 듣거든요." 그녀가 넌더리를 내자 다른 부모들도 고개를 끄덕였다.

어른들은 아이에게 이따금 불확실한 태도를 취한다. 아이들이 뛰어다니고 무질서한 것 때문에 화가 나면서도 표정과 목소리는 친절함을 잃지 않는다. "방 좀 치우면 안 될까?" 혹은 "서두르는 게 좋을 텐데." 그러나 이런 표현들은 경계를 확실하게 설정해주지 못한다. 얇아진 입술, 작아진 눈, 이마의 주름 등 이런 말을 하는 어른들의 표정은 긴장되어 보이지만 목소리는 균형을 잃지 않는다. 아이들은 이처럼 불분명한 메시지를 제대로 처리할 줄 모른다. 그래서 결국 어른이 화를 낼 때까지 기다리게 된다. 아이들은 우선적으로 명확한 표현을 받아들인다. 어른들의 표정이나 목소리, 말의 의미가 서로 일치하면 진지하게 받아들인다는 뜻이다.

열 살배기 클라우디우스의 말을 들어보자. "무슨 일인지 정확하게 모르니까 하던 일을 계속할 수밖에요. 어차피 우리 부모님은 화를 잘 안 내요. 그런데 제가 눈치 챘다 해도 어쩔 시간이 없어요. 금방 폭발해 버리니까요. 그랬다가는 또 금방 식고요. 차라리 '아니다!' 고 말하면 좋을 텐데요."

커뮤니케이션 심리학계에서는 이 문제에 대해 다음과 같은 연구 결과를 발표했다. 의사소통의 55%는 표정이나 얼굴빛을 포함한 신체 언어를 통해 이루어지고, 38%가 목소리와 말하는 방식으로 이루어지며, 겨우 7%만이 말의 내용과 의미로 이루어진다는 것이다. 부모와 자식 사이에 오해가 생기는 것은 어른들이 자기의 뜻을 전달할 때 목적은 있지만, 일정한 한계 내에서 표현하고자 노력하기 때문이다. 다시 말해 의사 전달이 불명확해지기 때문이다.

어른들은 흔히 자기가 한 말의 효과와 지시를 과대평가한다. 그러나 아이에게 먼저 관심을 갖고 교류가 이루어지도록 노력해야 한다는 점은 과소평가한다. 어른과 마찬가지로 아이들 역시 어른이 먼저 말을 걸어주고 내 말을 들어준다는 느낌을 받고 싶어 한다.

━━ 다니엘의 엄마, 레베카는 아들과 함께 슈퍼마켓에 갔다. 그녀는 다섯 살 반 된 아이에게 먹고 싶은 스파게티 국수를 고르라고 시켰다. 그녀는 물론 좋은 뜻으로 말한 터였다. 하지만 스파게티 국수가 아이의 키가 닿지 않는 진열대에 놓여 있다는 것을 미처 생각하지 못했다. 종류도 너무 많았다.

"엄마가 할게." 그녀가 말했다. "시간이 너무 많이 걸리겠다. 어차피 넌 저기 있는 걸 볼 수 없잖아. 키가 작아서." 다니엘은 실망해서 투덜거렸다. "나더러 고르라고 할 땐 언제고." 왼쪽 코너에 통조림 식품들이 보였다. 토마토소스에 든 라비올리도 있었다. 다니엘은 진열대로 다가가 무릎을 굽혔다. 왼손을 뻗어 통조림 한 개를 잡았다. 동그란 통이었다. 아이는 통조림을 하나 잡고 살살 뺐다. 엄마는 여전히 스파게티를 고르느라 정신이 없었다.

레베카는 무슨 일이 벌어지고 있다는 느낌을 받았다. "다니엘, 뭐 해?" 말은 그렇게 했지만 아들을 쳐다볼 여유가 없었다. 다니엘은 계속 깡통을 잡아당기고 있었다. "다니엘?" 하지만 엄마는 입으로만 말할 뿐 눈은 여전히 스파게티를 찾는 중이었다. 다니엘은 그 순간 깡통을 빼내어 바닥에 굴렸다. 그러곤 또 다른 것을 꺼내 바닥에 굴렸다. 나이가 지긋한 부인이 아이의 옆에 구부리고 앉아 상냥하게 말했다. "얘야, 여긴 볼링장이 아니란다."

다니엘이 벌떡 일어나며 신나서 소리쳤다. "볼링장이다, 볼

링장!" 그제야 정신을 차린 레베카가 독수리처럼 달려와 아이 손을 잡았다. "도대체 얼마만큼 말해야 알아듣겠니?" 다니엘은 여전히 엄마를 보고 웃고 있었다. "볼링장이래!"

— 경계 설정은 교육적 기술의 활용과 별로 관계가 없다. 문제는 아이를 대하는 태도, 즉 얼마만큼 아이의 입장에서 생각하고 행동하느냐다.

어른들은 이야기할 때 설득과 주장을 많이 한다. 잘 받아들여지지 않을 때는 금지하거나 우회적으로 표현하여 의사를 전달하려고 한다. 반면 어린아이들은 의사 전달 자체에 완전히 몰입한다. 아이들과 이야기할 때는 이 점을 유념해야 한다. 가능하면 같은 높이에서 눈을 마주 보는 게 좋다. 뜻을 강조하고 싶을 때는 신체 접촉을 시도할 수도 있다.

그러나 본인이 화가 났을 때는 결코 아이를 만지면 안 된다. 좋은 뜻으로 신체 접촉을 시도했을지라도 아이에게 아픔을 줄 수 있기 때문이다. 언어 표현은 맨 나중에 한다. 이때 얼굴 표정과 몸짓이 목소리의 느낌 혹은 말의 내용과 일치해야 한다는 점을 명심하자. 웃으면서 "안 돼!" 하게 되면 아이들은 문제를 덜 심각한 것으로 받아들인다. 메시지를 확실하게 전달해야만 아이들은 자신이 처한 위치와 문제점을 정확히 이해한다.

마누엘라가 이야기한다. "스테판은 다섯 살이에요. 예전에 저는 그 애와 같은 이야기를 끊임없이 반복했어요. 도무지 끝이 없었죠." 나는 그녀에게 어떤 점들이 변했느냐고 물었다. "이제 저는

더 이상 같은 이야기를 반복하지 않아요. 이를 테면 아이가 청소해
야 할 때면 다가가서 눈을 쳐다보거나 손을 잡으면서 아주 짧은 문
장으로 말하지요. '스테판, 청소했으면 좋겠다.' 그럼 대부분 통하
니까요. 바쁠 때는 멀리서 이 말만 똑똑하게 말해주고요. 그럼 대
체로 약속을 지켜요. 그래도 청소를 하지 않으면 힘겨루기에 들어
가고요." 그녀는 좀 생각을 했다. "끝없는 잔소리도 이제 옛말이 되
었네요."

　　마누엘라는 아이가 이해하기 쉬운 행동으로 뜻을 표현했다.
아이는 엄마의 눈을 보고 손을 잡는 등 신체적 접촉을 통해 엄마가
원하는 것이 무엇인지 느꼈다. 엄마가 자기의 마음을 상하게 하려
는 의도가 아니라는 것도 알았다. "관계가 더 분명해진 느낌이에
요. 예전에는 아이 때문에 슬퍼서 눈물을 흘린 적도 많아요. 지금
은 스테판도 아주 분명하게 의사를 전달해요. '엄마, 난 이것 하고
싶어요. 이렇게 했으면 좋겠어요' 하고요. 제가 만일 요구를 들어
주지 않으면 품에 안기면서 제 얼굴을 돌려 눈을 마주 보게 하고
말을 하지요."

　　감정을 정확하게 표현하는 것, 자신감 있게 말하는 태도 등은
서로에게 존경심을 불러일으킨다. 유대감과 동질감은 모든 상황에
서 항상 같은 수준으로 나타나지 않는다. 이러한 공감은 지속적인
노력의 산물이다.

▬ 10~13세의 자녀를 둔 부모들의 세미나가 열렸다. "아이를
솔직하게 그리고 진심으로 대하세요. 자녀에게 이야기할 때 당신

의 생각과 원하는 바를 정확하게 말하세요. 그렇지 않으면 목적을 이루기 힘들어요."

말을 채 마치기도 전에 열두 살짜리 요하네스가 맞장구쳤다. "맞아요, 선생님!" 아이는 엄마가 있는 곳을 보았다. "그 말을 우리 엄마한테도 해주세요." 내가 왜냐고 묻자 아이는 엄마가 늘 제정신이 아니라고 말했다. 엄마가 화를 내며 한 마디 했다. "요하네스, 버릇없는 소리 좀 작작해라!" 아이가 얼른 되받아쳤다. "엄마는 진짜 웃겨!" 아이의 목소리는 분노로 가득 차 있었다.

"요하네스, 그런 식으로 이야기하는 거 아니야." 내가 얼른 끼어들었다. 그러자 아이는 흥분해서 소리쳤다. "한 가지만 말할게요. 어제 일이에요. 엄마가 와서 '요하네스, 오늘 할머니 집에 갈까?'고 물었어요. 얼굴을 보니까 엄마는 정말 가고 싶은 눈치였어요. 저를 데려가고 싶어 했고요. 그래서 저는 싫다고 했어요." 경멸 어린 말투였다. "그다음에 어떻게 됐지?" 아이가 슬픈 어조로 설명했다. "엄마가 나를 막 갈궜죠." 내가 아이한테 갈구는 게 뭐냐고 묻자 요하네스는 "말하고 또 말하는 거예요. 귀가 떨어져 나갈 정도로요" 하고 대답했다. "어떻게 하셨기에?"

"엄마는 서서 계속 이러는 거예요. '요하네스, 엄마 말 좀 들어. 할머니 집에 다녀온 지 한참 됐잖아. 너도 할머니 좋아하지? 할머니한테 선물 받고 싶지!'" 아이가 숨을 몰아쉬었다. "끊임없이 어쩌구저쩌구! 이 말했다 저 말했다!" 나는 슬며시 궁금해졌다. "얼마나 오랫동안 이야길 하셨니?"라고 묻자 아이가 "15분 동안이요!"고 대답했다. 아이는 결국 가겠다고 대답했다고 한다. 나는 싱

굿 미소를 지었다. 하지만 아이의 입장에서 본다면 결코 웃을 일이
아니었다.

"그럼 엄마가 어떻게 이야기해주길 원했니?" 나는 아이의 생
각이 궁금했다. "이렇게 말하면 되죠. '요하네스, 난 오늘 할머니
집에 가고 싶은데, 너도 같이 가면 좋겠다' 하고요." "그럼 엄마한
테 좋은 점은 뭐지?" 하고 내가 다시 묻자 아이는 "15분 먼저 도착
하는 거죠." 하고 의기양양하게 대답했다.

━━━ 부모의 편에서 이미 결론을 지어놓고 아이의 의사를 묻는 경
우에도 힘겨루기가 시작된다. 아이들이 진지하게 받아들이지 않기
때문이다. 이를 테면 "오늘 할머니 집에 갈래?" 하고 묻는 것은 방
문하기로 결론 지어놓은 상태에서 아이에게 "네"라는 대답을 기대
하는 것밖에 되지 않는다. 무관심한 아이라면 "마음대로 하세요"
라고 대답할 것이고, 반항적인 아이라면 "아니요"라고 대답할 것
이다. 아이가 의사 결정 과정에 참여하지 않았을 경우에는 단호하
고 상냥한 목소리로 결과를 통보해야 한다. "난 오늘 할머니 집에
가려고 하는데 너도 같이 갔으면 좋겠다!" 아이가 뛸 듯이 기뻐하
리라는 보장은 없지만 부모는 자신이 원하는 바를 무리 없이 전달
할 수 있다.

아이를 의사 결정 과정에 참여시키면 선택에 대한 용기와 책
임 의식이 생긴다고 말하는 사람이 많다. 이 경우 아무 결론이 없
는 상태에서 대화를 시작하는 게 좋다. "난 할머니 집에 갈까 생각
중이야. 넌 어때?"라거나 "엄마랑 같이 할머니 집에 갈 생각이 있

니?” 또는 “우리 할머니 집에 들를 때가 된 거 같아. 어떻게 생각해?” 등이 좋은 표현이다. 이미 결론을 정해 놓고 말한 것이 아니라는 느낌을 주고 아이 스스로 의사 결정에 참여할 수 있도록 유도해야 한다는 뜻이다.

어른이나 아이나 비난을 받으면 기분이 나빠지는 것은 당연하다. “넌 한 번도 청소를 안 하는구나!”, “넌 항상 뒹굴기만 하는구나”, “넌 어쩜 그렇게 뻔뻔스럽냐!” 등의 표현을 하면 아이에게서 용기를 뺏을 뿐만 아니라 아이를 부정적 관점으로만 바라보게 한다. 그러면 아이는 열등감에 사로잡혀 복수를 꿈꾸게 된다. 불평하는 부모를 상대로 힘겨루기에 돌입하여 집 안 분위기를 지옥으로 만든다. 한두 번 잘못한 것을 가지고 ‘결코’, ‘항상’, ‘뿐’이라는 극단적인 단어를 쓰는 것은 아이를 매도하는 처사다.

━━ 아이가 불평불만을 한다고 해서 부모가 아이가 원하는 것을 모두 받아줄 필요는 없다. 특히 약속을 어기거나 부모의 개인적 결함을 문제 삼을 때 그렇다. 문제나 불평거리가 생기면 일단 대화로 풀어야 한다. 다시 한 번 강조하지만 비난이나 매도하는 행위는 절대 도움이 되지 않는다.

“넌 왜 이렇게 항상 늦니? 도저히 이해가 안 된다.” 로베르트의 불만이다. 아들 한네스는 사실 자주 늦는다. 아이는 “잊어버린 게 있었어요”라고 설명했지만, 아빠는 말도 안 된다며 들은 척도 하지 않는다. 결국 한네스도 “아빠는 왜 잘 듣지도 않고 화만 내요?”라며 대든다. “조금 전까지만 해도 기분 좋았는데, 네가 다 망쳤어." 아빠가 날카롭게 말하자 아들도 지지 않고 "아빠는 뭐 학교 다닐 때 만날 잘했어?" 하더니 방을 나갔다.

문제는 갈등이 아니라 '인간관계의 위기' 다. 아빠는 사건을 주제로 삼지 않고 "말도 안 된다"라는 표현으로 아들에게 직접적인 공격을 가한다. 아이는 '아빠하고는 말이 안 통해' 라고 생각하면서 아빠가 던지는 말에 상처를 입는다. 이런 갈등 속에서 아이는 비꼬는 법과 다른 사람을 비난하면서 모욕하는 법을 배울 뿐이다.

"그럼 대체 어떡해야 문제를 해결할 수 있죠? 항상 그런 식인데 말이에요." 한네스의 아빠는 절망적으로 말했다.

먼저 '나' 를 주어로 메시지를 만들고 그 안에서 자기의 마음을 표현하는 방법을 배워라. '나' 로 시작하되 문제가 무엇인지 명확하게 제시하고 자신의 감정을 표현하라. 그리고 필요하다면 약속을 지키지 않았을 때의 결과에 대해서 말하라. 예를 들어 "아빠는 네가 약속한 것보다 더 오래 친구 집에 있는 걸 옳다고 보지 않아. 아빤 네 걱정을 많이 했단다"는 식이다. 그 전에 다른 약속이 있었다면 "넌 거기 도착하는 즉시 집에 전화하겠다고 약속했잖아. 약속을 안 지키면 내일 친구 집에 놀러갈 수 없다고 아빠가 말했지? 너도 그 약속에 동의했잖아"라고 말해도 좋다. '나' 메시지는 다음 네 가지 관점을 중요하게 생각한다.

#. 부모는 자신의 입장을 밝힌다. 부모는 자기의 입장에서 상황을 설명하고 감정을 말한다.

자녀에 대해서 직접적이든 간접적이든 비난하지 않는다. 사건

과 인간관계를 정확하게 분리한다.

#. 표정, 몸짓, 목소리, 단어의 의미를 일치시킨다.

#. 대화를 통해 결과에 대해 이야기를 나누고 약속을 정했다면
   반드시 실행에 옮겨야 한다.

커뮤니케이션 세미나에서는 '나' 메시지를 사용하라는 언급을 특히 자주 한다. 그런데 만일 어떤 사람이 부드러운 목소리와 친절한 눈길로 "네가 늦게 와서 내가 화났다"라고 말한다면 이중적인 메시지를 보내고 있는 셈이다. 그는 '나' 메시지의 원칙을 잘못 이해하고 있는 것이다. '나' 메시지는 본인의 의사를 정확하게 밝힐 때만 제대로 전달된다.

'나' 메시지를 활용하면서 생겨난 문제도 있다. 부모들이 '나' 메시지의 형식을 빌려 슬픔과 당혹감을 은폐하려 들었기 때문이다. 딸 사라가 대변을 처리 못하고 화장실 벽에 묻혔을 때 엄마는 슬픈 목소리로 눈물을 감추며 "네가 또 그런 짓을 하다니 엄마는 정말 슬프다"라고 말했다. 이 경우 엄마 목소리의 톤이나 태도, 얼굴 표정 등이 일치하지 않았다. 슬픔은 표현하였으되 불만을 말하지 않았다. 아이에게 그런 식으로 하다가는 사랑을 뺏길지 모른다고 무언의 위협을 가한 셈이다.

아이들은 당황스러운 상황을 아주 빠르게 흡수하고, 당황스럽게 만든 사람에게 복수한다. 부모는 한계를 설정하지만, 아이들은 그 한계와 다툼을 벌이고 결국 그 선을 넘는다. 경계선 2미터 전방에서 멈춰 서며 "경계선이다!"고 외치는 아이는 없다. 아이들 대부분은 경계선을 침범하고 그 위에서 뛰다가 더 멀리 진출한다.

　　나는 "얼른 가서 네 방 청소해!"라는 말을 듣고 즉시 일어나 "네, 저도 그럴 참이었어요"라고 대답하는 아이를 한 번도 본 적이 없다. 아이들은 대개 "금방 할게요!", "아직 괜찮아요!", "있다 할게요!", "싫어요!" 아니면 "왜 매일 나만 해요?" 하고 불평을 터뜨린다.

■　부모는 규범과 경계를 중요하게 생각하고 지키려 노력한다. 하지만 많은 부모들이 경계선에 대해서는 생각을 많이 하면서도 정작 아이가 경계를 무시했을 때 어떻게 대처할 것인지에 대해선 별로 생각하지 않는다. 그러면서 부모의 입장에서 제일 잘할 수 있는 일을 실행에 옮긴다. 이야기하고, 이야기하고, 또 이야기하는 것이다. 결국 엄마, 아빠가 귀머거리 행세를 하는 자녀를 만드는 셈이다. 부모는 4막짜리 '좋은 말 드라마'의 주인공이 되는 것이다.

　　제1막은 "좀……"으로 시작한다. "청소 좀 해라!", "여기 좀 와 봐라!", "그냥 좀 내버려 둬라!", "좀 조용히 해라!", "용기 좀 내라!" 이런 문장을 수도 없이 쏟아내는 통에 아이들은 부모의 말을 다른 쪽 귀로 흘려 버린다.

　　친절한 대화는 물론 중요하다. 아이에게 도움을 청하는 경우 "좀 도와줄래?"라거나 "문 좀 닫아줄래?" 하는 표현은 전혀 어색하지 않다. 하지만 아이에게 무엇인가 요구하거나 규범을 언급할 때 '좀'이란 단어를 써서 돌려 말하는 것은 오해를 불러일으키기 쉽다.

제2막은 어린이의 기대감을 높이는 것이다. 여기엔 "꼭 두 번씩 말해야겠니?"가 해당된다. 부모가 이런 말을 약간 높은 톤으로 말하면 아이들은 주목한다. 아마도 다음과 같이 말한다면 아이는 빙그레 웃고 말 것이다. "엄마, 아빠는 오늘 그 말을 열 번이나 했어요. 결국 엄마 아빠가 다 할 거면서요."

제3막에 이르면 목소리는 더욱 커진다. "내가 꼭 화를 내야 알아듣겠어?" 엄마, 아빠가 소리 지른다. 아니면 "내가 이렇게 큰 소리를 쳐야만 하겠어?" 아이는 '곧 로켓처럼 폭발하겠군!' 하는 표정을 짓는다. 그러곤 예언이 실현되기를 기대하는 것처럼, 아무렇지 않은 듯 놀이에 열중한다. 부모가 폭발하길 기다리면서.

드라마의 중간에 심리치료와 흡사한 장면이 등장한다. 울먹이는 듯 부드러운 말투다. "엄마가 그렇게 많이 말했는데 네가 들어주지 않다니, 난 지금 너무 슬프다. 엄마는 할 일이 태산인데."

마지막 4막에서 주인공 둘이 나란히 무대에 선다. 엄마는 머리끝부터 발끝까지 화가 나 오랫동안 참아왔던 말들을 토해낸다. "넌 너무 뻔뻔해!", "이제 다시는 널 학교에 데려다주지 않을 거야!", "너 절대로 휴가 따라 갈 생각하지 마!"

아이에게 고통을 주는 문장들을 쏟아내면서 부모는 자녀가 할 말을 잃을 것으로 기대한다. 그러나 아이의 얼굴을 보라. 아이는 머리를 흔들며 이렇게 생각하고 있다. '나도 엄마랑 똑같이 화를 내 줄까?' 어떤 아이는 심지어 교활한 웃음을 흘리기까지 한다. '내가 그렇게 하면 당신들도 똑같이 괴로울 거야. 하지만 난 결국 원하는 것을 다 얻어낼 수 있다고요!'

규칙에 따른 책임과 벌 : "싫어요, 한 번만 봐주세요!"

부모는 아이가 행동에 따른 결과를 책임질 수 있도록 가르쳐야 한다. 벌을 줄 때도 일관성을 유지하면서 아이의 존엄성을 해치지 않도록 신경 써야 한다.

물론 아이를 벌준다고 해서 문제 행동이 고쳐지는 것은 아니다. 잠시 상황을 종료할 뿐이다. "지금 당장 그만두지 않으면 어떤 벌을 받는지 알게 될 거다!"라든지 "숙제 안 하면 TV 못 볼 줄 알아!"와 같은 표현을 써서 아이를 다그치면 절대 성공하기 힘들다. 벌을 줘서 경계선을 침범하는 문제를 고칠 수는 없다. 아이는 벌을 받거나 모욕감을 느끼면 곧 다른 문제를 일으켜 복수한다. 때로 자신을 지키기 위해 문제점을 고친 것처럼 과장하기도 한다.

두 아이의 엄마인 미리암은 "아이들한테 벌을 줄 때면 나 자신이 멍청이가 된 거 같아요. 하지만 어쩔 수 없어서 그럴 때가 많아요"라고 말했다. "그나마 벌을 주지 않으면 아이들이 약속을 지킬 생각이나 하겠어요?"

안톤은 세 아이의 아빠다. 그는 "옛날 우리 엄마는 '지금 당장 이거, 이거 하지 않으면 무슨 일이 날줄 알아'고 경고하곤 했지요. 하지만 전 우리 아이들한테만큼은 이런 말을 하고 싶지 않았어요." 하고 털어놓았다. "그런데 지금 제가 그런 문장을 쓰고 있어요. 거기서 배울 게 하나도 없었는데 말이에요. 세대를 막론하고 부모의 대응 방식은 똑같은가 봐요."

"벌과 책임의 차이가 과연 뭘까요?" 율리아가 물었다. "선생님은 늘 결과에 대해 자연스럽게 책임을 지도록 가르쳐야 한다고 쓰시던데요, 전 도무지 모르겠어요."

열한 살짜리 페터는 귀가 시간을 잘 지키지 않았다. 아이는 항상 변명을 했다. 어떤 때는 5분이 늦었고, 약속시간보다 30분이나 늦게 온 적도 있다. 엄마, 아빠는 몹시 화가 났다. 그래서 아이가 늦게 오면 싫은 소리를 했다. "너한테 정말 질려 버렸다. 이번 주에는 외출 못 할 줄 알아."

하지만 페터는 꾀쟁이라 다음 날이면 엄마에게 응석을 떨곤 했다. "난 엄마, 아빠가 너무 좋아!" 그러면서 애처로운 얼굴로 엄마를 바라보았다. "엄마, 수학 숙제 못하겠어요. 프리츠한테 가도 돼요? 문제 푸는 법을 배우고 싶어요. 엄마도 제가 점수 잘 받아오길 원하시죠?"

엄마는 그럴 때마다 기습 공격을 당한 느낌이 들었다. "좋아. 하지만 시간 잘 지켜야 해!" 아이는 알았다고 대답하면서 공책 한 권 챙기지 않고 달려 나갔다. "도대체 어떻게 해 볼 도리가 없어. 애가 날 가지고 노는 거 같아." 남편은 상황을 바라보는 시각이 조금 달랐다. "제대로 잡아줘야 해요. 4주간 금족령을 내리든지! 그런데 주중에는 제가 집에 없으니까 문제죠." 그는 포기한 것 같았다. "아내는 마음이 너무 약해요."

"그만둬요!" 아내는 말을 자르며 비난에 찬 눈초리로 남편을 쏘아보았다. "2주 전에도 애가 늦게 와서 벌을 줬는데, 저 사람이 참지 못하고 화를 벌컥 내는 바람에 모든 게 엉망이 된 걸요. 당신은 매사에 그런 식이야!"

나는 페터에게 늦게 오는 이유를 물었다. 아이는 딱 잘라 지겹다고 말했다. 친구네 집은 늘 조용하면서도 모든 일을 행동으로 실천한다고 했다. "우리 엄마, 아빠는 항상 잔소리를 해요. 지겨워요. 집에 늦게 오면 협박까지 하고요. 하지만 제가 약속을 안 지켜도 벌을 주진 않아요." 아이가 잠깐 생각에 잠겼다. "가끔 벌을 주기도 하죠. 아무 이야기도 없이 갑자기 줘요." 페터는 기억을 더듬었다. "얼마 전에도 그랬죠. 한동안 좀 늦게 들어왔는데 내내 아무 말 없다가 목요일 쯤 아빠가 갑자기 화를 내는 거예요. 그래서 다음 날엔 외출을 못 했죠."

나는 아이에게 바라는 게 무엇이냐고 물었다. "엄마, 아빠가 먼저 저한테 바라는 걸 얘기해주면 좋겠어요. 나중에 야단치지 말고요." 페터가 머리를 흔들며 대답했다. "우리 엄마, 아빠는 자기 입으로 말한 건 하나도 안 지키면서 말하지 않은 건 해요. 솔직히 뭐가 뭔지 알 수가 없잖아요."

이 같은 상황에서 알 수 있듯 벌에는 몇 가지 특징이 있다.

#. 벌은 부모의 교육적 공격성을 정당화한다. 이럴 때 부모가 내세우는 말은 "아이가 정확하게 시간을 지켰다면 우리가 이럴 필요가 있겠어요?"다.

#. 자녀와 힘겨루기를 하면 아이는 복수할 기회를 벼르게 되고 결국 모든 사람이 지치게 된다.

#. 벌은 아이에게 실망("난 나쁜 애야!")을 주고, 어른들에게는 자책감("난 아이를 잘 못 키우는 사람인가 봐")을 준다

#. 벌은 아이에게서 자기의 잘못을 긍정적으로 고칠 수 있는 기
회를 박탈한다.

#. 벌을 받아 문제의 행동을 고친다 할지라도, 부모 앞에서만 그
러는 척하는 경우가 많다.

아이를 존중하면서 벌을 줄 수 있는 방법은 없다. "네가 약속 시간
을 어겼으니 어떤 결과가 나올지 한번 봐!"라는 위협적인 말을 하
면서 아이에게 협조를 구할 수는 없는 노릇이다. 이런 발언은 상황
을 더욱 심각하게 만들 뿐이다.

"밖에 나가 놀아도 좋아. 하지만 너무 늦게 되면 어쩌지?"라
고 물으면 아이는 스스로 대안을 찾으려고 한다. 제시간에 도착하
는 것은 아이의 몫이다. 그런데 아이가 규칙을 어겼을 때조차 부모
가 책임을 지려고 하는 경우도 있다. 경계 침범의 결과를 부모가 떠
안는 행위는 성숙하지 않은 행동으로 아이의 용기를 꺾는 일이다.

어린아이들은 결과를 통해 많은 것을 배운다. 적절하지 못한
행동 때문에 초래되는 결과에 대해 스스로 자연스럽게 느끼고 깨
달아 자기의 태도와 행동을 고치려고 노력하게 된다.

━━ 마리온은 열한 살이다. 얼마 전부터 아이가 집에 늦게 오기
시작했다. 귀가 시간을 지키겠다고 약속했지만 대개 일부러 늦게
온다. 며칠 동안은 약속을 잘 지키지만, 작심삼일이다. 엄마가 지
적하면 아이는 금세 후회하면서 이것저것 변명한다. 자기는 잘못
한 게 하나도 없고 모두 다른 아이들 탓인 것처럼 이야기한다.

마리온의 엄마는 인내심이 많았다. 그녀는 여전히 딸을 믿었다. 그러나 아빠는 참지 못했고, 결국 아이를 가두자고까지 주장했다. 남편과 의견을 조율한 끝에 엄마가 딸아이를 불렀다.

"마리온, 엄마는 네가 집에 너무 늦게 오는 게 싫어." 아이가 반항하듯 왜 그러느냐고 따져 묻자 엄마가 대답했다. "첫째, 우리가 분명하게 약속했잖아. 너도 약속을 지키겠다고 말했어. 그런데 지난 4일 동안 넌 계속 늦었어. 10분, 15분, 20분." 아이가 이 말에 발끈하며 "엄마가 뭐 서기라도 돼요? 내 행동을 그렇게 일일이 적어 놓았어요?" 하고 소리쳤다. 엄마는 밖이 어두워지면 걱정된다면서 부모에게는 자식의 안전을 책임질 의무가 있다고 이야기했다. 그러자 아이는 엄마를 이해하겠다면서 화제를 바꾸려 들었다. 하지만 엄마는 끝까지 해결책을 찾고자 했다.

두 사람은 한동안 대안을 찾느라 옥신각신했다. 결국 귀가 시간을 지키지 않으면 그다음 날은 집에만 있기로 규칙을 정했다. 친구를 부를 수는 있어도, 밖에 나갈 수는 없었다. 모녀는 이 약속을 글로 적은 다음 냉장고 문에 붙여놓았다. 마리온은 그날 이후 4일 동안 제시간에 귀가했다. 하지만 5일째 되는 날 아주 많이 늦었다. 아이가 잘못했다고 싹싹 빌었지만 통하지 않았다. 엄마는 "내일은 집에 있어! 약속은 약속이니까" 하고 말했다. 마리온이 소리를 치고, 악담을 해대고, 화도 내 보았지만 소용없었다. 아이는 저녁을 굶고 저녁 인사도 하지 않았다. 다음 날 오후, 마리온은 친구 잉그리드를 집에 불렀다. 엄마는 마리온이 왜 밖에 못 나가는지 설명해 주었다.

책임은 원칙적으로 아이들의 행동에 따른 문제다. 그러므로 부모들은 자녀에게 자신의 행동이 어떤 결과를 초래하는지, 어떤 방식으로 책임져야 하는지 명백하게 깨우쳐주어야 한다.

#. 아이가 경계선을 침범하기 전 결과에 대한 책임을 확실하게 정해야 한다. 아이는 자유를 누릴 권리가 있지만, 경계를 침범하고 약속을 어겼을 때 결과에 승복해야 한다는 것을 깨달아야 한다.

#. 결과를 책임지겠다는 내용을 글로 쓸 경우 "~때에는 ~한다"는 표현을 써도 좋다. 벌칙에 관한 것은 말로도 충분하다. 결과에 대한 책임 의식은 아이 스스로 문제의 행동을 고치겠다는 의지가 바탕이 되어야 한다. 이때 어른과 아이는 계약 당사자로서 동등한 관계를 유지해야 한다. 이 같은 협력 관계는 자유와 균형을 상징한다.

#. 책임진다는 것은 서로에 대한 존중을 바탕으로 해결책을 찾겠다는 뜻이다. 물론 책임 의식은 아이의 긍정적인 발전을 전제로 한다.

#. 결과에 대한 책임을 묻는 글은 조용한 분위기 안에서 작성하는 게 좋다.

결과에 대한 책임을 물을 때 다음 단계를 따르라.

1. 먼저 문제를 지적하고 상황을 설명하라. 이때 '나' 메시지를

활용해야 한다는 사실을 잊지 말라. "네가 나빠!"라는 식의
표현을 삼가고 "넌 한 번도 ~ 적이 없어!"라는 투의 극단적인
표현도 피하라.

2. 어린이가 자기의 입장에서 상황을 묘사하는 것이 중요하다.
   하지만 상황을 이해한다고 해서 아이의 주장을 무조건 수용
   해서는 안 된다. 특히 "다른 아이 잘못"이라는 변명이나 "앞
   으로 안 그럴게요"라는 말에 마음이 흔들려서는 안 된다. 또
   "그건 협박이에요!"라는 비난에도 굴복하지 말아야 한다.

3. 결과에 대해 확실하게 책임질 것을 요구하라. 이때 어른은 아
   이의 행동이 어떤 결과를 낳았으며 그에 대해 어떤 책임을 져
   야 하는지 분명하게 알려주어야 한다. 중요한 것은 어른이 반
   드시 책임을 물어야 한다는 점이다. 그러므로 아이가 약속한
   것들을 실제로 책임질 수 있는지, 정서적으로도 타당하며 감
   당할 수 있는지 생각해 보아야 한다. 아이가 지나치게 부담을
   느끼면 오히려 역효과가 난다.

"언제부터 책임을 물어야 하죠? 애들한테 어떤 식으로 책임을 묻
죠? 애들한테 정말 갈등을 해결할 수 있는 능력이 있을까요?" 세
살 배기 르네의 엄마가 물었다.

원칙에서 물러서거나 권위주의적으로 아이를 가르치려는 양
육 방식은 자율성을 허락하지 않는다. 중요한 것은 "어린아이 때부
터 규범을 믿고 따르는 경험"이라고 교육학자 오토 슈펙은 말한다.
다만 4세까지는 특별한 방식으로 경계를 설정해줄 수 있다. 유아들

은 부모를 무조건 따르기 때문에 경계 설정이 쉬울 수도 있지만, 역으로 생각하면 부모의 책임이 더 커지므로 어려운 일이기도 하다.

어린아이에게 경계를 설정해줄 때는 신중해야 한다. 일관성 있는 태도를 강인함이나 벌칙 등과 혼동하면 안 된다. 본의 아니게 큰 소리를 치거나 손바닥으로 때리는 경우가 발생했다면 진심으로 사과하고 앞으로는 다르게 행동하겠다는 의지를 보여야 한다. 어린아이에게 경계를 설정해줄 때 지켜야 할 몇 가지 원칙이 있다.

1. 어른들은 아이와 의사소통을 할 때 말로만 하는 경우가 많다. 부모가 끝없이 말만 많이 할 뿐 분별력을 심어주지 못한 채 눈을 부릅뜨거나 소리를 지르면서 즉흥적으로 반응한다면 아이들은 자기의 행동에 대해 책임을 느끼기 힘들다. 어린아이와 이야기할 때는 아이를 향해 몸을 돌리고, 아이를 보고, 아이를 잡아야 한다. 아이들은 자기가 받아들여지길 원한다. 언행을 확실하게 하고 솔직하게 대하라. 그러면 감정이 폭발하는 것을 자제할 수 있고, 즉흥적인 체벌을 예방할 수 있다.

2. "위험해!", "너한테는 어려워!", "넌 아직 할 수 없어!"와 같은 말을 한다고 해서 아이들이 경계를 고수하는 것은 아니다. 아이들은 상황을 통해서만 의미를 파악한다. 이 원칙은 어린아이에게 경계를 설정해줄 때도 통하는 이치다. 아이가 충분히 알아들을 수 있고, 확실하게 경험이 가능한 영역 안에서 경계를 설정하라. 불타는 촛불 곁에 손을 가까이 대 보면 열기와 따뜻함을 느낄 수 있는 것과 마찬가지다.

3. 경계는 지금 여기, 아이가 속해 있는 구체적인 현재를 대상으로 한다. 다른 아이들에게 적용되는 것이 자기 아이에게는 맞지 않을 수 있다. 아이가 1년이나 2년 사이에 경험할 수 있는 것이라면 지금 지원하고 도와주어야 한다.
4. 어른들은 어린아이를 마치 작은 어른을 대하듯 한다. 아이 안에는 마술이나 신화의 요소가 살아 있다. 어른들은 아이들이 그것을 이용해 갈등을 해소할 수 있다는 사실을 간과한다.

어른들과 이야기해 보면 몇 가지 문제의 영역을 발견하게 된다. 경계선을 설정할 때 열등감과 실망감을 주는 경우가 많다는 점이다.

세 살 반인 마렌의 엄마 스베냐는 언제부턴가 소리를 지르게 되었다고 털어 놓았다. "딸아이가 백 번도 넘게 이야기했는데 듣지 않으면 머리 꼭대기까지 화가 나요. 결국 소리를 지르게 되고요. 미안한 일이긴 한데 어떻게 할 수가 없어요."

세 살짜리 라라의 아빠, 후버트는 다른 문제에 직면했다. "전 모든 걸 천 번 쯤 설명해줘요. 그런데도 라라는 늘 '왜?' 하고 물어요. 그럼 저는 아이 기분을 생각해서 조심스럽게 다시 설명하죠. 하지만 금방 '왜?' 하고 묻는 거예요. 전 이제 '왜'라는 말을 참지 못하겠어요." 후버트는 두 귀를 막았다. "대체 언제쯤이나 알아들을까요?"

이제 막 네 살이 된 스벤의 엄마 크리스티안네는 오랫동안 참는 편이라고 했다. "하지만 어느 순간 폭발해 버리고 말아요. 그때는 스벤의 엉덩이를 한 대 때려줘요. 그럼 말을 듣죠. 하지만 애를 때리고 나면 제 마음도 안 좋아요. 다른 방법이 없을까요?"

신체 접촉으로 친근감을 표시하는 것이 만병통치약은 아니다. 신체 접촉은 정서적 기초가 확보되어 있고, 아이가 긍정적으로 반응할 때만 유효하다. 예를 들어 어깨에 손을 올려놓는다든지 손을 잡아주는 것만으로도 아이를 진정시키고 친근감을 표현할 수 있다. 이럴 때 아이는 부모와 유대감을 느끼고 자신이 진지하게 받아들여진다고 생각한다. 긍정적인 신체 접촉은 일찌감치 시작하는 게 좋다. 말싸움이 벌어졌을 경우 발생할 수 있는 신체적 학대 행위를 예방할 수 있기 때문이다. 하지만 다음과 같은 점은 주의해야 한다.

1. 아이를 잡거나 쓰다듬는 등 신체적 친근감을 표시한 뒤에는 반드시 휴식을 취하도록 하라. 어린이의 의사와 상관없이 함부로 몸을 안아주면 안 된다. 신체 접촉이 불가능할 때는 눈을 마주 보고 가까이 있는 것만으로도 효과적이다. 그러나 눈빛을 주고받을 때 어른이 아이더러 눈을 맞추라고 강요해서는 안 된다. "제발 나 좀 봐라!"는 식으로 강요해서는 안 된다는 뜻이다. 아이는 다른 곳을 바라보면서도 어른이 자기를 주목하고 있다는 것을 느낀다.

2. 흥분한 상태에서 신체 접촉을 시도하는 것은 금물이다. 다칠 위험이 높기 때문이다. 또 어린이의 몸을 악용할 가능성도 높다. 아이의 몸을 쓰다듬거나 친근감을 표시하는 것은 갈등이 생기기 시작한 초기에 할 일이다. 상황이 달아오른 뒤에는 가

급적 자제하는 것이 좋다. 지나치게 참을성이 많은 것도 좋지 않지만, 즉흥적인 태도는 더욱 나쁘다.

3. 말로만 아이를 키우려 들면 대개 분노를 참지 못해 폭발하거나 할 말을 잃고 어쩔 줄 모르게 된다. 자녀 양육의 문제에서는 서로 배려하고 있다는 사실을 확실하게 언급하고 직접 표현하는 것이 중요하다. "난 네가 엄마를 대하는 태도에 문제가 있다고 생각해" 혹은 "동생을 그런 식으로 대하는 건 옳지 않아"라고 말하라.

어떤 부모들은 경계를 설정할 때 지루하게 설명하여 취지를 약화시키기도 한다. 이런 상황에서는 "난 더 이상 못 참겠다!"라는 표현 대신 짧고 간단하게 "안 돼!"라고 말하라. 아이가 이미 경험을 통해 전체적인 상황을 파악하고 있는 경우에는 한 마디로 충분하다. 절대 분노하거나 무시하지 말고 아이를 존중하는 자세를 유지해야 한다.

물론 "안 돼!"라고 말하는 것이 늘 효과적인 것은 아니다. 이 역시 습관이 되면 소용이 없다. 나중에는 들은 척도 안 하게 될 게 뻔하기 때문이다. 그러나 이 말은 갈등 상황을 단번에 종식시킬 수 있다. 특히 다음과 같은 상황에 적합하다.

#. 아이에게 현실 감각이 떨어질 때, 예를 들어 다칠 위험이 있거나 경험 부족으로 통찰력이 떨어질 때

#. 아이와 미리 이야기를 나눈 뒤 약속을 정했을 때

#. 아이가 소동을 피워 관심을 모으려 할 때

#. 친지의 방문 등 외부 상황 때문에 끝까지 설명하지 못하고 잠
   시 소란스러운 상태가 벌어질 때

"안 돼!"는 구체적인 상황과 결부된 교육적 개입을 의미한다. 아이
가 당장 문제의 행동을 그만두는 것도 아니고, 부모에게 특별한 대
안이 있는 것도 아니지만 이렇게 말하면 분위기가 달라진다. "안
돼!"라는 말로 상황이 부드러워지기는커녕 힘겨루기로 바뀐다면
문제 해결의 2단계에서 부모는 자신의 행동을 충분히 설명하고 아
이에게 이해를 구하거나 대안을 제시해야 한다.

   한 가지 덧붙이자면 "안 돼!"라는 말 대신 아이와 약속을 정
해 손동작이나 어떤 특정한 방식으로 신호를 보내는 것도 좋다. 아
이들은 친절과 신뢰를 바탕으로 한 확실하고 단호한 의사 표현을
좋아하며, 지루하게 설명하고 눈을 부라리는 대신 따뜻하게 배려
하는 부모를 원한다.

▬▬ 아이를 변화시키거나 대안을 제시하지는 못할지라도 상황을
매듭지을 수 있는 두 가지 방법이 있다. 그러나 이 방법을 지속적
으로 활용할 경우 아이들은 이것을 벌칙으로 받아들일 수 있고, 부
모가 자기를 평가 절하한다고 느낄 수도 있다. 이 같은 방법은 부
모와 자식 사이의 관계가 정서적으로 안정되어 있을 때만 제 기능
을 발휘한다.

   흥분을 잘하는 아이라면 일단 밖으로 나가게 한다. 특별한 상

황에서 아이를 구제해야 한다는 뜻이다. "네 방으로 가거라. 나중에 다시 이야기하자!"라고 하든지 "방에서 나가라! 이런 식으로는 이야기할 수 없어!"라고 해야 한다. 하지만 신체적 폭력을 행사해서 아이를 나가게 하면 안 된다. 구제하려고 한 의도를 아이가 고립되는 것으로 받아들이게 해서도 안 된다. 방에 아이를 가두거나 방문을 잠가 버리는 것은 절대 금물이다. 그렇게 되면 아이는 공황과 같은 심리 상태를 경험할 뿐 아니라 제거와 이별에 대한 두려움을 겪게 된다.

만일 아이가 제안을 받아들이지 않으면 어른이 나가는 것도 한 방법이다. "난 이제 부엌으로 간다. 진정이 되고 나면 다시 한 번 이 문제를 의논해 보자"는 식으로 말하라. "흔적도 없이 사라지고 싶다!"거나 "네가 고집을 부리는 통에 가슴이 아프다!"는 표현은 아이에게 죄책감을 줄 뿐이다. 중요한 것은 어른이 갈등이 벌어지는 공간을 떠나되 집을 나가지는 말아야 한다는 점이다. 반드시 아이가 찾을 수 있는 곳에 있어야 하고, 시간이 지나 아이가 말을 걸어오면 무조건 받아들여야 한다.

가끔 유머로 상황을 완화할 수도 한다. 발트라우트는 세 살 반짜리 딸 엘리사 덕에 그런 경험을 했다. "아이는 화가 나면 바닥에서 뒹굴면서 소리만 고래고래 질러요. '아니야, 아니야!' 하면서 말이죠. 전 잠시 그대로 둬요. 물론 제 컨디션이 좋을 때 이야기지만요. 그러면 아이는 저를 보고 당황해하고, 전 그런 아이를 보고 웃지요. 그러다 둘이 같이 웃고 말지요. 그런 경우엔 대부분 엘리사가 먼저 화를 풀어요."

딸의 눈에는 엄마의 모습이 놀랍고도 모순적으로 보인다. 자기가 예상했던 모습과 다르기 때문이다. 엄마가 딸이 지닌 문제의 행동을 더 심화시키는 측면도 있다. 그러나 엄마의 행동은 확고한 자율적 결정에 따른 것이다. 그녀는 특이한 방법으로 경계를 설정했다. 그러나 엘리사의 행동을 다스리는 대안을 제시하지 못했다.

▬ 또 다른 기술은 3세 이상의 아이가 지닌 환상과 마술적 사고를 진지하게 응용하는 것이다. 어린아이들에겐 확실한 지침이 필요하다. 또 경계를 알게 해주는 구체적인 그림과 상징도 필요하다. 아이들은 이런 것들을 통해 문제를 해결하는 방법을 발견하지만, 어른들은 이성적이지 않다는 이유로 그것을 간과한다. 대개 아이들의 생각을 웃으면서 흘려듣지만, 사실 그 가운데는 넓은 관점으로 바라보며 내놓는 의견도 많다.

부모 세미나에서 만난 마인홀츠의 가족을 보자. 네 살 된 라세는 가족을 쥐락펴락한다. 집 안을 온통 어지럽히기 때문이다. 비단 자기의 방만 어질러놓는 게 아니다. 그것 때문에 부모는 종종 화를 냈다. 아빠는 이렇게 말한다. "아니, 얘가 글쎄 방을 어지럽히는 놈이 따로 있다는 거예요, 자기가 아니라는 거죠. 자기를 찾아온 네모네모 스폰지밥이라나요." 마인홀츠는 화가 단단히 나 있었다. "그 마당에 어떻게 화를 내지 않겠어요!" 아내도 고개를 끄덕였다.

이 이야기를 나눌 때 라세는 자리에 없었다. 나중에 아이를 따로 불러 이야기를 했다. "뭐라고요? 아빠가 제가 방을 어질러놓는다고 말했어요?" 라세가 미소를 지었다. "그건, 저, 스폰지밥이랑 같이 한 건데." 아이는 나에게 동조를 구하는 눈치였다. "스폰지밥 얘긴 어떻게 된 거야?" 내가 궁금해하자 라세가 대답했다. "그 애가 와서 같이 놀아줘요. 그런데 어느 순간 사라져 버려요. 장난 감들을 어질러놓은 채로요. 그럼 저 혼자 치워야 하는데, 혼자 하긴 싫어요. 어질러놓은 사람이 치워야 한다고 아빠가 늘 말했거든요. 그런데 스폰지밥은 하나도 일을 안 하잖아요!"

나는 좀 더 정확한 상황을 알고 싶었다. 그래서 아이더러 자세하게 설명해달라고 부탁했다. 그러고 난 다음 부모를 불러들였다. 라세는 방을 어질러놓고 그의 '나쁜 행동'에 스폰지밥을 관련지어 놓은 것이다. 그러면서 자기는 책임이 없다고 발뺌했다. 라세에게 들은 내용을 그대로 전하자 아빠가 즉시 대답했다. "엉터리 녀석, 스폰지밥이라니!" 아빠는 화를 냈다. "늘 같은 변명이에요! 더 이상 참고 들어줄 수가 없다고요!"

"엉터리가 아니에요." 라세가 스폰지밥의 목소리를 흉내 냈다. "그만 좀 해!" 마침내 엄마가 신경질을 부렸다. 라세는 나름대로 부모에게 항복을 받아내는 방법을 알고 있었다. 힘겨루기였다! "라세, 스폰지밥하고 한 번 확실하게 이야기해 봐. 방을 어질러놓으면 너도 신경이 쓰이잖니?" 내가 이렇게 충고하자 마인홀츠 부부는 어이없다는 표정을 지었다. "아니면 부모님이 스폰지밥하고 이야기하는 게 나을까?"

그러자 아이가 갑자기 "안 돼요! 엄마, 아빠는 아무것도 몰라요!" 하고 소리쳤다. 내가 다시 스폰지밥에게 뭐라고 할 거냐고 묻자 아이는 욕을 해주겠다고 대답했다. "청소를 하든지 아니면 절대 놀러오지 말라고 할래요!"

4주 후 부모 세미나가 계속되었다. 마인홀츠 부부는 환한 얼굴로 나에게 다가왔다. 아이가 더 이상 집 안을 어지르지 않는다고 했다. 자기의 방 말고는 모두 깨끗이 청소를 한다고 했다. "정말 믿을 수 없어요! 아이가 스스로 청소를 한다니까요!" 엄마는 행동이 변한 아들을 여전히 못 믿는 것 같았다. 나는 라세에게 물었다. "안녕! 스폰지밥하고 이야기해 봤어?" 아이가 대답했다. "그럼요. 제가 그 애한테 '청소 안 할 거면 놀러오지도 마' 라고 했어요. 그리고 '내 방은 어질러도 되지만, 다른 덴 깨끗이 치워야 해. 알았어?' 라고 했죠." 스폰지밥이 말을 알아듣더냐고 묻자 아이는 고개를 끄덕이며 자랑스럽게 말했다. "그럼요!"

이 사례는 라세 또래의 아이에게 흔히 일어날 수 있는 일이다. 이 무렵의 아이들은 흔히 '좋은 일'을 하는 자기 자신과 '나쁜 짓'을 하는 가상의 인물을 만들어내기 좋아한다. 여섯 살 정도가 되면 다양한 유형들을 인식할 수 있기 때문이다.

라세에게 스폰지밥은 마술약과 같은 존재지만 부모는 그 사실을 알아차리지 못했다. 부모가 어린 자녀가 보고 느끼는 바를 믿고, 아이의 마술적이고 신화적인 시각을 이해한다면 아이는 3~5세에 이르는 동안 놀라운 방식으로 스스로 갈등을 해결한다. 또 점점 나이가 들어갈수록 다른 사람과 타협하는 능력도 배양한다. 언어와 이성적인 접근 방식이 힘을 얻기 때문이다.

━━ 여섯 살짜리 로빈은 마리온 선생님이 네 살 먹은 타냐와 재미있게 놀고 있는 모습을 보았다. "안녕하세요?" 로빈이 인사했지만, 선생님은 타냐와 노느라 얼른 알아듣지 못했다. "안녕하세요?" 로빈은 좀 더 큰 소리로 인사했다. 그러나 선생님은 이번에도 못 들었다. 나쁜 의도로 그렇게 행동한 것은 아니었지만 로빈은 선생님이 자기를 무시한다고 생각했다.

로빈은 화가 났다. 아이는 가방을 벗어 던지고 쿵쿵 발소리를 내며 인형을 갖고 노는 펠리치타스를 때렸다. 펠리치타스가 넘어지면서 교실이 떠나갈 듯 소리를 지르자 선생님이 달려왔다. 그녀는 로빈의 어깨를 잡고 말했다. "너 지금 무슨 짓을 한 거니?" 로빈은 아무런 대답도 하지 않았다. 하지만 아이의 눈은 "괜히 관심 있는 척하지 말아요"라고 말하는 것 같았다.

"왜 그랬니?" 교사가 재차 묻자 로빈은 어깻짓을 하며 "뭐어때서요!" 하고 말했다. 로빈은 그날 아침에 배운 게 있었다. 앞으로는 교실에 들어가도 인사할 필요가 없다는 것, 머뭇거리지 말고 인형을 모아놓은 자리에 가서 아이를 울려야 한다는 것 등이었다. 아이는 '그럼 마리온 선생님이 나한테 더 빨리 올 거야!' 라고 생각했다.

━━ 심리학자 루돌프 드라이쿠르스는 어른이 "왜?"라고 묻는다 해도 아이는 경계를 침범한 행동에 대해 이유를 말하지 않을 뿐만 아니라 협조를 하지 않는다고 했다. 어린이들은 초등학교 중반까지도 "왜?"라는 질문을 버거워한다. 이런 질문은 대체로 이미 일어

난 사건과 관계있을 뿐 변화를 추구하지는 못한다.

어린아이들은 어른의 잘못된 태도를 통해 특정한 목적을 이루려고 시도한다. 어른들이 해결할 과제는 기술적으로 질문을 던져서 아이의 목적이 무엇인지 밝히고 건설적인 방향으로 문제를 푸는 것이다. 드라이쿠르스는 어린아이들의 태도를 네 가지 차원에서 구분했다. 예를 들어 아이들은 경계를 침범하면서 다음과 같은 것들을 이루고자 한다.

#. 우선 관심을 구하고자 한다. 자신의 목적을 달성하지 못하면
   계속 문제 행동을 한다.
#. 힘을 행사하고 조르며 자신이 우위에 있다는 것을 증명하려
   한다.
#. 위의 시도에 실패할 경우 보복한다.
#. 그래도 목적을 이루지 못하면 자신은 물론 다른 사람까지 곤
   란하게 만든다.

여섯 살 된 마레이케는 유치원 탁자 앞에 앉아 서툰 솜씨로 꼭두각시를 만들고 있다. 아이는 가위나 풀을 떨어뜨리기도 한다. 로제 선생님이 옆에 있다. 그녀는 "도와줄까?" 하면서 가위를 들고 종이를 오리기 시작했다. 마레이케는 다른 곳을 보고 있다. "이것 좀 봐." 하지만 마레이케는 여전히 다른 곳을 보며 풀을 가지고 장난친다.

다음 날, 비슷한 상황이 또 벌어진다. 로제 선생님은 마레이

케가 만들기를 할 때 다른 아이들과 보조를 맞추지 못하자 도와줘
야겠다고 생각한다. 로제 선생님이 종이를 오리는 동안 마레이케
는 지루한 듯 발을 흔들다 교사의 정강이를 걷어찬다. 교사가 "마
레이케! 이리 와서 선생님 좀 도와줘" 하면서 관심을 돌리려 했으
나 마레이케는 꼼짝도 하지 않고 계속해서 교사를 걷어찬다.

이틀 뒤 만들기 시간. 다른 아이들은 이미 과제를 끝냈는데
마레이케만 혼자 남아 있다. 로제 선생님이 도우러 오자 아이는
"싫어, 똥돼지!"라고 소리친다. "그런 말 하면 못 써! 선생님은 마
레이케한테 친절하게 말했는데……. 자꾸 그러면 선생님 간다." 아
이는 혀를 내밀며 다시 "똥보!"라고 교사를 놀린다. 이윽고 로제
선생님이 간다. 아이는 처음에 얼어붙은 듯 앉아 있더니 지루한 듯
만들기를 계속하면서 틈틈이 선생님의 눈치를 살핀다. 그러더니
의자를 흔들다가 넘어져 징징거린다. 로제 선생님이 다가온다. "앉
아. 이게 마지막이야." 선생님이 마무리하는 동안 마레이케는 옆
친구에게 말을 걸어본다. 하지만 친구는 손가락을 입술에 대며 조
용히 하라고 신호를 보낸다. 꼭두각시가 거의 완성될 무렵, 마레이
케는 붓에 물풀을 묻혀 선생님 옷에 죽 그었다. 눈 깜짝할 사이에
일어난 일이었다. "너 미쳤니?" 로제 선생님이 소리친다. "그만
둬!" 교사가 자리에서 일어나자 마레이케는 인형을 모아놓은 자리
로 뛰어가 남은 시간 내내 말 한 마디 하지 않고 그곳에서 보낸다.

이 상황에서 우리는 마레이케의 네 가지 문제 행동 단계를 확
인할 수 있다. 처음에는 관심을 끌고자 했다. 다음 날엔 문제의 행
동을 계속하면서 힘겨루기를 하려고 했다. 또 로제 선생님이 좋은

뜻으로 지원을 해주는 동안 마레이케는 계속 관계를 꼬이게 만들었다. 말 그대로 복수를 한 것이다. 교사의 말을 못 들은 체하고 모욕을 주어 결국 선생님은 화를 내면서 뒤로 물러섰다. 이로써 마지막 단계의 징후가 나타났다. 두 사람 모두 서로에게 실망하고 결국 쌍방의 행위 능력을 무력하게 만들었다.

"왜?"라는 질문은 과거 지향적이다. 그러므로 어른들은 어린이가 목적하는 바가 무엇인지 정확하게 밝힐 수 있도록 질문하는 것이 좋다. 아이들은 자기가 목표한 것이 이루어지지 않으면 표정이나 몸짓으로 드러낸다고 드라이쿠르스는 말한다. 이런 표정과 몸짓으로 나타내는 반응을 우리는 '재인식 반응'이라고 부른다. 일반적으로 미소, 억지웃음, 눈 깜박임 등이 여기 속한다. 나이가 많은 아이들은 오히려 관심을 요구하거나 우월성을 과시하고 싶을 때 솔직하게 욕구를 드러낸다. 그만큼 경험이 많고 약다는 뜻이다. 하지만 어린 아이들은 목적을 꼬집는 질문에 "아니다"라고 말하거나 무표정으로 대응한다. 때로 입술을 삐죽 내밀거나 눈을 깜박이기도 하고, 앉는 자세를 고치거나 한쪽 다리를 떨고, 손가락을 두드리거나 발가락을 꼬물거리기도 한다. 아이들의 신체 언어를 자세히 관찰해 보면 우리가 목적하는 바를 정확하게 짚어냈는지 알 수 있다.

드라이쿠르스는 문제 행동을 하는 아이의 목적을 밝혀낼 수 있는 특별한 질문을 개발했다. 그는 "어른이 핵심에서 벗어난 질문을 해대는 걸 보고 아이들은 우리가 뭘 모른다는 사실을 알아챈다. 오직 아이들 자신만이 우리의 질문이 맞았는지 틀렸는지 알 뿐이다. 모든 질문은 '…하고 싶니?'로 시작해야 한다"고 충고한다.

#. 경계를 침범했을 때: "내가 너랑 같이 놀아준다면 좋겠다는
뜻이니?", "내가 너한테 좀 더 관심을 가졌으면 좋겠니?"

#. 힘겨루기를 할 때: "넌 지금 나한테 마음먹은 대로 할 수 있다
는 걸 보여주고 싶은 거지?", "네가 결정하고 싶다는 뜻이
니?"

#. 복수나 보복 행위를 할 때: "너는 지금 내 마음을 아프게 하고
싶니?", "넌 나한테 벌을 주고 싶니?"

#. 속수무책인 상황: "지금은 아무것도 할 수 없으니까 조용히
쉬고 싶다는 뜻이니?", "무엇이 됐든 아무것도 할 생각이 없
다는 거니?"

질문을 하되 아이를 비난해서는 안 된다. 또 한 가지 중요한 점은
아이들은 보통 숨기는 이유를 스스로 정확하게 모른다는 것이다.
그래서 부모가 핵심을 찔러 질문하면 갑자기 그게 맞을지도 모른
다고 생각하게 된다. "이제까지 가족이 자신을 이해하지 못한다고
생각하고, 가족은 자기를 귀찮게 하는 존재라고 생각하던 아이가
어느 날 갑자기 자신 역시 가족의 구성원이란 사실을 깨닫게 된다.
이 순간 상대방에 대한 믿음과 자기에 대한 신뢰가 시작된다"라고
드라이쿠르스는 말한다. 그는 또 계속해서 "잘못된 질문을 계속하
면 아이는 반응하지 않는다. 부모의 짐작이 틀렸다는 걸 알고 있기
때문이다. 그러다 정확한 이유가 밝혀지는 순간 아이들은 이해받

았다고 생각하면서 협조적인 자세를 취한다."

이러한 이론을 마레이케의 태도에 대입해 보자. 로제 선생님은 보육 교사들을 위한 세미나에서 이 사례를 발표했고, 우리는 대응 전략을 수립했다. 며칠 뒤 마레이케가 다시 의자를 가지고 문제의 행동을 하면서 관심을 끌려고 시도하자 그녀가 대화를 시작했다.

로제 선생님이 "선생님이 널 위해 좀 더 많은 것을 해주면 좋겠다는 뜻이니?"고 묻자 마레이케는 침묵하며 약간 고개를 흔들었다.

"만들기 시간에 널 좀 더 돕기를 바라는 거니?"

"아니에요!"

"그럼 선생님이 널 위해 뭔가 특별한 것을 해주면 좋겠니?" 마레이케가 활짝 웃었다.

"그래? 그럼 네가 한번 말해 볼래?."

마레이케는 어깨를 으쓱하더니 생각에 잠겼다.

"아침에 네가 유치원에 도착하면 선생님이 특별하게 맞아줄까?" 마레이케가 미소를 지었다. 로제 선생님은 마레이케가 유치원에 도착하면 특별한 아침인사를 해주기로 약속했다. 이야기 끝에 나는 최근 마레이케의 부모가 새벽에 일을 나가는 바람에 옆집 사람이 마레이케를 유치원에 데려다준다는 사실을 알게 되었다. 부모와 아이가 제대로 이별 의식을 갖지 못했던 것이 문제였다. 그러나 교사는 마레이케가 보인 문제 행동의 원인을 몰랐다. 교사는 문제의 핵심을 밝히는 질문 방법을 개발하여 비로소 마레이케의 행동이 목적하는 바를 알아냈고 이를 건설적인 방식으로 전환할 수 있었다. 도전적으로 경계를 침범하는 행동들은 부모와 자식 사이에 문제가 있을 때 발생한다. 그러므로 다음과 같은 점을 되짚어 볼 필요가 있다.

1. 규칙이나 경계가 불확실하거나 불명확하게 표현된 경우. 어린이들은 특정한 상황에서 자기가 무엇을 할 수 있고, 무엇을 할 수 없는지 정확히 알고 싶어 한다. 아이들이 여러 가지 상황을 만들어 시험하는 것은 바로 그 때문이다.

2. 어린이들은 존중받고 관심을 받고 또 주의를 끌고자 한다. 이런 욕망이 충족되지 못하면 힘겨루기를 벌인다.

3. 사건은 비판하되 사람을 비판해서는 안 된다. 그 두 가지를 혼합해서도 안 된다. 비록 약속이나 규칙을 어겼다 해도 아이들은 인격체로서 존중받고 싶어 한다.

4. 경계가 적절치 않고 부담스럽다고 느낄 때 아이는 이러한 상황을 벌이나 금지로 받아들인다. 그래서 다시 힘겨루기를 벌이게 된다. 혹은 금지된 사항에 대해 비밀스럽게 대항하기도 한다. 그런 경우 규칙과 경계를 다시 한 번 생각해 보고 아이와 함께 새로운 경계와 규칙을 만들어내는 게 좋다.

5

언제나 곁에 있는 육아도우미들

손위아이의 질투를 애정과 사랑으로 바꾸는 법

여섯 살 요나스에게 얼마 전 동생이 생겼다. 이름은 파울이다. 동생은 우유를 잘 먹지 않았고 건강하지도 못했다. 온 가족의 관심이 파울에게 쏠리자 요나스는 버려졌다는 느낌을 받았다. 아이는 식사 시간마다 느릿느릿 밥을 먹거나 깨작거렸다. 엄마가 식탁을 곧 치울 거라고 이야기하면 연극을 하기도 했다. 결국 아빠가 아기에게 젖병을 물리는 동안 엄마가 요나스 곁에 앉아 관심을 보여준 후에야 문제의 행동이 개선되었다.

"요나스는 여전히 손이 많이 가는 아이예요. 그 애 혼자만을 위해 뭔가 해야 할 때도 있어요!" 엄마가 말했다. "특히 동생이 잘 때 그래요." 나는 요나스가 대안을 선택한 거라고 말해주었다. 아이의 입장에서 보자면 '어린 동생이 자야 내 세상!'이었다.

부모와 자녀는 문제를 받아들이는 입장이 아주 다르다. 같은 문제일지라도 그렇다. 부모의 입장에서 충분하다고 생각하지만, 아이에게는 부족한 경우도 있다. 어른들이 보여주는 관심과 지원을 판단할 때도 아이들은 양이나 시간보다 질에 초점을 맞춘다. 어린이는 엄마, 아빠가 동생을 어떻게 대하는지 날카롭게 관찰한다. 부모가 형제들에게 골고루 관심을 두고 지원을 하는지 여부도 면밀하게 살핀다. 부모의 말보다 행동에 더 높은 가치를 둔다.

아이들은 일상생활에서 엿볼 수 있는 부모의 행동을 두고 평가를 내린다. '엄마는 큰형하고 시간을 더 많이 보내는구나', '아빠는 아픈 동생한테 관심이 많구나', '느림보 동생이 숙제할 때 더 오래 도와주네', '형은 몸이 약하니까 밥 먹을 때도 너그럽게 봐주는구나' 등등이다.

부모는 모든 자녀를 동등하게 사랑한다. 그렇다고 누구에게나 똑같이 대할 수는 없다. 부모들의 이 같은 애정 표현 방식은 지극히 정상적인 현상이며 삶에 필요한 것이기도 하다. 막 태어난 아기에게는 반항기에 접어든 손위 형보다 더 많은 관심과 보살핌이 필요하다. 또 이제 막 유치원에 들어간 동생에겐 학교에 다닌 지 오래된 누나보다 각별한 관심과 배려가 필요하다. 이렇듯 상황이 다르면 행동 역시 달라진다. 하지만 아이들의 입장에서 보면 받아들이기 쉽지 않은 문제다.

베아테는 "우리 막내 마르쿠스는 이제 열 살이에요. 그 애는 발달이 늦어요. 다른 형제 같았으면 벌써 독립했을 나인데, 마르쿠스는 정말 답답해요. 가슴을 칠 정도라니까요"라며 웃었다. "뭐 특별히 화나게 만드는 건 없지만요. 느림보들이 대개 그러잖아요!"

"제 딸 아냐는 전형적인 '가운데 아이'예요." 호르스트가 말을 받았다. "그 애는 항상 걱정거리가 넘쳐요. 언니나 동생한테는 전혀 문제가 안 되는 것들인데도 그 애는 어려워하지요. 항상 무엇인가 걱정하고, 그 아이 주변에는 늘 무슨 일이 생겨요." 그는 고개를 흔들었다. "그 애 스스로가 장애가 되는 셈인데, 가운데 애들은 다 그런가요?"

"비올라는 외동딸이에요. 이제 아홉 살이죠. 그 앤 다른 아이들하고 잘 어울리지를 못해요. 어디서나 주목받고 싶어 하고, 그게 마음대로 안 되면 아주 슬퍼한다니까요." 비올라의 엄마가 말했다. "제 뜻이 먹혀들어가지 않으면 목소리 톤이 높아지고 길길이 뛰어요." 엄마의 얼굴에 수심이 가득했다. "크면 어떻게 될지 벌써부터 걱정이에요."

아이들은 다른 사람과 구별되기를 원한다. 나이, 성, 성격을 다른 사람과 구별 짓고 싶어 한다. 갈등이 생기는 것은 당연하다. 나는 오랫동안 형제들끼리 주고받는 영향력에 대해 연구했는데 그 결과 형제들이 성장한 심리사회학적 환경이 매우 중요한 것으로 드러났다. 이를 테면 부모의 이혼과 이별의 경험, 가족 구성원의 사망이나 질병, 이사, 부부 사이의 유대 관계, 조부모의 존재 등이다. 어린이의 선천적 특성도 간과해서는 안 될 요인이다.

"우리 로날드는 가운데 아인데 이제 막 아홉 살 됐어요. 그 앤 나머지 두 애하고 완전히 달라요. 두 아이는 내성적이고 조용한 데다 조심성도 많아요. 예술적인 재능도 많아 악기를 잘 다루고요. 그런데 로날드는 형제들과 전혀 달라요. 아무런 공통점이 없다니까요. 호기심 많고 건방지고 책 한 권 안 읽으면서 줄기차게 TV만 보려 들어요. 예술 감각이라곤 눈 씻고 봐도 없고요." 그녀는 '샌드위치 아이'를 키우는 게 아주 어려운 일이라고 토로했다.

샌드위치 아이는 정확하고 예민한 관찰자다. 자기에게 적합한 자리를 찾기 위해 항상 노력하며, 늘 사방을 둘러보고 상황을 재빨리 파악한다. 모든 것을 아주 정확하게 관찰한 후 비어 있는 자리를 차지한다.

나는 로날드의 엄마에게 "그 애가 다른 두 형제보다 더 내성적이고 예술적이기를 바라는 건가요?" 하고 물었다. 그녀는 "그럴 리가요. 지금 그대로도 괜찮아요! 그 앤 샌드위치 사이에 낀 맛있는 토마토잖아요."

━━ 마리아가 여덟 살 난 아들 스테펜을 데리고 상담실에 왔다. 그녀는 단단히 화가 난 것 같았다.

"얘가 지금 무슨 일을 저질렀는지 상상도 못하실 거예요." 상담실 소파에 앉아 빙글거리는 아들을 바라보며 그녀가 입을 열었다. "네 입으로 직접 말씀드려." 엄마가 윽박질렀지만, 아이는 아무 말도 하지 않았다. "그럼 내가 직접 말할까?" 스테펜이 어깨를 으쓱하며 고개를 끄덕였다. 마리아가 진지한 눈빛으로 나를 쳐다보았다. "얘가 동생하고 늘 싸움만 해요. 끝이 없어요. 그런데 가만히 보면 스테펜이 꼭 마크를 화나게 한다니까요."

"마크는 몇 살이죠?" 내 물음에 스테펜이 갑자기 끼어들었다. "네 살이요! 걔가 자꾸 날 건드려요. 무지무지 화나게 한다니까요." 아이의 눈길이 심상치 않았다. "네가 양보할 수도 있는 일들이잖아! 넌 형이야!" 엄마가 말을 자르자 스테펜이 한숨을 쉬었다. "넌 항상 더 많이 누리려고만 하잖아. 양보할 생각은 안 하고 말이야. 제발 동생 기 좀 죽이지 마라."

그녀는 나를 쳐다보고 말했다. "스테펜이 최근 한 일을 생각하면…… 정말이지 펄쩍 뛸 일이라니까요." 그녀는 잠시 숨을 돌렸다. "얘는 나무 기어오르기를 좋아해요. 정원에 있는 떡갈나무도 꼭대기까지 올라가요. 세 번째로 높은 가지까지요." 스테펜은 엄마의 말을 정정했다. "아냐, 네 번째 가지야."

"아주 멋진데!" 내가 놀랍다는 듯 말하자 엄마가 고개를 설레설레 흔들었다. "얘 동생 마크도 형을 따라 나무에 올라가려고 해요. 그런데 스테펜이 동생을 가만 두지 않는 거 있죠." 어떻게 했기에 엄마가 그토록 화를 내는지 조금 의아했다.

"마크는 매번 나무 밑에서 형한테 빌다시피 해요. 자기도 좀 올라가게 해달라고 말이죠!" 그녀는 스테펜을 바라보며 말을 이었다. "하지만 절대 못 올라오게 하는 거예요." 스테펜은 입을 삐죽였다. 엄마가 아들을 노려보았다. 스테펜이 동생을 바보 같다고 놀리면서 절대 올라오지 못할 거라고 약을 올린다는 것이었다. 스테펜은 "바보라곤 안 했어!" 하고 잘라 말했다.

나는 "그럼 뭐라고 했는데?" 하고 물었다. "너무 어리다고 그랬죠." 아이는 당당했다. 엄마는 그 말이 그 말이라며 스테펜의 이야기를 일축해 버렸다. 하지만 스테펜도 양보하려 들지 않았다. "똑같지 않아요. 마크가 너무 어린 것도 사실이고요. 잘못하다간 떨어질 수도 있어요."

　그 순간 엄마가 날카롭게 아이의 말을 받았다. "바로 그거야! 떨어지는 거랑 던지는 게 같니?" 스테펜이 화를 냈다. "난 그런 적 없어!"

　"제가 설명해드리죠." 엄마가 마음을 가다듬고 말을 이었다. "얼마 전이요. 스테펜이 세 번째, 아니 네 번째 나뭇가지에 올라가 앉아 있는데 마크가 또 나무 아래서 애원하더라고요. 자기도 올라가게 해달라고 말이죠. 그런데도 얘는 의기양양한 표정으로 들은 척도 안 하는 거예요." 스테펜은 태연하게 엄마 말을 끊었다. "그 찡찡이, 울보는 만날 그런 식이야."

　"저는 얼른 정원 나무 쪽으로 뛰어갔죠. 스테펜한테……." 별안간 스테펜이 끼어들었다. "소리를 질렀어요. 정말 마귀할멈 같았어요! 아저씨도 봤으면 좋았을 텐데. 꼭 『헨젤과 그레텔』에 나오는 마귀할멈 같았다고요." 엄마는 나에게 그 상황을 설명했다. "제가 마크를 안아 높이 들어 올렸죠. 그랬더니 얘가 아래쪽으로 몸을 숙이더라고요. 저는 스테펜이 마크를 잡았다고 생각하면서 확인하려고 '잘 붙잡았니?' 하고 물었어요." 그녀가 잠깐 말을 끊었다. "그런데 세상에, 얘를 잡지 않은 거예요." 그녀는 머리를 흔들었다. "전 그런 줄도 모르고 손을 놓았고요."

　"자유 낙하죠!" 스테펜이 간단하게 표현했다. 나는 깜짝 놀라 아이를 바라보았다. "엄마 이야기가 다 사실이야?" 아이는 웃으면서 "네, 근데 거기서 떨어지면 하나도 안 아파요" 하고 대답했다. "난 수도 없이 떨어져 봤는데, 그 정도 높이에서는 아무렇지 않더라고요." 아이가 잠시 말을 끊었다. "난 일곱 살이 돼서야 겨우 네 번째 가지에 올라갈 수 있었어요. 마크는 네 살밖에 안 됐다고요. 마크가 여섯 살 되었을 때 네 번째 가지에 오르면 그래도 저보다 한 살 먼저 나무에 오르는 거 잖아요. 하지만 그 전에는 절대 안 돼요!" 아이가 단호하게 덧붙였다.

━━ 일곱 살 피아는 지금 블록을 쌓아 탑을 만드느라 여념이 없다. 그 때 네 살짜리 여동생 그레테가 레고 블록을 빼앗으려 들었다. 화가 난 피아가 동생을 밀쳐냈다.

"이리 내, 뚱보야!" 피아가 씩씩거렸다. 그레테는 넘어지면서도 장난감에서 눈길을 떼지 않았다. 동생은 언니에게 필요한 블록을 발견했다. 아이는 그것을 언니에게 가져다주고 싶었다. 그래서 자리에서 벌떡 일어나 블록을 집으려고 몸을 구부렸다. 피아는 화를 내면서 "거기 뒤!" 하고 쌀쌀맞게 말했다.

피아는 동생에게 달려가 블록을 뺏으려 했다. 그레테는 언니에게 주려고 했던 블록을 손에 꼭 쥐고 놓지 않았다. 마음이 바뀌었기 때문이다. 피아가 억지로 동생 손을 벌리려 했지만 소용없었다. 피아가 갑자기 손을 놓는 바람에 그레테는 블록을 손에 쥔 채 카펫 위로 나동그라졌다. 블록에 찔린 그레테가 언니에게 소리를 질러댔다. 순간 피아가 번개처럼 달려와 블록을 손에 넣었다.

"네가 스스로 그런 거야!" 화가 난 그레테가 피아를 걷어찼다. 피아도 지지 않았다. 얼른 몸을 굽혀 그레테의 긴 머리카락을 낚아챘고, 자매는 순식간에 육탄전에 돌입했다. 그레테 역시 지지 않고 덤비느라 언니의 팔을 물었다. 급기야 언니에게 코를 한 방 세게 얻어맞았다. 엄마가 방으로 뛰어 들어왔다.

"또 무슨 일이야?" 엄마는 피아가 말할 틈도 주지 않았다. "도대체 한 번만이라도 져줄 수 없어?" 엄마는 피아를 다그치면서 눈물로 범벅이 된 작은딸 옆에 앉았다. 그러곤 "아가! 이제 그만 울어!" 하며 동생을 달랬다. "언니가 뭘 어떻게 한 거야?" 그레테는 그 말을 듣자 더욱 서럽게 울기 시작했다. 피아는 화가 났다. "어차피 엄마랑 그레테는 날 사랑하지 않아!" 하면서 방문을 꽝 닫고 나가 버렸다.

━━ 일곱 살배기 니클라스가 엄마에게 뛰어와 품에 안겼다. 아이는 슬픈 얼굴로 울먹였다. "도로테아가 또 내 걸 뺏었어요." 아이는 엄마를 껴안고 흐느꼈다. "정말 나빠. 쟤 때문에 만날 화가 나요."

도로테아는 니클라스의 여동생으로 여섯 살이다. 나이는 어리지만 키가 커서 벌써 오빠만 하다. "싸움만 하면 니클라스가 지니……." 엄마가 고개를 절레절레 흔들었다. 늘 이와 비슷한 상황이 발생했기 때문이다.

어느 날, 엄마는 거실에 앉아 있고 니클라스와 도로테아는 각자 놀고 있었다. 니클라스는 퍼즐을 맞추고 있었고, 도로테아는 그림책을 보고 있었다. 도로테아가 요란하게 책장을 넘기는 바람에 퍼즐 조각이 날려 뒤섞였다. "그러지 마, 도로테아!" 니클라스가 조용히 말했다. 하지만 도로테아는 오빠의 말 따윈 안중에 없는 듯 더 힘껏 책장을 넘겼다. 니클라스가 이리저리 퍼즐 조각을 찾았다.

그때 갑자기 도로테아가 큰 소리로 웃으며 오빠가 찾던 퍼즐 조각을 손에 쥐었다.

니클라스는 퍼즐 조각을 달라고 말했지만, 도로테아는 꿈쩍도 하지 않았다. 오히려 제 오빠를 도전적으로 바라보았다. 결국 니클라스는 엄마에게 도움을 요청했다. "도로테아, 얼른 돌려줘." 아이는 엄마를 힐끗 쳐다보더니 벌떡 일어나 퍼즐 판을 뒤집어 버렸다. 니클라스가 어쩔 줄 몰라 하며 큰 소리로 울기 시작했다. 그러곤 엄마 품에 뛰어들어 얼굴을 묻었다.

▬ 사브리나의 부모는 열 살배기 딸 때문에 걱정이 이만저만 아니다. "우리 사브리나는 아주 영리해요. 몸이 자주 아픈 게 흠이지요. 코감기에 걸렸는가 싶으면 기침을 하고, 그러다 복통을 호소하기도 하죠. 하지만 침대에서 쉬는 법이 없어요. 일어나자마자 절 도와주겠다고 돌아다니거든요." 아빠의 표정은 좀 심각했다. "다른 부모는 아이들이 집안일을 돕지 않는다고 불평하지만, 우리 사브리나는 그런 걸로 속을 썩이지 않아요. 무슨 일을 도와야 할지 정확히 알고 있는 데다가 동생들도 잘 돌보거든요."

사브리나는 여덟 살, 두 살짜리 남동생의 누나이며 다섯 살짜리 여동생 스테파니의 언니다. 부모를 돕고 동생을 돌보는 일이 어린 나이에 무리일 수 있는데도 아이는 전혀 불만스러워 하지 않았다. "원래 그 정도 나이엔 반항도 하고 동생들을 질투할 법도 한데, 우리 앤 그러질 않아요." 사브리나는 나이에 걸맞지 않게 세심하고 배려심이 많았다. "그 애는 모든 사람한테 친절해요. 얼마 전에 일이 너무 많아 한숨을 쉬고 있는데 사브리나가 제 어깨에 팔을 두르며 이렇게 말하더라고요. '엄마, 누워서 좀 쉬세요. 나머지 일은 제가 알아서 할게요' 하고 말이죠."

▬ 손위 형제와 동생 사이의 질투심이 화두가 되면 사람들은 흔히 공격적인 싸움을 연상한다. 형이 동생을 지배하고 자기의 뜻을 강요하며, 어떤 수단을 써서라도 고압적인 자세를 유지하려 드는 모습을 떠올린다. 형제간의 연령 차이는 중요하지 않다. 열세 살짜리라 할지라도 다섯 살짜리 동생 때문에 불이익을 받는다고 생각하면 아이를 박대하고 나쁜 짓을 할 수 있다. 질투는 이성으로 다루기 힘든 문제다.

손위 아이들은 불안하거나 곤란한 상황 혹은 좌절한 상태에서 질투를 경험한다. 아이들이 싸우고 말다툼을 하고 반사회적인 행동을 하거나 상황에 적합하지 않은 행동을 하는 것도 모두 그 때문이다. 아이들은 나이 어린 동생을 못살게 굴어서라도 엄마나 아빠의 관심을 끌고 싶어 한다. 나쁜 관심이라도 받는 게 훨씬 낫다고 믿기 때문이다. 손위 아이들은 부모가 자기를 더 대우해주고 사랑한다고 느낄 때 동생에 대한 경계심을 늦춘다.

질투심을 숨긴 채 공격적이고 파괴적인 마음을 감추고 무대 뒤로 돌아서는 아이들도 있다. 어른들은 이러한 아이들의 모습을 놓치기 쉽다. 이때 아이들은 희생자를 자처하면서 신체적이나 지적인 도전을 받을 경우에도 방어만 한다. 부모의 관심을 받으며 '불쌍한 것'의 역할을 하여 부모나 가족의 동정심을 얻고, 자신을 결정력이 없는 존재로 부각하여 지속적으로 후원을 받을 수 있게 만드는 것이다.

또 다른 아이들은 대단히 이성적이고 독립적으로 행동한다. 통찰력 있는 존재의 역할을 떠맡아 부모의 격려와 호평을 받는다. 자기 자신을 건설적이며 우호적이고, 기꺼이 남을 도와줄 줄 아는 존재로 부각시키기 위해 엄마의 양육 방식을 전폭적으로 지원한다. 그런 방법을 통해 누구보다 빨리 관심을 이끌어내고 존중받는다. 특히 여자 아이들이 주로 이 같은 조력자의 역할을 맡는다. 이 때문에 과도한 정서적 부담을 느끼기도 하고, 자기의 능력보다 더 많은 것을 해내려고 기를 쓰다가 병을 앓기도 한다. 그러면서 또 한 번 관심을 얻는다. 부모의 간호를 받고 부모를 곁에 머물게 하여 '아기'로 돌아갔다가 다시 한 번 새로운 행동에 나갈 수 있도록 재무장할 시간을 버는 것이다.

▬ "아이가 질투할 땐 어떻게 해야 하죠?" 바바라가 물었다. "율리우스는 이제 아홉 살이에요. 우린 그 애한테 최선을 다했어요. 더 이상 잘 해주려야 해줄 게 없을 만큼요. 아마 세상에서 제일 많이 사랑받는 아이일 걸요." 그녀가 한숨을 쉬었다.

"맞아요." 아빠 귄터가 말을 이었다. "이제껏 큰애한테 공 들인 걸 생각하면 정말 엄청나요. 도대체 언제까지 그래야 하는지 모르겠어요. 막내가 태어나지 않았더라면 좀 나았을까요?" 그는 웃으며 말했다.

마가렛도 할 말이 있다고 했다. "애들이 저희끼리 싸우는 건

이해할 수 있어요. 막상 제 눈으로 보면 참을 수가 없지만요. 그래도 둘이 해결하게 내버려 둬야겠죠?" 그녀가 심각한 표정을 지으며 말했다.

"우리 딸 안냐는 지금 여섯 살이에요." 마이케가 대화에 끼어들었다. "니클라스가 두 살일 때 안냐가 네 살 반이었죠." 그녀는 말을 이었다. "안냐는 날마다 동생을 때려요. 아주 미워하고요. 전 너무 화가 나서 그 애가 동생을 때릴 때마다 방에 가뒀어요. 지금 생각해 보면 제 잘못이 컸어요. 아이한테서 사랑을 뺏은 꼴이었으니까요." 그녀는 나를 바라보았다. "결국 대소변을 흘리면서 다시 기저귀를 차고 싶어 했어요. 박사님이 저한테 둘만의 의식을 가져 보라고 조언하셨죠. 그래서 남편이 니클라스를 보고 있는 사이에 안냐와 외출을 했어요. 일주일에 한 번 특별한 일을 했고, 집에 돌아온 후엔 한 사람이 니클라스를 보는 동안 나머지 한 사람은 안냐와 시간을 보냈어요. 어린아이처럼 대우하면서 마사지도 해주고 아기들 말로 대화를 나누기도 했고요. 안냐는 그런 시간을 즐겼어요. 그러더니 나중에는 동생을 씻길 때 도와준다고까지 하더라고요. 누나잖아요."

이 가족은 형제간의 질투심을 확실하게 인정하고 수용했다. 질투는 정상적인 감정이며 부모가 주는 관심과 사랑을 더 많이 차지하고자 하는 노력의 다른 모습이다.

부모는 특별한 의식을 통해 안냐에게 확신을 심어주었다. 부모의 사랑을 충분히 느끼고 독차지할 수 있는 의식을 마련해 아기로 돌아가고 싶어 하는 안냐의 욕구를 충족시켜 주었다. 손위 아이들은 동생이 태어나면 자기의 존재가 축소되었다고 느껴 관심을 얻으려고 바지에 대소변을 누기도 한다. 아기는 온전한 관심과 사랑을 받는 모델이 되기 때문이다. 하지만 안냐는 그 과정을 극복했고 동생을 돌보는 데 참여하여 부모에게 의젓한 '누나'로 인정받기에 이르렀다.

'좋은 말'을 아무리 많이 해도 아이들은 질투심을 버리지 못한다. "우린 너도 똑같이 사랑해!"라거나 "너는 우리 집에서 제일 큰아이야. 넌 이미 많은 걸 가졌잖니" 같은 말을 귀가 따갑도록 이야기해 봤자 별로 도움이 안 된다. 큰아이는 여전히 동생 때문에 지위를 위협받고 있다고 느끼기 때문이다. 이때 아이가 마음을 안정시킬 수 있도록 특별한 의식을 마련한다면 큰 도움이 될 것이다.

#. 일정한 시간과 일정한 장소에서 규칙적으로 행한다.
#. 일단 의식을 시작하면 지속적으로 행한다.
#. 부모를 믿을 수 있어야 한다.
#. 아빠, 엄마와 아이가 의식에 함께 참여하고 돌아가며 배역을 맡는다. 부모는 아이에게 자기만을 위해 존재하는 것처럼 느끼도록 배려해야 한다. 손위 아이가 질투하는 경우엔 특히 이 점이 중요하다.

앞의 상황들을 좀 더 구체적으로 설명해 보면,
#. 스테펜의 엄마는 잠자리 의식에 변화를 주었다. 먼저 스테펜의 취침 시각을 약간 늦춰 시간을 벌었고, 평소보다 좀 긴 이

야기책을 골랐다. 동생이 낮잠을 자는 동안 스테펜은 부모와 시간을 보냈다. 엄마는 아이가 무릎에 앉으면 의식을 시작했다. "지금부터 우리 둘뿐이다. 멋있다!" 매월 두 번째 토요일에 아빠는 장남 스테펜과 자전거를 타고 여행을 했다. 스테펜은 이를 '사나이들의 자전거 여행'이라고 자랑스럽게 표현했다.

#. 피아의 엄마는 아이가 유치원에서 나올 때 동생이 있으면 더 심하게 싸운다는 사실을 알아챘다. "피아는 그레테를 보기만 하면 정신이 휙 도는 것 같았어요." 피아의 아빠는 딸을 유치원에 데려다주는 역할을 맡았고, 엄마는 이틀에 한 번 동생을 친구의 집에 맡기고 피아를 데려왔다. 그날엔 집에 곧장 오는 대신 피아더러 어떤 길로 갈 것인지 선택하도록 했고, 놀이터에 들렀다 오기도 했다. 어떤 땐 동네를 한 바퀴 돌았다. 피아는 의식이 틀림없이 계속된다고 확신하면서부터 그레테를 덜 공격했다.

#. 니클라스 역시 특별한 의식을 치렀다. 아이가 잠자리에 들면 엄마는 부드럽게 등을 쓰다듬어주었다. 니클라스는 고양이처럼 기분 좋은 소리를 냈고, 두 사람은 이를 '고양이 놀이'라고 불렀다. 부모의 사랑이 필요한 순간이 오면 아이는 짧게 고양이 소리를 냈다. 그러면 부모는 니클라스와 함께 대화를 나누었고, 아이는 점차 여동생 앞에서도 자기의 권리를 주장할 수 있게 되었다. 아이는 또 "싫다"는 단어를 쓰는 법을 배웠다. 아빠는 아이들을 서로 비교하지 않으려고 니클라스만

수영을 배우도록 했다. 의식을 시작한 지 얼마 되지 않아 니클라스는 자의식이 강해졌고, 여동생을 압도하는 기술을 터득하기 시작했다.

\#. 사브리나는 자리에서 일어나기 전 매일 10분씩 엄마의 침대에서 같이 뒹굴고 노는 시간을 갖게 되었다. 엄마의 품 안에서 서서히 잠을 깬 뒤 세수하고 옷을 입고 나서 함께 아침을 준비한다. 식사는 혼자서 했다. "사브리나는 동생들이 일어나 혼란이 시작되기 전 조용한 시간을 즐겼어요." 부모는 또 한 달에 한 번 사브리나와 외식을 했다. 동생들은 할아버지의 집에 맡겨 놓는다. 아이는 처음에 무의식적으로 "애들 데리러 갈 시간 아니에요?" 하고 묻곤 했다. 엄마가 웃으며 그 상황을 설명했다. "전 그 질문에 '맞아!' 하고 대답할 뻔했어요. 그랬다면 사브리나가 '봐! 우리 엄마, 아빠는 아직도 나하고만 시간을 보낼 마음이 없는 거야'고 생각했겠죠. 실수하지 않으려고 얼마나 조심했는지 몰라요."

"박사님 말씀이 무슨 뜻인지는 알아요. 하지만 서로 소리 지르고 울고 바닥을 뒹굴 땐 저러다 잘못 되는 게 아닌가 걱정된다니까요. 그럴 땐 어떡하죠?"

그 말에 다른 부모들도 고개를 끄덕였다. "애들 싸우는 거 보고 모르는 척하기가 얼마나 어려운 줄 아세요? 싸우는 소리가 들리는데 태연하게 신문이나 보고 있을 수 있나요? 꼭 누구 하나 죽어나올 것 같은 분위긴데요. 한 녀석이 장난감을 뺏겼다고 징징거리며 나오면 마음이 흔들린다니까요." 부모가 자녀의 방에서 일어난 전쟁에 개입했다 하더라도 평화는 오래 가지 않는다. 등을 돌리는 순간 싸움은 다시 시작된다. 대개 부모에게 도움을 청한 아이가 공격의 대상이 된다.

아이들은 서로 저주하고 증오하면서 타협하는 법을 배워나간다. "다른 집 아이들도 그렇게 요란스럽게 싸우나요? 머리칼도 쥐어뜯고요?" 여섯 살배기 니코와 네 살짜리 로버트의 엄마 이솔데가 물었다. "우리 집 애들은 아무래도 정상이 아닌 것 같아요!"

"그럼 어떻게 하기를 바라세요?" 내가 물었다.

"좀 이성적으로 싸웠으면 좋겠어요!" 그녀는 자기의 의지를 실현하고자 굳게 마음먹은 사람처럼 보였다. "제발 이성적으로! 제가 너무 많은 걸 바라는 건 아니죠?"

"아이들이 네 살, 여섯 살이라고 하지 않으셨나요?" 내가 물었다. 그녀가 고개를 끄덕였다. "애들이 이성적으로 싸울 수 있는 좋은 방법이 없을까요, 박사님?" 그녀는 회의적이었다. "한번 상상해 보세요. 집에 도착했는데 쥐 죽은 듯 조용하다면 어떻겠어요? 적막이 감돌고, 아무런 소리도 들리지 않는다면 어떤 생각이 들까요?" 나는 그녀를 바라보며 물었다. 그녀가 웃으며 대답했다. "죽었나?" 나는 고개를 저었다. "아마 애들 방으로 달려가 문 앞에 쭈그리고 앉은 채 열쇠 구멍으로 안을 들여다보게 될 거예요." 그녀는 입을 딱 벌리고 나를 쳐다보았다. "니코가 책상에 앉아 있고, 로버트는 다른 쪽에 앉아 있는 걸 보게 되겠죠. 니코는 '네가 나를 깨문 건 진짜 나쁜 짓이야!' 할 거예요. 그러면 로버트는 슬픈 표정으로 '형이 나한테 말을 걸어줘서 다행이야. 나도 형이 공격하면 싫어. 엄마가 우리 때문에 걱정을 하시잖아!' 라고 말하겠죠. 그 말에 니코가 대답을 해요. '그 문제에 대해 좀 더 이야기해 보자. 내가 코코아를 타 올 테니 마시면서 이야기하자' 라고요."

나는 그녀를 보고 싱긋 웃었다. 그녀는 고문을 당하는 듯했다. "만일 그런 장면을 보았다면 그 자리에서 기절하고 말았겠죠." 내가 한 마디 덧붙였다. "아이들이 얼마나 당신을 걱정하는지 들으셨죠? 애들을 있는 그대로 받아들이세요."

모든 부모가 요란스럽게 싸우는 자녀들을 태연하게 바라보거나 경쟁의식 때문에 벌어진 다툼을 '난 모르겠다' 는 식으로 방관하지 않는다. 어른들은 아이들의 싸움에 깨물지 않기, 침 뱉지 않기, 발로 차지 않기 등의 규칙을 정해줄 수 있으며 어길 경우 퇴장하겠다는 약속도 받아낼 수 있다. 퇴장이란 '열을 식히기 위해' 아이를 잠시 방에서 나가게 하는 것이다. 예상외로 다툼이 커졌을 경우 이 같은 공간적 분리는 큰 도움이 된다.

"애들 싸움이 커졌는데도 개입하고 싶은 생각이 들지 않으면 전 그냥 욕실로 들어가 버려요." 엄마가 말했다. "욕실에 의자와 책을 가져다 두었거든요. 워크맨을 끼고 제가 좋아하는 클래식 음악을 듣지요. 하이든의 심포니를 들으면 바깥에서 나는 소음이 전혀 안 들리거든요. 어떤 때는 하도 조용해서 둘 다 죽은 건 아닌가 생각될 때도 있고요. 물론 애들은 언제나 말짱하지요. 심장도 뛰고, 정신도 살아 있고요."

어른이 개입해야 할 때가 있는 법이라고 생각하는 부모가 많다. 다음 세 가지 경우에는 부모가 반드시 개입해야 한다. 자녀들은 흔히 부모와의 관계에 문제를 만들어 엄마나 아빠가 자신에게 관심을 기울이도록 유도한다.

#. 자녀가 규칙을 지키지 않거나 이를 방해할 경우 마땅한 조처를 취해야 한다. 그렇지 않으면 자녀가 부모를 신뢰하지 못한다. 아이가 경계를 침범했을 때도 아이에게 지나친 부담을 주는 것인지 아니면 지킬 수 있는데도 고의로 그런 것인지 점검해 보아야 한다.

#. 공공연하게 형제를 공격하면 주의를 기울여야 한다. 형제에게 상처 주는 것을 방치하면 공격적인 행동이 더욱 심해질 것이다. 아이들은 보통 문제의 행동을 통해 불만이 있다는 것을 표출하고 싶어 한다.

#. 부모 앞에서 형제끼리 계속 다투는 것을 외면하면 갈등이 더욱 커진다. 이런 싸움은 보통 손위 아이가 시작하기 마련인데 대개 부모의 관심을 끌어내려는 의도인 경우가 많다.

이런 상황에서 내가 특히 관심을 두는 것은 부모의 개입 여부가 아니라 개입 방법이다. 아이들 사이의 싸움에 부모가 개입했다가 문제를 더 크게 만드는 경우가 비일비재하기 때문이다.

피아와 그레테의 싸움을 살펴보자. 피아가 그레테를 밀쳤다. 그레테가 소리를 지른다. 엄마가 방으로 쫓아 들어와 먼저 피아에게 소리를 지른다. 피아는 자기가 동생보다 빨리 엄마의 관심을 끌었다는 것을 알게 된다. '동생을 아프게 하면 엄마가 나를 쳐다보는구나!' 하고 말이다. 부모가 사건의 '범인' 에게 먼저 주목하면 아이는 행동을 계속한다. 아이들은 나쁜 행동을 해서라도 부모의 관심을 받으려고 한다. 그러므로 다음 두 가지 태도를 유지하는 게 바람직하다.

#. 먼저 '희생자' 를 품에 안아주되 지나치게 동정하지 않는다. 그렇게 되면 형제간에 싸움이 생길 때마다 동생은 부모의 지원을 바랄 것이고 울며 매달리게 된다. 희생자에게 동정심을 표현할 때는 "여기서 나가주었으면 좋겠다"고 말하면서 '범인' 을 방에서 내보내야 한다. 만약 아이가 가지 않으려고 하면 동생을 데리고 나가는 것도 좋은 방법이다.

#. 싸움이 치열하고 서로 주장하는 내용이 다른 탓에 누가 먼저 시작했는지, 누가 이기고 누가 졌는지 정확하게 알 수 없으면 아이들을 떼어내 다른 방으로 들여보냈다가 진정된 후에 대화한다. 규칙을 거론하며 누가 먼저 싸움을 시작했는지 밝히는 것보다 어떻게 타협점을 찾을 수 있는지 작전을 짜는 게 더 중요하다. 큰아이와 단둘이 앞으로 그런 상황이 벌어질 경우 물리적 힘을 쓰는 대신 다른 방법으로 해결할 수 있는가 의논해 보는 것도 좋다.

부모들은 특히 위의 사항을 유념해야 한다. 여러 가지 조처에도 불구하고 형제간의 경쟁심이 극으로 치달을 때도 있다. 동생이 태어나 가족의 구도에 변화가 생기거나 새로운 가족 구성원이 뭔가 다른 행동 영역에 들어가기 시작하면서 종종 이런 현상이 일어난다.

동생은 유치원에 다니고 손위 아이가 학교에 다닐 때, 자기는 '사춘기'에 접어드는데 동생은 아직도 부모의 사랑을 받는 유아일 때 손위 아이의 마음은 이별과 거리에 대한 두려움으로 가득 차게 된다. 어린 동생들이 손위 형제를 하느님처럼 떠받든다 해도 큰 아이들은 대개 동생들을 거추장스러운 존재인 동시에 부모의 사랑을 독점하는 두려운 존재로 생각한다.

▬ "손위 아이와 연합 전선을 형성하라는 말처럼 들리는데요." 한 엄마가 말했다. 나는 형제끼리 경쟁심을 느끼는 것이 정상이라고 생각한다. 아이들은 나름대로 자기의 정체성을 형성하기 위해 타인과 거리를 두려고 노력하기 때문이다. 어른들은 흔히 모든 자녀를 똑같이 키워야 한다고 생각하지만, 이러한 관점은 아이가 타고난 개성을 발휘하는 데 전혀 도움이 되지 않는다. 손위 아이들에게 필요한 지원과 관심은 손아래 아이들이 원하는 것과 전혀 다를 수 있다. 마찬가지로 가운데 아이에게는 맏이나 막내와 전혀 다른 기준이 적용된다. 부모의 지원은 양으로 측정할 수 없다.

"제 이야기 좀 들어보실래요?" 열여덟, 열여섯, 열넷, 다섯 살짜리 아들을 둔 엄마 비앙카가 말했다. "정원을 손보고 있는데 막내 필립이 달려오더니만 '데니스, 요셉, 마틴 형은 왜 나보다 키가 더 커요?' 하고 묻는 거예요. 그래서 '형들은 너보다 나이가 많잖아!'라고 대답해줬죠. 필립은 잠시 혼란스러운 모양이었어요.

'그럼 항상 나보다 큰 거예요?' 하는 거 있죠. 저는 필립을 품에 안고 '지금은 그렇지, 막내야!' 하고 달랬죠. 그 애는 그 말에 화가 났는지 '막내는 싫어. 나도 큰형이 되고 싶단 말이에요!' 하면서 내 품을 밀치고 나가더라고요. 그러더니 조금 있다 싱글벙글 웃으며 돌아와서는 '엄마, 내가 제일 큰형이 될 수도 있는 방법을 알았어요. 형들이 죽으면 내가 큰형이 돼요' 하는 거예요." 엄마는 잠시 할 말을 잃었다. 그녀가 다시 안아주려 하자 아이는 엄마를 밀쳐냈다. "하지만 필립, 그렇게 되려면 시간이 아주 오래 걸릴 거야." 아이는 고집스럽게 고개를 가로저었다. "그건 안 돼!" 아이가 소리쳤다. "형들더러 지금 죽으라고 해야지!" 아이가 나간 뒤 엄마가 한숨을 쉬며 중얼거렸다. "어쩌다 저런 생각을 하게 됐을까?"

조부모는 부모 자식 간 틈새를 메워주는 멀티 플레이어

사비네는 네 살이다. 아이는 할머니, 할아버지에 대한 이야기만 나오면 엄마에게 신경질을 냈다. 할아버지, 할머니는 자기가 하자는 대로 하고 엄마, 아빠보다 훨씬 많은 행동을 허용한다는 것이다. "할아버지랑 할머니는 엄마보다 나를 더 사랑하는 것 같아요." 어느 날 사비네는 이렇게 대들었다.

그 이야기를 듣고 우르셀이 웃음을 터뜨렸다. "우리 아들 막스는 겨우 다섯 살밖에 안 됐는데도 집에서 나가겠다고 협박한다니까요." 그녀는 잠시 숨을 돌렸다. "얼마 전에도 아이랑 부딪칠 일이 있었어요. 스트레스를 받아서 남편이랑 제가 잠시 할 말을 잊은 채 앉아 있는데 아이가 후다닥 자기 방으로 올라가는 거예요. 애 방에서 시끄러운 소리가 막 들리더라고요. 그러더니 배낭을 짊어지고 내려오는 거 있죠!" 그녀는 쓴웃음을 지으며 그때 상황을 설명했다.

"할머니 집으로 갈 거야." 막스가 야무지게 말했다. 그 말을 듣자마자 아빠가 "너 돌았니?" 하고 소리쳤다. 아이는 "아니!" 하면서 바닥을 쾅쾅 찼다. "난 멀쩡해!"

"대체 왜 그래?" 엄마가 아이를 달랬다. 막스는 화를 내며 "엄마, 아빠는 만날 내 말에 반대만 하잖아요!"고 말했다. 엄마가 자리에서 일어나 쓰다듬으려 하자 막스는 몸을 틀어 현관으로 향했다. 아빠가 자리에서 벌떡 일어났다. "그 정도면 됐어. 그만두지 못해!"

엄마는 아빠에게 화내지 말라고 부탁했지만 소용없었다. "도대체 뭐 하자는 짓이야!" 아빠는 아직도 화가 나 있었다. "이젠 당신까지 애 편을 드는군."

엄마는 남편의 말에 대꾸하지 않고 막스에게 다가갔다. "막스야, 네가 꼭 할머니 집에 가고 싶으면 우선 전화를 해 봐야지. 할머니가 널 데리러 오시도록 말이야. 밖을 좀 봐. 벌써 날이 어둡잖아. 엄마는 너 혼자 나가는 걸 허락할 수 없어!"

막스는 무언가 말하려다 말고 전화기로 다가갔다. 잠시 후 전화기를 내려놓고 막스가 말했다. "할머니는 오늘 절 데리러 오실 시간이 없대요." 아이는 심각한 표정으로 엄마를 쳐다보았다. 그러곧 "좋아요, 오늘 저녁만 집에 있을게요" 하면서 얼른 계단 쪽으로 갔다. 막스는 계단을 오르려다 말고 뒤를 돌아보았다. "엄마, 아빠는 왜 나한테 잘 자라는 인사도 안 해요?" 엄마가 미소를 지으며 말했다. "나중에 할게, 막스!" 아빠는 "두고 보자, 이 녀석!" 하면서 엄마를 쳐다보았다. '누가 누구를 가르치는 거야?' 하고 묻는 표정이었다. 많은 부모들이 그 이야기에 동감했다. 이미 비슷한 경험을 했던 것이다.

여섯 살짜리 마티아스의 엄마가 말을 받았다. "우리 앤 할아버지 집에만 갔다 오면 이상해져요. 다시 우리 양육 리듬에 맞추는 데 꼬박 반나절이 더 걸린다니까요. 애가 계속 비교를 하거든요. 할머니 집이 더 크고 좋다는 둥 음식도 더 맛있다는 둥 하고 말이죠. 똑같은 감자튀김인데도 할머니 집에서 먹는 게 더 맛있다나요. 애가 계속 그렇게 주장하는데 이성적인 대화가 통할 리가 없죠."

"사브리나도 비슷해요." 소냐가 말을 이었다. "시부모님 댁에만 다녀오면 버릇이 없어져요." 그녀는 머리를 흔들었다. "원하는 걸 곧바로 얻지 못하면 소동을 부려요. 집을 나간다고 협박하지 않나 신경질을 부리지 않나. 완전 스트레스예요."

━━ 조부모가 아이들의 버릇을 망친다고 한숨 쉬는 부모들의 한탄은 어제오늘의 이야기가 아니다. 세미나가 열릴 때마다 등장하는 단골 메뉴다. 조부모는 부모와 자식 관계에 일시적인 장애 요인으로 작용한다. 영리하기 짝이 없는 아이들은 종종 양측에 싸움을 붙이기도 한다.

이런 태도는 사실 아이의 입장에서 보자면 정당한 것이다. 늘 자기에게 이로운 것을 챙기려고 노력하기 때문이다. 아이들은 조부모와 부모의 양육 방식을 비교하고 저울질하면서 나름대로 점수를 매긴다. 양육 방식에 차이가 난다고 해서 큰 영향을 미치는 경우는 별로 없다. 다만 아이들은 할아버지, 할머니의 태도와 엄마, 아빠의 태도에 차이가 있다는 것을 간파할 뿐이다.

이런 차이점은 관계에 대한 친밀함과 공간적인 거리감에서 비롯된다. 시간적, 공간적으로 거리감이 있는 쪽이 하루 24시간을 같이하는 쪽보다 일반적으로 더 여유롭고, 너그러우며, 마찰이 생겼을 경우에도 빨리 해소할 수 있다. 같은 상황일지라도 조부모의 집에서는 특별한 것으로 보이는 데 반해 부모와 같이 사는 집에서는 평범한 것으로 보인다. 심지어 하찮게 보이기도 한다.

서로 다른 양육 방식에 문제가 생기는 이유는 자기의 방법을 옹호하며 다투기 때문이다. 조부모와 부모의 양육 방식에 대립이 생길 경우 아이는 어느 편에 충성해야 할지 갈등을 느낀다. 아이들에게는 조부모도 필요하고, 부모도 필요하다.

■ "우리가 할아버지, 할머니라는 사실이 얼마나 다행인지 몰라요." 조부모 세미나에서 알게 된 클라라가 말했다. "내 아이들을 키울 때는 시간이 없었어요. 남편 사업을 돕느라 바쁜 나머지 아이들 양육이 곁가지에 불과했거든요. 어느 날 갑자기 애들은 다 커버렸고, 우리는 늙어 있더군요." 그녀는 이제야 아이들이 자라는 과정을 생생하게 지켜볼 수 있게 되었노라고 말했다. "그렇다고 우리가

애들 양육의 최전선에 있는 것도 아니고, 전적으로 양육에 대한 부담을 질 필요가 없으니 훨씬 마음이 홀가분하죠." 그녀는 미소를 지으며 말했다.

펠리지타스도 동의했다. "클라라 말이 맞아요. 책임에서 벗어날 여지가 있어서 그런지 애들 하자는 대로 해주게 돼요. 버릇을 잘못 들이기 십상이지요. 선물만 잘 주는 할머니로 전락하지 않도록 조심해야 돼요. 손자들이 제 마음을 꿰뚫고 있다는 게 문제지만요. 녀석들이 종종 올가미를 씌우거든요. 그럼 전 마음이 약해져서 항복을 하고 말아요." 그녀는 나를 쳐다보며 말을 이었다. "물론 옳은 방식이 아니란 건 알아요. 저도 예전에는 딸애가 할머니 집에 갔다가 버릇이 나빠져 오면 화를 냈거든요. 할머니가 애한테 너무 많은 걸 허락하곤 했으니까요." 그녀는 웃음을 터뜨렸다. "그래도 손자들은 정말 예쁜 걸 어떡해요."

"사람이 젊어진다니까요." 네 살과 열 살짜리 손자를 둔 할아버지 헤리버트가 빙그레 웃었다. "새 삶을 사는 기분이에요. 제 행동이 옳은 건지 아닌지 항상 생각하게 되죠." 그는 자기의 몸을 내려다보며 불룩 나온 배를 쓰다듬었다. "이 안에 다양한 삶의 경험이 들어 있다고요. 그렇다고 손자들한테 뭐든 다 해준다는 건 아니에요. 규칙도 있죠." 그는 온화한 미소를 지었다. "애들이 얼마나 예쁜데요. 하지만 애들이 집으로 돌아가고 평화를 찾으면 그땐 더 기쁘답니다. 진심이에요!"

다른 조부모들도 고개를 끄덕였다. "싸우고 소리를 질러대던 아이들이 가고 나면 다시 평화가 찾아와요. 그것만큼 멋진 일도 드물걸요." 어떤 할아버지는 그렇게 말하면서 한숨을 내쉬었다.

　조부모들은 손자를 보면서 자신이 두 번째 부모라고 느낀다. 직접적인 책임에서 벗어나 있지만 아이들을 사랑하는 마음은 마찬가지다. 때로 부모보다 너그러운 태도로 아이들의 버릇을 나쁘게 만들기도 한다. 아이들이 원하는 것을 모두 채워주는 조부모들도 많다. 아이들이 졸라대는 말들이 그들에겐 달콤하면서도 거역할 수 없는 명령같이 들린다. 프랑스의 철학자 장 폴 사르트르는 이렇게 적었다. "나는 '배고프다'는 단 한 마디 말로도 할머니를 행복하게 만들 수 있었다."

　다른 모든 가족 구성원 역시 조부모의 존재와 역할을 당연하게 받아들이지만, 실제로 조부모는 손자들의 삶을 풍요롭게 해주는 후원자들이다.

#. 조부모는 종종 모순된 위치에 있다. 베이비시터 역할도 하지만 부모의 입장에서는 관찰의 대상이기도 하다. 하지만 이것은 좀 지나친 기대다. 조부모는 그들이 아이를 키웠던 것과 전혀 다른 방식으로 손자, 손녀를 키운다. 손자, 손녀와의 관계도 독특한 방식으로 가꾸어 나간다. 그러므로 조부모를 변화시키려는 노력은 별로 의미가 없다. 이들에겐 고유한 경험이 있기 때문이다.

#. 아이를 조부모에게 맡기는 부모는 아이에 대한 책임까지 조부모에게 넘긴다. 부모는 아이 스스로 장단점을 발견해 나가도록 자녀를 믿어야 한다. 조부모는 흔히 아이들의 불평불만

을 덜어주지만, 그다지 제한을 두지 않아서 버릇없게 만들기
도 한다. 그들은 경험이 많기 때문에 서두르지 않고 침착하
게, 경험의 창고를 더듬어가며 상황에 맞는 해답을 찾아간다.

조부모는 부모의 권리를 제한하는 역할을 한다. 또 부모에게 아이
들을 좀 더 인간적으로 대하고 융통성 있게 대하라고 설득할 수 있
다. 조부모는 손자, 손녀에게 부모의 어린 시절 이야기를 들려주어
그들 역시 어린 시절에는 완전한 사람이 아니었다는 사실을 이해
시킨다. 아이들은 조부모의 이야기를 들으면서 부모의 진면목을
접하고 타협점을 찾을 수 있다.

열여섯 살짜리 엘리아스의 이야기다. "아빠는 제가 학교에서
좋지 않은 성적을 받아오면 늘 나무라셨어요. 아빠는 어렸을 때 공
부만 열심히 한 모범생이었다고 하면서요. 하지만 믿을 수가 없었
죠. 어느 날 성적 문제로 우울해 있는데 할아버지가 오셨다가 뜻밖
의 이야기를 해주시는 거 있죠. 아빠가 어렸을 때 무지하게 게으름
을 피웠다는 거예요. 학교에서도 자주 말썽을 부려서 할머니가 학
교에 불려간 적도 많았대요. 그 이야기를 들으니까 도움이 좀 되더
라고요. 아빠를 다른 각도에서 보게 됐거든요. 그때부터 아빠가 인
간적으로 보였죠. 전 완벽한 아빠는 싫어요!"

"할머니가 얼마 전에 엄마 어렸을 때 성적을 말해주셨어요."
열세 살 난 율리아네가 웃으며 말했다. "두 과목이나 낙제를 받았
대요. 남자 친구를 사귀느라 학교생활이 별로 성실하지 못했다는
거예요." 아이의 얼굴에 조롱하는 빛이 역력했다. "제가 엄마의 어

린 시절에 대해 속속들이 알고 있다는 걸 엄마가 알면 기분이 어떨까요?"

부모가 불완전한 사람이었다는 사실을 알고 나면 아이들은 부모에게 구속감을 덜 느끼게 된다. 이처럼 할아버지, 할머니는 아이들에게 부모에 대한 정보를 들려주고 다른 각도에서 방향을 제시해주며 부모의 권리를 일부 제한할 수 있다.

"할아버지가 어렸을 적에 놀았던 얘기를 들려주시면 참 재미있어요." 루카스는 눈을 반짝이며 말했다. "종탑 위에서 놀았대요. 원래는 아무도 못 들어가는데 몰래 올라가곤 했대요. 그러다 한번은 들키는 바람에 체포된 적도 있었대요." 아이는 눈을 반짝였다. "하지만 지금이 더 좋은 거 같아요. 전 방을 따로 쓰는데 할아버지는 형제들이랑 방을 같이 쓰셨대요. 그래서 싸움도 많이 했고요!"

열한 살짜리 야나는 이렇게 말했다. "우리 할아버지는 별로 좋은 학생이 아니었대요. 수업 시간에 벌도 많이 섰고, 시끄럽게 굴어서 따귀를 맞은 적도 있대요!" 아이는 고개를 절레절레 흔들었다. "할아버지를 때리다니, 참 나빠요. 우리한테 얼마나 잘해주는 분이신데!" 야나는 심각한 표정을 지었다. "우리 선생님이 안 그런다는 게 다행이에요."

"우리 할머니네 집은 아주 가난했대요." 열한 살짜리 루지에가 대화에 끼어들었다. "생일 선물도 없었고, 겨우 크리스마스 때나 돼야 과자 선물을 받았대요." 루지에가 슬픈 표정을 지었다. "증조할아버지가 일찍 돌아가셔서 증조할머니 혼자 할머니 형제들을 키웠는데 어렸을 때 고기반찬 먹어 본 기억도 별로 없대요. 그래서 할머니는 항상 우리한테 '너희는 정말 행복한 거야!' 하고 말씀하세요. 우리가 배고파 하지 않는 게 너무 기쁘시대요." 그러면서도 아이의 표정은 여전히 어두웠다. "지금도 아프리카에서는 많은 아이들이 굶어 죽잖아요. 우리 할머니는 그런 뉴스를 들을 때마다 기부금을 내요."

육아 연합전선 구축하기

조부모는 손자에게 조상이 누구이며 가문의 특징이 무엇인지 등을 알려준다. 조부모가 자신의 유년기나 청소년기를 지나치게 미화하거나 과거와 현재를 견주면서 갈등을 조장하지 않는 한 그런 대화는 유용하다. 조부모는 가문의 뿌리이자 중요한 양육자이다. 조부모는 부모와 자녀의 관계에서 부족한 부분을 보완해준다. 아이들은 다양한 역할과 삶에 드러나는 다양한 단계를 경험한다. 부모는 물질적인 기반을 공급해주고 아이들을 사랑하며 안전하게 지켜준다. 반면 조부모는 전통과 역사를 대변하고, 모든 과정을 경험한 삶의 모델이 되어준다. 조부모가 된다는 것은 축복이다. 할머니, 할아버지가 된다는 것은 인간이 누릴 수 있는 가장 충만한 단계로 삶에 새로운 의미를 부여해준다. 조부모와 손자의 만남은 세대 간의 특별한 경험이다.

세미나에서 만난 보리스는 86세 된 안나 할머니에 대해 이야기했다. 시간이 좀 많이 걸리긴 했지만, 자기가 결국 할머니에게 컴퓨터 쓰는 법을 가르쳐드렸다고 자랑했다. 처음에 할머니는 마우스가 망가질까 봐 아예 손도 대지 않으려고 했다. "시간이 갈수록 할머니 실력이 늘었어요." 아이는 기억을 더듬었다. "지금은 온라인뱅킹까지 할 줄 아세요. 정말 멋지잖아요!" 아이는 활짝 웃었다. 하지만 곧 걱정스러운 표정을 지었다. "그런데 요즘 컴퓨터 게임에 맛을 들이셨나 봐요. 가끔 이상한 게임도 하고. 같이 게임하면 어떤 때는 저보다 상품을 더 많이 타요. 지난번에는 '아가, 화내지 마라' 하시면서 제가 이기도록 봐주기까지 하셨는걸요."

"가끔 제 일 때문에 바빠서 손녀 아이를 못 봐주겠다고 하면 제 딸이 안 좋은 표정을 지어요." 안네그레트가 말했다. "제가 어떻게 시도 때도 없이 애를 봐줄 수 있겠어요? 남편이랑 자유롭게 시간을 갖고 싶을 때도 있잖아요. 우리 젊었을 때는 그런 여유가 없었거든요. 그때는 돈이 문제더니 이제는 손자들 돌보는 게 문제가 되네요."

"맞아요." 리기나가 거들었다. "아들, 며느리를 보면서 샘을 내지는 않아요. 그 애들은 우리보다 좋은 시절에 태어났으니까요." 그녀는 양미간을 모으며 말했다. "그렇다고 항상 부모한테만 의존해서는 안 되지요. 제가 솔직하게 그 점을 이야기했어요. 처음에는 받아들이지 못하더니 곧 마음을 정리하더라고요. 가족은 서로의 삶과 생활방식을 존중해야 하니까요."

▬ 조부모들 역시 자녀나 손자들에게 시간을 몽땅 뺏기고 싶어 하지 않는다. 그들은 '어느 정도 거리를 둔 친밀감'을 유지하길 비

란다. 부모일 적에는 자식을 양육하는 것이 의무였으나 조부모가 된 지금은 손자의 양육에 대해 훨씬 자유롭다. 양육을 도울 수도 있지만, 개입하지 않아도 무방하기 때문이다. 이렇듯 자유와 자발성이 혼합된 탓에 그들은 부모보다 마음의 여유가 많다. 손자, 손녀들은 그런 여유를 높이 평가하고, 부모는 부러워하거나 화를 낸다.

세 아이의 엄마인 안야의 이야기다. "예전에 우리 아빠는 조그만 일에도 화를 잘 내고 늘 꼬치꼬치 따지던 분이었어요. 그런데 지금은 아주 평화롭고 여유로워지셨어요. 우리 아이들도 아주 잘 따르고요. 저는 그게 화나요. 제가 어렸을 때는 왜 그렇게 못하셨나 하는 생각 때문에요. 제가 예전에 당신이 그랬듯 애들한테 화를 내면 막 웃으세요. 아버지처럼 되지 말아야지 했는데, 어느새 닮은 거 있죠."

"전 엄마가 우리 애들한테 주도권을 행사하면서 여유를 즐기는 모습이 싫어요." 일곱 살배기 팀과 아홉 살 예시카의 엄마 베니타가 말했다. "저 어렸을 땐 조금도 참지 못하고 바로바로 화를 내던 분이었는데 손자들 앞에선 한없이 인자하시다니까요." 그녀는 잠시 생각에 잠겼다. "물론 그래야겠죠. 나이를 먹으면 현명해지니까요. 저도 정말 그렇게 변할 수 있을까요?"

조부모는 손자를 키우면서 인격을 발전시킬 수 있다. 부모의 입장에서는 양육의 짐을 조금이라도 덜고 다양한 환경 속에서 아이를 키울 수 있는 좋은 기회가 된다. 하지만 이런 과정에서 마찰이 비켜나가는 것은 아니다. 갈등은 어디서나 발생한다. 조부모와 부모 사이도 예외는 아니다.

"첫 손자 요나스가 태어났을 때 모든 게 새롭고 낯설었어요."
우테가 말했다. "딸은 직장을 다녔고, 사위도 마찬가지였죠. 제 도
움이 절실했어요. 요나스는 제가 키웠어요. 그런데 딸아이가 사사
건건 시비를 걸더라고요. '이렇게 하세요, 저렇게 하세요' 하면서
말이죠. 제가 아이 한 번 키워 보지 않은 사람처럼 대하더라고요!"
그녀는 고개를 저었다. "결국 한바탕 난리를 겪고 나서 서로 규칙
을 정했지요."

실케는 자기 엄마의 말을 들으며 겸연쩍게 웃었다. "맞아요.
제가 엄마를 많이 무안하게 했어요. 원래 그럴 생각은 아니었는데.
전 그냥 요나스를 잘 키워 보고 싶은 욕심뿐이었거든요. 첫아이는
대개 그렇잖아요." 그녀는 말을 더듬거렸다. "뭐든지 조심해야 할
것 같았어요. 사실 저 혼자선 아무것도 못했는데 말이죠."

▬ 조부모와 부모 사이가 아이 양육 때문에 문제가 생겨 틀어지
는 경우도 종종 있다. 서로 관점이 다르기 때문이다. 이런 식의 다
툼은 어느 정도 필요하다. 부모와 조부모가 일시적으로 갈리며 적
당한 거리감이 조성된다. 그럴 경우 서로 다른 세대에 속한다는 사
실을 인정하고 일부러 평화로운 척 가장하지 않는 게 좋다. 만일
아이를 어떻게 키울 것인지에 대해 두 세대가 경쟁을 벌이면서 서
로의 권리와 능력을 깎아 내리려 한다면 아이들만 손해를 보고 괴
로움을 겪게 된다.

열 살짜리 타베아의 말이다. "제가 뭘 잘못하면 엄마, 아빠는
금방 할아버지 탓이라고 해요. 할아버지도 그렇게 하신다면서요."

"할머니 집에 갔다 와서 배가 아프다고 하면 엄마는 할머니가 만든 음식이 잘못돼서 그런 거라고 해요." 아홉 살짜리 스테펜도 이렇게 말했다.

"우린 완전 반대야." 열한 살 먹은 파트리크가 놀라워하며 말했다. "우리 할머니, 할아버지는 아빠의 나쁜 점만 이야기해요. 아빠가 우리 집에 들어오면서부터 엄마가 행복하지 않게 됐다고요."

"우리 집은 할아버지, 할머니랑 아빠, 엄마가 같이 이야기도 안 해요." 아홉 살 뵤른이 집안 분위기를 솔직히 털어놓았다. "할아버지 집에 가면 엄마, 아빠한테 이렇게 전해라고 하세요. 엄마, 아빠도 똑같고요. 말 안 들으면 저더러 나쁜 사람이라고 한다니까요."

▬▬ 이 같은 갈등에는 불안감이 잠재되어 있다. 구체적인 계기나 상황과 전혀 관계없는 불안감이다. 갈등이 일어나는 상황이 닥치면 어른들은 흔히 아이들을 싸움에 끌어들인다. 아이를 자신에게 충성하도록 부추기거나 상대편 인격을 깎아내린다. 이들은 서로 미워하고 비난하면서 갈등을 표현한다. 불신의 감정을 퍼뜨리고 슬픔과 고통을 유발시킨다. 그러다 결국 확고한 가족의 체계까지 영향을 받게 된다.

조부모는 자녀들이 손자, 손녀를 키우느라 스트레스를 받긴 하지만, 전적으로 부모에게 의지하거나 지원을 바라지 않는다는 사실을 인정해야 한다. 또 모든 것을 통제하지 않는다는 것도 알아야 한다. 이런 것을 부인할 경우 가정의 분위기는 부정적으로 변한다. 할머니의 입장에서는 며느리를 '사랑하는 아들'을 꾀어 낸 장

본인으로 여겨 신경전을 벌이고, 알게 모르게 경쟁을 한다. 할아버지의 입장에서는 '아무 짝에도 쓸모없는' 지금의 사위보다 더 훌륭한 사윗감을 원했을 수도 있다. 그래서 딸과 아들, 손자, 손녀에게 무한한 사랑을 주는 반면 사위나 며느리를 증오하는 것이다.

조부모와 부모의 관계에 금이 가면 조부모가 양육에 개입하여 부모를 밀어내거나 떨어트릴 위험도 있다. 그러면 양육자인 부모나 아이들은 자신 있게 행동할 수 없게 된다.

"엄마, 아빠는 늘 할아버지, 할머니랑 싸워요. 전 네 사람 다 좋은데요. 왜 그렇게 서로 싸울까요?" 열한 살짜리 리타가 안타까운 듯 물었다. "우리보고는 사이좋게 지내라고 하면서 자기들은 싸우잖아요!" 아이가 나를 바라보며 말했다. "어른들끼리 싸우면 전 언제나 귀를 막아 버려요. 엄마가 할머니를 나쁘게 말할 때도요."

━ 조부모를 희생양으로 삼아도 문제는 해결되지 않는다. 한 가지 짚고 넘어가야 할 것은 조부모가 왜 부모와 다른 방식으로 행동하면서 손자, 손녀와 관계를 형성하는가 하는 문제다. "박사님도 알겠지만 할아버지 노릇도 어려워요." 세 손자의 할아버지인 만프레드가 말했다. "사람들은 늘 할아버지란 존재를 나이와 연관시키죠. 저를 좀 보세요. 저는 이제 겨우 쉰일곱이에요. 여태 고비도 많았지요. 늘 행복했던 건 아니니까요. 놓쳐 버린 기회를 생각할 때마다 지금 제 자식이나 손자들은 얼마나 풍요로운 환경에 있는지 샘이 날 정도예요. 손만 뻗으면 무엇이든 손에 넣을 수 있고 앞길도 창창하잖아요."

이 할아버지는 인생의 어려운 문제들을 극복한 결과 후손들과 넉넉하고 여유로운 관계를 맺게 된 과정을 풀어서 이야기하고 있다. 조부모는 자기들이 무엇을 이루었고 인생에 어떤 행운이 있었으며 무엇을 놓쳤는지 그리고 이제 자기의 능력으로 할 수 없는 것이 무엇인지 확인해야 한다. 조부모가 성공과 실패, 행운과 슬픔을 받아들이면서 자신이 살아온 삶을 인정하고 수용할 때 여유를 찾을 수 있다. 균형이 잡힌 조화는 위기나 갈등, 부담스러운 기대 등을 견디어내고 손자, 손녀와 믿음을 형성해가는 데 기초가 된다.

"내 삶은 아주 험난했어요." 두 손자의 할아버지 하이너가 말을 시작했다. "스스로 어렵게 만든 셈이지요. 그러지 않았더라면 더 많은 걸 이룰 수 있었을 텐데. 저는 좀 게을렀어요. 제 아들 역시 주어진 기회를 잘 활용하지 못했고요. 그래서 손자들한테는 공부 열심히 하라는 말을 자주 하죠. 그 애들만큼은 인생을 좀 더 알차게 살아가기 바라니까요."

"요즘 애들처럼 우리도 많은 걸 누릴 수 있었다면 얼마나 좋았겠어요?" 열한 살짜리 리카르도와 아홉 살 난 야닉의 할아버지 마르쿠스가 말했다. "그땐 다들 어려웠지요. 그런데 우리 손자들은 환경이 이렇게 좋은데도 따라주지 않네요. 말 한 마디 안 들으려고 해요. 그저 부모만 죽어라고 노력하는 거지요."

■ 조부모가 부정적인 삶을 살았거나 패배감을 떨쳐 버리지 못하면 손자, 손녀와의 관계에도 문제가 발생한다. 고집스럽거나 경직된 성격이 되기 쉽다. 이런 유형의 조부모들은 보탬이 되는 가르

침을 주거나 마음을 열고 대할 수 있는 상대가 되어주지 못한다. 이제껏 걸어온 인생의 행로를 수용하지 못하면 현재의 삶을 손자와 충분히 즐길 수 없다. 자신이 이루지 못한 꿈이나 과제를 손자 세대에 전수하는 것은 아이들을 부담스럽게 하는 일이다. 분열을 초래하거나 갈등을 자아낼 뿐이다.

조부모들은 이미 경험한 것 또는 아직 경험하지 못한 것들을 수용하면서 손자들을 인격체로 받아들여야 한다. 어려움을 극복하고 위기를 기회로 받아들일 때 조부모는 손자에게 발전적인 모델이 되며 삶의 중요한 원칙들을 구현하게 된다. 위기가 왔을 때 도망치지 말고 도전으로 받아들여라. 그러면 조부모들 역시 과거의 그늘이 제거된 현재와 미래를 만끽하게 될 것이다.

사회화 학습을 위한 또래 친구들

"저는 친구가 셋이나 있어요." 아홉 살 난 팀이 말했다. "그중 하나랑 제일 친한데, 그 앤 늘 바빠요. 그래서 나머지 두 애들 집에 놀러 가요."

여덟 살 배기 막시밀리안이 웃으며 말했다. "내 친구들은 다 멋있어요. 우리끼리 놀면 얼마나 재밌는데요. 학교 이야기도 많이 하고요." 아이는 잠시 생각하다가 "우린 운동장에서 많이 만나요. 내 친구들은 모두 거기에 있거든요. 우리를 지켜보고 감시하는 어른들이 없어서 아주 좋아요."

열 살 난 프란치스카가 끼어들었다. "저한테는 뭐든 같이하는 아주 친한 친구가 하나 있어요. 그 애한테는 못 털어놓을 게 없죠. 남자 애들 이야기까지요. 얼마 전엔 얀이 저한테 뽀뽀하려고 했는데, 아마 엄마한테 그걸 말했다면 기절해 버렸을 거예요!"

"난 친한 친구가 없어요." 아홉 살 난 율리아네가 시무룩하게 말했다. "뭘 꾸준히 같이할 기회가 없었어요. 발레는 파트리치아와 같이 배우러 가고, 승마는 마리아와 함께 가요. 그냥 둘 다 좋아요." 아이는 잠시 심각한 표정을 짓다가 말했다. "학교에서는 카타리나랑 친하게 지내요. 아침마다 학교에 같이 가자고 날 부르러 오거든요. 같이 떠들면서 학교 가면 얼마나 재밌는데요. 올 때는 테레자랑 짝이 되고요. 카타리나는 학교 끝난 뒤에 베이비시터한테 가거든요. 테레자도 좋은 아이예요. 오후에 놀 시간이 없다는 게 안 좋긴 해요."

6~8세는 새로운 것들을 찾는 과도기다. 이 시기는 유치원을 졸업할 무렵부터 시작해 초등학교에 들어간 뒤까지 계속된다. 부모의 구속에서 벗어나려 발버둥 치고 부모의 권위에 의문을 제기하며 마찰을 일으키지만, 또래에게는 관심이 많다.

이 시기의 아이들에게는 친구들이 중요하다. 부모의 언행을 통해 배우다가 서서히 친구들에게 고개를 돌린다. 그런데 아이의 이러한 특성을 무시하고 경멸하는 부모가 많다. 부모들은 자녀가 친구에게 특별한 영향을 받아 자신의 통제권을 벗어난다고 생각한다. 실제로 아이들은 또래의 영향을 많이 받는다. 친구들과 어울리며 어른들이 모르는 기쁨을 경험한다.

자녀가 사귀는 친구들은 대개 부모의 기대와 거리가 멀다. 상대를 깊이 배려하고, 예의를 중시하는 집안에서 자란 아이들은 자기와 반대로 함부로 말하고 행동하는 아이들을 친구로 삼는다. 이제까지 친절한 엄마가 어느 날 갑자기 "뚱돼지 엄마"로 변신하고 "그렇게 해주세요"라는 말 대신 "빌어먹을!"이라고 말하기 시작한다.

친구들의 영향력이 커지면 아이는 예전의 모습으로 돌아가기 힘들다. 또래 친구는 아이의 양육과 발전에 또 하나의 중심이 된다. 물론 또래가 부모의 자리를 대체할 수는 없다. 그러나 다음 두 가지 특성은 반드시 고려해야 한다.

#. 또래 아이들은 상대적으로 부모의 힘을 약화시킨다. 그러나 부모가 양육의 중심이 되어야 한다는 점을 잊지 말고 자녀가 사귀는 친구들의 영향력을 수용하되 부모의 양육 방식에 흔들림이 없도록 태도를 확실히 해야 한다.

#. 사회화 학습은 또래 집단을 통해 이루어진다. 성장기의 아동은 또래 집단 내에서 복종하는 법과 소속감을 배운다. 자기주장을 내세우고 다른 아이를 위해 노력하며 슬픔과 실망감을 극복하는 법을 배운다.

아이들은 친구를 중요하게 여기고, 함께 어울리는 것을 기쁘게 생각한다. 문제는 또래 집단이 거칠고 비열할 수도 있다는 점이다. 부모는 아이들이 그런 부류의 친구들로 구성된 집단을 맹목적으로 추종하지 않도록 예방해야 한다. 아이들은 문제가 발생했을 때 대화를 통해 해결책을 찾지 않는다. 곧바로 무력을 사용하거나 실력 행사를 할 수 있다. 아홉 살짜리에게 대든 여섯 살짜리는 즉시 궁지에 몰린다. 여섯 살짜리는 곧 항복을 한다. 3년이 지나 자기가 아홉 살이 된다 해도 상대 역시 커진다는 사실을 알기 때문이다.

집단 내에서 이루어지는 학습을 통해 아이는 다양한 역할을 수행하는 방법을 배운다. 어떤 때는 복종하다가도 저항하고, 또 어떤 때는 주도적으로 집단을 이끈다. 이것이 바로 역할 교환이다. 계급 구조를 받아들일 때가 있는가 하면, 거부하고 "특별한" 인물이 되었다가도, 어느새 그저 그런 구성원으로 전락한다. 아이들은 이 같은 변화무쌍함에 끌려 또래의 집단에 흥미를 느끼는 것이다.

친구들은 성장기 아동이 도덕적으로 성숙하는 과정에 많은 역할을 한다. 부모의 힘이 약화되는 반면 아이의 행동은 보다 자유로워진다. 하지만 아이가 원하는 모든 것을 다 할 수 있다는 뜻은 아니다. 친구들 사이에도 인정을 주고받는 과정이 필요하기 때문이다. 같은 집단에 있는 어떤 친구는 부모보다 더 비판적일 수 있다. 더구나 집단 내에서는 늘 새로운 것을 제시하고 증명해야 하는 부담도 있다. 인정을 받았다 해도 자리를 유지하기 쉽지 않으며 언제든지 새로운 경쟁자에게 밀려날 수도 있다. 또래 집단에서 드러나는, 누군가를 우상화하는 문제는 경계해야 한다. 하지만 그것 역시 아이들이 성장하는 데 사회적, 도덕적, 정서적으로 기여한다는 긍정적인 측면도 고려해야 한다.

#. 아이들은 또래 집단 안에서 다양한 역할을 해 본다. 대수롭지 않은 인물이 되기도 하고, 때로 중심인물 역할도 한다. 밀접하게 연결되는가 하면 어느 순간 느슨한 관계가 되기도 한다. 모든 것은 돌고 돈다. 아이들은 집단 내에서 실망감을 참아내고 욕구 충족을 미루는 법을 경험한다.

#. 협력하는 법을 배운다. 바로 실행에 옮기기도 하지만, 어떤 때는 다른 친구들이 결정을 내릴 때까지 기다려야 한다. 다른 아이들과 경쟁하면서 그들이 자신보다 우월할 수 있고, 더 유연할 수도 있다는 사실을 참고 견뎌야 한다.

#. 아이들은 이 집단에서 새로운 놀이를 배운다. 이런 과정을 통해 혼자 하는 놀이에 대한 집착에서 벗어나고 단체 놀이에 더 많이 관심을 기울이게 된다.

집단이라고 해서 모두 성격이 같을 수는 없다. 우정의 성격 역시 다양하다. 다음 두 가지 경향은 주로 7~12세에 이르는 아이들에게 나타난다.

#. 처음에는 "제일 친한 친구"가 생긴다. 아이들은 친구들과 동고동락하며 무엇이든 함께하고 서로를 절대적으로 신뢰한다. 다양한 경험을 시작하고, 우정을 맺는 대상도 자주 바뀐다. 진정한 친구 집단이 만들어지는 시기는 9세경이다. 아이들은 그 무렵 다른 아이들과 느슨한 인간관계를 유지하면서 일부 집단과 친밀한 우정을 맺는다. 또래 집단은 대개 계급 구조를

이룬다. 집단 내에는 탁월한 능력으로 최고 자리를 차지하여
친구들을 지휘하는 아이가 있다. 이 시기의 아이들은 더 이상
부모의 말에 귀 기울이지 않으며 권위에 대항한다. 그러나 또
래 집단에서는 두말 않고 지도자에게 복종한다.

#. 6, 7세 어린이들은 단일한 성으로 집단을 구성한다. 남자 아
이들은 여자 아이들을 배척하고, 여자 아이들은 남자 아이들
을 배격한다. 이 시기의 아이들은 혼성 집단을 형성하지 않는
다. 간혹 여자 아이들과 남자 아이들이 느슨하게 짜인 네트워
크 안에서 교류하며 건설적으로 협력하는 경우도 있다. 대표
적인 예는 과제를 수행할 때다. 이 시기의 아이들은 다른 성
을 배격하면서 자신의 정체성을 확보한다. 이런 과정을 거친
후 아이들은 비로소 서로에게 자신을 개방하고 우정을 맺는
다. 그 전에는 이성 친구란 조롱의 대상일 뿐이다.

진정한 우정으로 맺어진 집단에는 몇 가지 특징이 있다. 어른들은
가끔 이런 집단을 '갱단' 이라는 자극적인 단어로 표현한다.

#. 집단 고유의 문화와 공동 의식이 있다. 이는 비밀리에 이루어
진 약속이거나 비밀스러운 이해관계일 수도 있고, 서로 편을
들어주는 형태로 나타날 수도 있다.

#. 친구들은 부모로부터 분리되는 고통을 참아낼 힘을 준다. 부
모와 경계를 두는 대신 아이들은 "제일 친한" 친구에게 의지
한다. 어른들에게 공동으로 대항하는 연합 전선을 형성하고,

또래끼리 통하는 고유한 은어나 의식을 어른들이 이해하지 못할수록 성공했다고 생각한다. 아이들은 또 어른이 이해할 수 없는 방식으로 활동하고 싶어 한다. 놀이, 허튼짓, 우스갯소리나 속임수를 여러 가지 방식으로 시험하면서 그 모든 것이 가능한 색다른 세상을 만들고 싶어 한다. 아이들은 학교, 숙제 등 각종 규제가 난무하는 현실을 이겨내기 위해 집단 안으로 도피한다.

열 살 된 카탸가 말했다. "집에 오자마자 엄마한테 잔소리를 들었어요. 아침에 접시 정리하는 걸 잊고 갔다고요. 나무망치로 머리를 한 대 맞은 느낌이었어요."

카탸의 언니, 마리아는 이제 열한 살이다. 아이는 "얼마 전 우리는 집을 어떻게 꾸밀까 같이 계획을 세웠어요. 정리, 정돈이 잘된 깔끔한 집을 만들기로 했죠. 그런데 엄마가 숙제 했느냐고 묻는 순간 모든 게 날아가 버리더라고요." 아이는 한숨을 쉬며 엄마가 했던 말을 흉내 냈다. "너희 숙제 다 하고 그러는 거야?"

자녀가 또래 집단에 속하면서 친구들과 친하게 지내고 비밀을 공유하는 것을 못마땅해하는 부모가 있다. 아이들이 그렇다고 해서 부모를 믿지 않는 것은 아니다. 부모는 여전히 아이들의 머릿속 한가운데에 자리 잡고 있다. 다만 친구들의 힘이 강화되면서 부모의 힘이 상대적으로 약화될 뿐이다. 아이들은 모든 걸 부모와 상의할 필요가 없다는 것, 부모 대신 또래 집단과 얼마든지 의견이나 문제를 나눌 수 있다는 사실을 알게 된다. 친구들이 자기를 더 잘 이해하고 이야기를 더 잘 들어주며 더 그럴싸한 해결책을 준다는 것도 깨닫는다.

부모는 자녀의 친구들을 너그럽게 대해야 한다. 부모가 아이들의 친구를 분류하고 직접 나서 친구 관계를 맺어주면 아이는 결국 독립적으로 인격을 형성하지 못할 것이다.

"제가 보기엔 박사님이 너무 긍정적인 것 같아요. 아이들이 뭉치면 얼마나 교활해지는데요." 세미나에 참석한 어떤 아빠가 반대 의견을 말했다. 다른 엄마도 고개를 끄덕거렸다. "여덟 살 된 우리 안냐는 일주일에 한 번 정도 눈물을 흘리면서 집에 와요. 친구 둘이 자기를 끼워주지 않았다고 울면서요. 그럴 땐 다른 사람을 근처에도 못 오게 해요." 그녀는 진지한 얼굴로 나를 쳐다보았다. "그 애들 셋이 모이면 좋은 게 하나도 없어요. 꼭 누구 하나를 외톨이로 만들거든요. 그럼 그 애는 세상이 다 무너진 듯한 표정을 지어요." 그녀는 잠시 머뭇거리다가 "정말 못된 애들이에요. 그렇게밖에 말할 수 없어요!" 하고 분통을 터뜨렸다.

"남자 애들은 더 폭력적이에요." 다른 엄마도 끼어들었다. "우리 애 발터는 아홉 살인데 종종 따돌림을 당해요." 그녀는 몹시 언짢은 모양이었다. "그런 날이면 집에 와서 하소연하며 더 이상 그 애들과 안 놀 거라고 다짐하죠. 그런데 웬걸요, 다음 날만 되면 애들하고 놀러갈 채비를 하는 걸요."

다른 엄마가 말을 받았다. "페터는 아홉 살인데 완전히 아웃사이더예요. 다른 애들이 페터를 조롱하고 웃음거리로 만들어요. 정말 속상해요. 우리 앤 어떻게든 그만두게 하려고 애를 쓰고요.

하지만 소용없어요. 뚱뚱해서 땀을 뻘뻘 흘리면 애들이 그런대요. '냄새난다니까 돼지야, 저리 가!' 애가 시달리는 걸 보면 가슴이 아파요."

　다시 한 번 강조하지만 아이들이 만들어낸 집단은 조화로운 삶을 체험하는 현장이 아니라 잔인함과 절망, 분노를 참아내는 법을 배워가는 훈련장이다. 아이들이 속한 집단이나 단체가 다음과 같은 특징을 지녔다면 전인격적인 성장에 도움이 되지 않는다.

> #. 다른 아이들에게 계속 거리를 두고 다른 집단과 교류하지 않을 때.
> #. 집단의 결속을 이유로 누군가를 희생자로 만들 때. 말이나 행동으로 누구 한 사람을 희생자로 삼는 것은 진정한 집단이 아니다.
> #. 언어적, 물질적 만족과 이득을 얻기 위해 다른 아이를 끌어들이거나 협박할 때.

또래 집단이 특정한 아이를 대상으로 행동을 개시할 때 어른들은 희생자가 자신을 변호할 수 있도록 구체적인 방법을 알려주고 지원해 주어야 한다. 단순히 "스스로 방어해야지", "너도 때려" 같은 추상적인 말은 별로 도움이 되지 않는다. 아웃사이더가 되는 아이들은 대개 다음과 같은 특징을 보인다.

> #. 유난히 체구가 작거나 과체중인 아이 가운데 대립을 회피하

려 들고 영향력을 행사하지 못하는 아이가 제1순위가 된다. 신체에 대한 자각은 자의식을 형성하는 데 기본이다. 어떤 아이가 자기의 몸에 불만이 있는지 아이들은 쉽게 알아챈다. 확고한 자신감이 없으면 쉽게 다른 아이들의 공격을 받는다.

#. 이기적인 아이, 지배적인 아이, 비사회적인 아이 역시 또래에게 거부당하기 쉽다.

"우리 애가 다른 아이들과 잘 어울리게 하려면 어떡해야 하나요?" 어떤 성격을 가진 아이가 다른 아이들에게 인기 있는지 묻는 부모도 있다.

다른 사람을 배려하고 친절을 강조하는 집안 분위기는 친구를 맺고 우정을 쌓는 데 도움이 된다. 하지만 아이들은 저마다 다르다. 여덟 살짜리 토비아스는 늘 친구가 바뀐다. 집으로 데려오는 아이가 날마다 바뀌는 통에 누가 진짜 친구인지 알 길이 없을 정도다. 반면 동갑내기 안토니아에겐 친한 친구가 단 한 명밖에 없다. 아홉 살 먹은 미하엘에겐 친한 친구가 네 명 있다. 아이는 이 친구들과 늘 같은 장소에서 만나 함께 논다. 열한 살 마이케는 방에 혼자 앉아서 책을 읽고 그림을 그리거나 일기 쓰는 것을 즐긴다. 이처럼 아이들은 저마다 필요한 친구가 다르다. 내성적인 아이들은 친구가 그리 많지 않아도 만족하며, 때로 혼자 있는 것을 더 즐긴다. 그러나 외향적인 아이들은 친구의 수가 축구팀 정도는 있어야 만족한다.

여섯 살부터 아홉 살까지 이른바 과도기에 있는 아이들은 내면에 몰두하려는 경향이 강하다. 이러한 아이들은 자기 자신에 대해 연구하길 즐기고 혼자 있고 싶어 한다. 친구를 사귀라고 종용할 경우 아이들은 더욱 내면으로 파고들게 된다.

아이가 집단 안에서 어떤 위치에 있는지, 다른 아이에게 미치는 영향력은 얼마만큼인지 파악하는 것으로 인기를 측정할 수는 없다. 아이들이 다른 친구에게 인기 있는지 없는지 알고자 할 때는 대하는 태도, 솔직함, 유연성, 새로운 것에 대한 수용성 등을 고루 참작해야 한다. 지나치게 이기적이거나 지배욕이 강한 아이들은 다른 아이와 오랫동안 우정을 맺지 못한다. 함께 어울리고, 공동의 경험을 쌓아가며, 서로 진실하게 대하고, 친구의 고통을 동정할 때 우정이 지속된다.

6

특수상황

아빠의 육아 · 직장인 엄마 · 편부모 · 이혼 · 죽음

좋은 아빠가 되고 싶으면 실현 가능한 약속부터

"저는 우리 아이들을 사랑해요. 모두 셋인데 아이들과 함께 지내는 시간이 참 좋아요. 제 직업에도 만족해요. 일하면서 삶의 힘을 얻지요. 그게 애들과 좋은 시간을 보내는 데 도움이 많이 돼요." 어느 아버지의 이야기다. 열한 살, 열세 살짜리 딸이 있는 요아힘이 그 말을 받는다. "잘 몰라서 하는 말이에요. 당신이 직접 아이를 키운다면 다른 사람들 모두 당신을 주시할 거예요. 신경을 못 쓰면 죄책감이 생겨 더 잘해주려고 애를 쓰게 되고요. 우리 집 문제는 아내도 일을 한다는 거죠. 육아나 집안일을 분담하고 있지만 스트레스 받기는 마찬가지예요. 게다가 아내는 내가 뭘 하려고 들면 '당신 아버지가 했던 것과 똑같아!' 하고 놀리죠. 그럼 아무 생각도 나지 않는 걸요."

이 대화에서 볼 수 있듯 아빠 노릇을 한다는 것은 쉽지 않다.

가족치료사 베르트 헬링거에 따르면 '아빠다움'은 일상생활을 함께한다는 뜻이다. 일상생활을 같이하면서 가족이 어떤 일을 싫어하는지, 무엇에 반대하는지 파악하고 참는 것이다. 남자들은 흔히 가족을 통해 정체성을 발견한다고 말하지만, 실은 일을 먼저 생각한다. 직업의 세계가 남성 위주로 편성되어 있는 탓이다. 그렇기 때문에 여성이 일하려는 욕구를 충족하기란 쉬운 일이 아니다.

직장과 가정을 접목하는 데 어려움을 느끼는 아빠들이 많다. 가정에서 소외감을 느껴 스스로 거리를 두며 일의 세계로 도망치는 아빠들도 있다. 그러면 가족과의 거리감은 더욱 커진다. 물론 자녀 양육의 책임을 기꺼이 떠안는 아빠들도 많다. 하지만 그 때문에 모순된 경험을 하기도 한다. 주위 사람들이 그런 태도를 비판적으로 바라보는가 하면 못 믿겠다는 반응을 보이기 때문이다. 동료나 이웃 등 같은 남자들에게 따가운 시선을 받기도 하고 남편의 행동을 자기의 영향권을 침해하려는 것으로 여기는 엄마들 때문에 애를 먹기도 한다. 실제로 자녀 양육에 아빠가 더 많이 신경을 쓴다고 해서 저절로 노동의 분담이 개선되거나 더 화목해지는 것은 아니다. 부부 모두 스트레스를 받거나 갈등을 느낀다. 때문에 남편과 아내는 약속과 규칙을 분명히 하고 확실하게 일을 분배해야 한다.

━━ 세 아이의 엄마인 로스비타는 자신이 겪은 갈등을 이렇게 표현했다. "약속이 지켜질지 말지 말은 안 해도 머릿속으론 이미 그림을 그릴 수 있어요." 그녀는 실망스러운 듯 고개를 돌렸다. "실천으로 옮기기도 전에 벌써 난감해졌어요. 청소하는 방식이며 물건 정

리하는 태도 같은 게 문제가 된 거예요. 남편은 어떤 면에서는 저보다 낫지만, 또 어떤 점에선 전혀 그렇지 않다는 걸 알게 됐어요."

남편의 역할에 대한 아내들의 질투심도 이따금 갈등을 유발하는 요인으로 작용한다. "남편은 아이들을 쉽게 재워요. 아이들도 아빠가 재워주는 걸 좋아하고요. 저는 애들 재울 때마다 한바탕 난리를 벌여야 하거든요. 그래서 가끔 화가 나기도 하죠." 그녀는 그 사실을 인정할 때까지 시간이 좀 걸렸다고 고백했다. "스스로 타일렀어요. '남편은 나와 방식이 다르고, 아이들이 그걸 더 좋아할 수도 있다'고 말이죠." 그녀는 웃었다. "어느 날 갑자기 남편이 아이들을 재우는 동안 나만의 시간을 가질 수 있다는 걸 깨달았어요. 시간을 번 셈이잖아요. 애들이 잠들고 나면 둘만의 시간도 보낼 수 있고요. 그렇게 생각하니까 스트레스가 좀 덜하더라고요."

"시간이 많이 걸리긴 했지요." 남편 라이문트가 아내의 말을 받았다. 그는 처음에 자기가 잘할 수 있는 몇 가지 일들을 발견하고 쾌재를 불렀다. "직장 일도 잘됐고, 육아도 잘해냈어요. 그래서인지 애들 문제로 불평하고 투덜거리기 일쑤인 아내가 마음에 들지 않았어요. 아내 스스로 문제를 만드는 거라고 생각했지요." 그는 싱긋 웃으며 말했다. "아내가 힘들어하는 진짜 이유가 뭔지 알고 싶었죠. 그래서 아내에게 일주일 동안 휴가를 다녀오라고 했어요. 아내가 스트레스에서 벗어나고 싶어 했거든요. 그 기간 동안 혼자 양육을 다 떠맡았어요. 정말 장난이 아니더라고요. 온갖 사소한 일들, 끝없는 질문, 오줌, 기저귀, 밥 먹을 때마다 음식을 질질 흘리지 않나! 엉망진창이었어요!" 결국 그는 둘째 날을 채 넘기지 못하고 아내에게 용서를 빌었다. "셋째 날 제 어머니한테 도움을 요청했지요. 저 혼자 힘으로는 어쩔 수가 없었거든요."

로스비타는 그 이야기를 듣고 깔깔거렸다. "아내를 데리러 말로카 섬까지 가서 무릎을 꿇고 용서를 빌고 싶었죠." 남편이 계속했다. "그랬다면 당신은 지중해에 빠져 영원히 헤어나지 못했을걸요." 아내가 웃으며 대답했다. 그는 그때 많은 것을 배웠다고 한다. "어떤 특정한 상황을 잘 다룬다고 해서 모든 일에 능력이 있는 것처럼 행동해서는 안 된다는 거죠. 사람마다 제 능력을 십분 발휘할 수 있는 분야가 다르더라고요."

위의 상황을 통해 알 수 있듯 아빠와 엄마는 확실한 약속을 정해야 한다. 아빠들은 특히 다음 사항에 주의해야 한다.

#. 극단적으로 행동하지 말아야 한다. 일에 빠져들어 약속을 회피하려고 하지도 말고, 전지전능한 주부인양 행동하지 말아야 한다는 뜻이다.

#. 아이들에게 시간을 많이 투자하겠다는 약속은 저녁마다 이야기책을 읽어주겠다는 것처럼 추상적이다. 현실적이고 실현 가능한 범위에서 규칙을 정하라. 직장과 일상생활을 고려하여 이틀에 한 번 혹은 일주일에 한 번 15분 정도 일찍 퇴근해서 아이들과 놀거나 이야기책을 읽어주겠다고 계획을 세워라.

#. 천 리 길도 한 걸음부터라는 말을 잊지 말라. 사소한 일일지라도 우선 시작하는 게 중요하다. 실패할 경우에도 지나치게 실망하지 마라.

#. 자신의 어린 시절을 회상해보라. 특히 아버지와의 관계에서
어떤 점이 좋았고 무엇이 갈등 요인이었는지 점검해보라.

요하네스는 웃음을 터뜨리며 말했다. "저는 늘 아버지처럼 살지 말
자고 생각했죠. 덕분에 똑같은 잘못을 저지르진 않았지만 다른 실
수를 했어요. 막내 야콥이 저한테 그걸 알려 줬죠." 야콥은 그 당시
일곱 살이었다. 요하네스는 애들과 시간을 보내야 한다는 부담감
에 시달렸고 직장에서 받는 스트레스도 만만치 않았다. "신경이 날
카로웠죠. 아마 그 기분이 아이들한테 전염됐나 봐요. 애들이 많이
불안해했으니까요. 함께 시간을 보내게 되어 기쁘기도 했지만 갈
등과 스트레스는 더 늘어났어요."

그는 종종 아내와 함께 특별한 이유가 없는데도 갈등이 발생
하는 원인에 대해 이야기를 나눴다. 그때 옆에서 듣고 있던 야콥이
단호하게 말했다. "아빠, 집에 오면 먼저 한숨 주무세요. 그러고 나
서 우리랑 놀면 되잖아요. 지금은 어차피 제대로 놀아주지도 못하
잖아요." 요하네스는 이야기를 계속했다. "아들이 제 눈을 뜨게 해
줬죠. 그다음부터는 집에 도착하면 우선 좀 쉬고, 그러고 나서 애
들과 시간을 보냈어요. 그렇게 하니까 전보다 훨씬 기운도 나고 재
밌더라고요."

아이들은 정확하게 환경을 관찰한다. 무엇이 바르고 진실한
것인지 직관으로 알아챈다. 아이들은 아빠가 엄마의 육아를 돕고,
영향력을 보충하고 지원하며 필요한 경우 도움을 줄 수 있는 협력
자라고 생각한다. 자기가 기대했던 것보다 아빠가 참여하는 시간

이 적어도 너그럽게 용서한다. 얼마나 시간을 많이 보내느냐보다 얼마나 함께 어울리며 감정을 나누었는지를 문제 삼는다.

"아이와 제대로 시간을 보낸다는 게 무슨 뜻이죠?" 어떤 아빠가 물었다. 나는 그에게 "관심과 따뜻함, 친밀감을 함께 나누는 것이죠"라고 대답했다. 여기서 두 가지 관점을 생각할 수 있다. 직장을 다녀야 하는 일상생활에서 아이들과 충분히 시간을 보내기란 쉬운 일이 아니다. 짧은 시간이라도 강도 높게 활용하는 게 중요하다. 아이의 입장에서 볼 때 이것이 가장 중요하다. 아이들은 아빠에게 오늘 어떤 일이 일어났는지 이야기하고 싶어 한다. 아빠의 하루는 어땠는지도 알고 싶어 한다. 아이들은 훌륭한 경청자다. 일정한 의식을 주고받는 아빠와 자녀의 관계는 건설적인 결과를 낳는다.

아빠와 아이 사이에 의식이 정해지면 매번 언제 같이 시간을 보낼지 결정하거나 새로 약속을 정할 필요가 없다는 장점도 있다. 따라서 아이는 스트레스가 줄고, 아빠가 자기를 잊지 않았다는 사실을 확인하며 안심하게 된다. 아빠의 입장에서도 마찬가지다. 둘 사이의 의식을 마련하면 다른 약속처럼 달력에 적을 필요도 없고, 또 아이와 얼마나 시간을 보내야 할지 고민할 필요도 없다. 하지만 약속은 꼭 지켜야 한다. 의식 자체가 일상화되었다고 해서 무심코 지나치면 안 된다는 뜻이다.

▬ "말이야 좋지요." 두 아이의 엄마인 마리아가 반대 의견을 내놓았다. "제 남편도 이론적으로는 동의했어요. 하지만 현실은 그렇지 못해요. 5시에 올 때가 있고, 8시에 올 때도 있고, 다음 날 4시

에 올 때도 있는 걸요." 그녀의 얼굴에 속상해하는 빛이 역력했다. "7시쯤 현관문을 열고 들어왔으면서도 아무것도 안 해요. 모든 게 다 제 몫이죠."

세 살 반 파비안의 엄마인 마누엘라도 마찬가지 사정이라고 했다. "남편은 모든 걸 말로 해결하려 들어요. 아빠는 양육 문제에 신경을 덜 써도 된다고 생각하는 모양이에요. 아이들이 어렸을 때는 엄마 책임이 더 많다는 거죠. 그게 세상 이치라나요! 자녀 문제와 가사 노동을 분담하는 신세대 남편들 기사를 읽어줘도 소용없어요." 그녀는 손사래를 쳤다. 남편이 성의를 보인 건 단 두 번뿐이었다고 한다. "파비안을 만들 때랑 태어날 때죠. 정말 그게 전부라니까요!" 몇몇 엄마가 설마 그럴 리가 있느냐고 하자 마누엘라가 조금 수정했다. "그렇담 좋아요. 매주 수요일 제가 요가하러 갈 때 잠깐 애를 봐줘요."

변화된 아빠의 역할에 대해 조사해본 결과 전체 남자 중 20~25% 정도만 직장일과 가정일에 균형을 맞추려고 노력한다고 대답했다. 아이들은 아직도 전통적인 남자, 여자의 역할이 분담되는 구조 안에서 자라고 있는 셈이다.

하지만 최근 들어 긍정적 변화가 나타나기 시작했다. 임신한 아내와 함께 분만을 준비하기 위해 출산 강의를 들으러 다니고, 아내가 아이를 출산할 때 곁을 지키는 등 아빠의 역할을 대비하는 남자들이 늘어났다. 실제로 아빠가 될 준비를 해온 아빠, 분만실에서 출산 과정에 동참한 아빠들이 아이에게 더 강한 유대감을 느끼며 자녀의 문제를 예민하게 생각하는 것으로 드러났다.

인습에 얽매이면 직장과 가정, 양쪽에서 스트레스 받는다

직장에 다니는 엄마를 둔 아이들과 모임이 있었다. 참가자들의 나이는 대개 10~13세였다. 그중 야콥이란 아이가 먼저 시원시원하게 말을 시작했다. "옛날에 우리 엄마는 온통 저한테만 관심을 뒀어요. 학교, 숙제 모조리요. 정말 끔찍했지요. 아침에 절 학교에 데려다주는 건 물론이고 학부모 위원으로도 활동하셨죠. 저는 엄마가 유령처럼 내 뒤를 따라다니며 감시한다고 생각했어요. 그런데 엄마가 일을 시작하면서부터 좀 달라졌어요. 엄마가 자신에 대해 생각할 기회를 갖게 된 게 저한테도 잘된 일인 거 같아요."

"저도 그렇게 생각해요." 야콥의 형 노베르트가 머뭇거리며 말문을 열었다. "덕분에 제가 집안일을 더 해야 하지만……. 식탁을 차리고, 세탁 뭐 그런 것들요. 어떤 때는 혼자서 밥 먹을 때도 있어요. 그런 걸 보면 옛날이 좋은 거 같지만, 전체적으로 봐서는 엄마가 일을 시작한 뒤로 집안 분위기가 훨씬 좋아졌어요. 용돈도 많아졌어요. 하지만 그건 엄마가 양심에 가책을 받아서 그런 거 같아요!"

예시카도 고개를 끄덕였다. "지금은 저도 커서 괜찮지만, 예전에는 집에 왔을 때 아무도 없으면 우울했어요. 정말 싫었어요. 그래도 지금 생각해 보면 그 편이 훨씬 나은 거 같아요. 카트린네 엄마는 집에 도착하자마자 학교생활에 대해 꼬치꼬치 캐묻는대요. 얼마나 짜증이 나겠어요! 하지만 전 엄마가 저녁에 와서 확인할 때까지 시간을 알아서 쓸 수 있거든요."

"맞아요." 예시카의 여동생 니나가 거들었다. "난 우리 엄마가 자랑스러워요. 처음 직장에 나갈 때는 할아버지, 할머니랑 직장 문제로 부딪쳤어요. 아빠하고도요. 쉽지 않았어요. 나한테 무슨 문제라도 생기면 모두 다 엄마 책임이라고 했고요. 나는 어른들이 비겁하다고 생각했어요. 그런데 언제부턴가 아빠가 엄마 일에 별 불만이 없어지는 것 같더라고요. 집안일을 돕기 시작하셨고요. 나도 결혼하면 직장에 다닐 거예요."

직장에 나가는 엄마가 자녀의 정서적, 지적 발달에 어떤 영향을 끼치는지 조사한 결과 응답자들의 반응이 매우 다른 것으로 나타났다. '아내는 집에 있어야 한다' 그리고 '엄마가 집에 없으면 아이가 엉망이 된다' 는 편견이 지배적이었다. 엄마가 집에 없는 것을 정서적 손실로 생각했으며 아이에게 부정적 영향을 미친다고 짐작했다. '열쇠를 목에 건', 방치된 아동의 이미지가 수십 년 동안 사람들의 머릿속을 지배해온 탓이다.

하지만 아이들에게는 엄마가 직장 생활을 할 경우 그 상황에 보다 건설적으로 대응할 수 있는 능력이 있는 것으로 드러났다. 물론 생산적이라는 말이 행복과 연결된다는 뜻은 아니다. 일상생활은 어떤 식으로든 어린이의 심리에 영향을 미치기 때문이다. 반나절을 일하든 하루 온종일 일하든 상관없다. 아이들 모두가 아침마다 엄마와 헤어지는 것을 즐거워하거나 기뻐하지는 않는다. 엄마가 일하느라 유치원이 끝났는데도 데리러 오지 않거나 학교에서 돌아왔는데 반겨주지 못하다면 아이들은 슬퍼한다.

그러나 엄마와 자녀의 관계가 안정적이면 엄마가 일을 한다고 해서 갈등이 일어나지 않는다. 엄마가 자신감을 갖고 성실하게 일하면 아이들은 더욱 엄마를 믿게 된다. 반대로 엄마가 직장에 다니는 것을 불안해하고 회의적으로 생각하면 아이는 엄마와 헤어지기를 두려워하고, 엄마를 일에서 떼어놓느라 눈물샘을 넓히게 된다.

▬ 3~7세의 자녀를 둔 직장 여성들과의 대화시간이었다. "이러쿵저러쿵 말들이 많지만 어쨌든 양심의 가책을 느끼는 건 사실이에요." 말리스가 말했다. "전 아이가 첫돌을 맞을 때까지 집에 있었어요. 기본적인 신뢰가 형성되는 갓난아기 때가 아주 중요하다고 들었거든요. 우리 딸 스베냐는 이제 다섯 살이에요. 그런데도 전 아직 그 애한테 무슨 문제가 생기거나 아프기라도 하면 가책을 느끼게 돼요. 1년 전부터 점포에서 일을 시작했거든요."

"저도 그 심정을 이해해요." 로자가 말을 받았다. "유치원에 데려다줄 때마다 작은애가 어찌나 슬피 우는지 가슴이 찢어지는 것 같아요. 직장 때문에 억지로 떼어놓긴 하는데, 울지 않는 애들을 보면 저 애들 엄마는 늘 같이 있어줘서 그런가 싶고. 정말 가슴이 아파요. 저랑 헤어진 다음 사라가 마음을 진정하고 노는 소리를 들으면 한숨 놓이지만 그래도 이런저런 생각이 많아져요. 어쩔 수 없어요."

그 말을 들은 베로니카도 고개를 끄덕였다. "바로 그거예요! 상반된 감정들이 문제예요. 일상생활은 그럭저럭 꾸려가죠. 남편도 많이 도와주고요. 하지만 아이한테 정신적 피해를 줄지도 모른다는 생각을 하면 가슴이 미어진다니까요."

엄마들과 대화를 나눌 때 눈에 띄는 점이 하나 있다. 대다수 엄마들이 직장과 가사의 이중 부담에서 파생되는 여러 가지 문제에 잘 대응하고 시간을 잘 분배해서 활용하지만, 유독 정서적 문제만큼은 전전긍긍한다. 직장 생활이 자녀에게 좋지 않은 영향을 미칠까 걱정한다. 일하는 엄마들은 의무와 욕구 사이에서 갈팡질팡한다. 자녀가 행복하게 성장하길 바라는 마음과 가정 밖에서 자신의 꿈과 희망을 실현시키고자 하는 욕구 사이에서 끝없이 갈등한다.

━━ 직장을 다니는 엄마가 극복해야 할 두 가지 선입견이 있다. 첫째, 직장을 다니는 엄마는 자녀에게 신경을 덜 쓴다는 주장이다. 어떤 엄마는 이렇게 말했다. "무슨 문제라도 발생하면 제가 직장을 다니기 때문이라고 생각하면서 늘 제 자신을 비난하곤 했죠." 다른 엄마가 이 말을 보충하여 설명했다. "누구나 좋은 엄마가 되고 싶어 하잖아요. 하지만 전 개인적으로 늘 아이를 걱정하고 있다는 것 자체가 이미 좋은 엄마라는 증거라고 생각해요."

전업 주부는 평균적으로 매일 여덟 시간 이상을 아이와 함께 보낸다. 직장에 다니는 엄마는 그에 못 미치는 다섯 시간 반 정도를 아이와 보낸다. 하지만 성급하게 "그럼 그렇지!"라고 반응하기 전에 우리는 전업 주부의 남편이 하루 두 시간 정도를 아이에게 투자하는 반면, 직장을 다니는 아내를 둔 남편들은 네 시간 반 이상을 아이와 보낸다는 사실을 생각해야 한다. 그 시간을 모두 합하면 엄마가 직장에 다니는 가정의 아이들 역시 적지 않은 시간을 부모와 함께 지낸다는 사실을 알 수 있다. 아이들은 부모에게도 배우지만, 친구들이나 다른 사람들에게도 많은 것을 배운다. 병아리를 품고 있는 어미닭처럼 과잉보호하는 엄마는 자녀가 다른 이들과 나눌 수 있는 시간과 공간을 너무 많이 빼앗을 수 있다. 반면 직장인 엄마를 둔 가정의 아이들은 자기 스스로에 대해 관심을 가질 기회가 늘어난다.

둘째, 엄마가 가정을 지키지 않으면 자녀가 정신적으로 위축된다는 진부하고도 끈질긴 속설이다. 엄마가 직장에 나가는 일이 아이에게 정서적으로 영향을 미칠 수 있다. 눈물을 흘리고 슬퍼하며 고통스러워하고 반항하는가 하면 수동적으로 대응하기도 한다. 하지만 다음과 같은 경우 아이들은 자신을 잘 추스르게 된다.

#. 헤어짐이 단기간에 끝날 것이라는 믿음이 있을 때. 엄마가 자리를 비우긴 해도 약속한 시간이 되면 정확하게 돌아올 것이라는 믿음이 있는 경우다.

#. 엄마를 대신해줄 믿을 만한 사람이 곁에 있을 경우. 하지만 주 양육자가 자주 바뀌면 안 된다. 아이가 불안해하고 불신하며 엄마와 더욱 헤어지지 않으려 한다.

#. 부모를 대신하는 양육자가 부모와 비슷한 방식으로 아이를 돌보는 경우. 대리 양육자는 보살핌을 바라는 아이들의 욕구와 존중받을 권리, 신체 불가침에 대한 권리를 부모처럼 지켜줘야 한다. 그런 과정을 거쳐 기초적인 신뢰가 형성될 때 아이는 그 사람을 믿게 된다.

이별의 시간이 가까워오면 아이는 슬픔에 잠겨 눈물을 흘린다. 부모가 아이를 안심시키려고 온갖 말을 다 해도 소용없다. 아이는 헤어지는 것 자체를 두려워하고 화를 낸다. 어떤 의식을 치른다 해도 이별에서 오는 서글픈 감정을 막을 길은 없다. 하지만 최소한 아이가 끝없이 절망하지 않게 할 수 있다.

#. 네 살 난 마리아는 반지 목걸이를 차고 있다. 엄마가 준 반지로 만든 목걸이다. 아이는 불안할 때마다 그 반지를 만진다.

#. 다섯 살짜리 가비는 엄마의 체취가 밴 숄을 가지고 있다. 아이는 한동안 그것을 유치원에 가지고 다녔다.

#. 여섯 살 요나단은 바지 주머니에 엄마의 머리카락을 넣어 가지고 다닌다. 마음이 불편하면 엄마의 머리카락을 만져 본다.

#. 다섯 살 시빌레는 유치원 현관문을 열고 들어가 혼자 신발을 벗고 엄마가 내주는 실내화를 신는다. 엄마가 "안녕" 하고 뽀뽀해주면 더 이상 엄마를 돌아보지 않고 교실로 들어간다.

#. 프리츠의 엄마는 옆집 부인에게 아이를 맡길 때마다 같이 동요를 부른다. 그리고 잠시 포옹해준다. 그러면 아이는 엄마에게 두 번 뽀뽀를 하고 "이젠 가도 돼요"라고 말한다.

어린이들에게는 이별 의식이 필요하다. 의식을 통해 존재의 근거와 관련된 위협적 감정을 제거할 수 있기 때문이다. 엄마와 아이는 특별한 의식을 치름으로써 이별의 슬픔을 극복하고 함께 고통에 맞설 힘을 기르게 된다. 물론 누구에게나 통하는 특효약은 없다.

아이와 헤어질 때 느끼는 고통 때문에 직장을 그만두는 경우도 발생한다. 그러나 직장을 계속 다니고자 한다면 다음 사항들을 고려해야 한다.

#. 아이들의 반응은 제각각이다. 엄마가 직장에 다니는 것을 별 문제없이 받아들이는 아이들이 있는가 하면 어떤 어린이들은 예민하게 반응한다. 때로 공격적으로 행동하거나 불안한 반응을 보이는 아이들도 있다.

#. 엄마의 직관도 중요하다. 엄마들은 저마다 개인적 환경과 일상생활을 근거로 직장에 다닐 것인지 말 것인지 결정해야 한다. 고민 끝에 엄마가 직장을 다니기로 결정했다면 가족이 지원을 해주어야 한다. 하지만 모든 결정에는 장단점이 있다는 것을 알아야 한다. 완벽한 해답은 없다.

#. 어린이는 관심을 먹고 자라는 존재다. 직장을 다니면서 뜻대로 되지 않는다 해서 아이에게 소홀하거나 아이를 희생양으로 만들어서는 안 된다. 전업 주부 역시 아이 때문에 직장을 포기했다고 해서 비난하면 안 된다. 그 경우 가족 구성원들은 엄마가 정서적으로 행복을 느끼고 마음이 안정되도록 협조하고 적극적으로 도와야 한다.

편부모가 당당하면 아이도 당당하다

혼자서 아이를 키우는 엄마인 코니가 입을 열었다. 그녀는 열한 살짜리 딸 실야가 '바보 같은 짓'만 한다며 못마땅해했다. 남자 친구, 디스코, 컴퓨터, 또래 여자 친구들만 생각한다는 것이다. "숙제라는 말만 입에 올려도 화를 내요." 그녀는 포기한 듯 고개를 저었다. "제 힘으로는 어떻게 해 볼 도리가 없네요." 잠시 머뭇거리다 그녀가 말을 이었다. "실야를 보면 자녀 양육에 완전히 실패했다는 느낌이 들어요."

"담임선생님하고 상담해 봤는데요." 니클라스의 엄마 루스가 털어놓았다. 그녀의 아들은 이제 열두 살이 되었다. "그 애가 돈을 훔쳐요. 처음에는 전혀 눈치를 못 챘어요. 액수가 적었거든요." 그녀는 심각한 표정으로 덧붙였다. "그런데 이제 학교에서도 그런 짓을 해요. 더구나 학교 수업까지 빼먹어요. 정말 위험 신호가 울린 셈이지요!"

그녀는 궁금한 것을 물었다. "담임선생님 말로는 니클라스한테 아빠 역할을 해줄 사람이 필요한 것 같대요. 아이가 맘 놓고 의지할 데가 있어야 한다는 거죠. 집안에 강력한 힘을 가진 존재가 없다는 게 문제래요."

상담을 신청한 한 부모들은 대개 엄마들이었다. 이들은 공통적으로 자녀가 문제를 일으키거나 자녀 때문에 괴로움을 겪을 때 그 원인이 혼자서 아이를 키우고 있기 때문이라고 생각한다. 또 스스로를 자책한다. '나는 아이가 정상적으로 자라는 데 꼭 필요한 도움을 주지 못했어. 부정적 결과가 나오는 건 당연해. 나는 실패자야" 라고 생각하는 것이다.

설문조사나 연구 결과를 보면 편부 혹은 편모의 가정에서 자란 아이들이라고 해서 행동에 문제가 있다거나 폭력적이라거나 책임감이 없는 게 아니다. 부모가 한 명뿐인 가정은 시대상의 변화를 반영하는 현상일 뿐이다. 독일의 경우 260만 명의 아이들이 한쪽 부모와 살고 있다. 그중 약 2/3가 엄마와 산다. 아빠들이 수입을 보조하긴 해도 엄마들은 대개 생업에 종사한다.

엄마나 아빠가 혼자 아이를 양육할 때 자신이 보다 긍정적으로 삶을 수용하면 아이들 역시 당당하고 독립적으로 상황에 적응한다. 아이가 학교에 지각하거나 숙제를 제대로 하지 않는 것은 일상생활이 불규칙하기 때문이다.

열두 살 난 막스의 엄마는 아들이 늦게 등교하는 날이 많을 뿐 아니라 아예 학교를 가지 않으려 할 때도 있다며 걱정했다. 막스는 아침잠이 많은 편이다. 엄마는 출근 시간 때문에 집에서 일찍 나간다. 막스는 알람 소리를 듣고 일어나야 한다. 하지만 종종 듣지 못할 때가 있다. 스쿨버스를 놓치고 아예 학교를 가지 않는 날도 많았다. 막스는 자기의 행동을 부끄러워하면서 동시에 반항했다. 엄마는 아들이 순조롭게 학교를 다니고 공부해주기를 원했다. 그래서 아이를 학교에 보내고 나서 직장에 나가는 것으로 일과를 조정했다. 막스는 이제 더 이상 지각하거나 결석하지 않게 되었다.

베른하르트는 숙제에 대한 스트레스를 집에 달고 오는 아이였다. 엄마는 매일 저녁 숙제를 검사할 때마다 늘 아이를 못마땅해했다. 아들에게 단어의 철자를 묻고 올빼미 눈으로 노트를 검사했으며 글씨체가 형편없다고 자주 지적했다. 숙제를 어떻게 할지 몰라 멍하니 있는 날이면 말 그대로 대폭발이 일어났다. 급기야 베른하르트는 숙제를 거부했고 엄마에게 거짓말을 하기 시작했다. 상황은 더욱 악화되었고, 교사는 엄마에게 협조를 부탁했다. 아이의 학교 성적은 눈에 띄게 떨어졌고, 집 안 공기도 냉랭해졌다.

아이가 상담실을 찾아왔다. 숙제를 언제 하느냐고 묻자 아이는 "친구 집에서요. 그 애 집에는 엄마가 계시긴 해도 그쪽이 훨씬 조용하거든요!"라고 대답했다. 내가 놀란 표정을 짓자 아이가 덧붙였다. "엄마를 보는 시간이 별로 많지 않아요. 전 엄마랑 숙제 얘기 말고 다른 대화를 나누고 싶어요. 얘기할 게 많잖아요!" 나는 엄마에게 숙제를 검사하는 방법을 바꿔 보라고 충고했다. 일단 베른하르트는 친구의 집에서 숙제를 하고 친구의 엄마가 검사를 맡아주기로 했다. 그 대신 일주일에 한 번은 아이가 직접 엄마에게 학교생활에 대해 이야기해주기로 약속했다. 그때 일주일 동안 한 과제물과 숙제를 보여주는 것이다. 이렇게 해서 상황이 훨씬 유연해졌다. 베른하르트의 엄마도 마음을 놓았다. 자기가 문제를 제대로 처리하지 못했다는 자책과 또 한 번 실패했다는 생각을 완전히 떨치지는 못했으나 한결 여유를 찾을 수 있었다. "어떤 일이든 완전히 만족하기가 힘들잖아요. 아이를 위해 쓸 수 있는 시간이 너무 적어서 속상할 따름이에요. 그래도 최선을 다할 수밖에요."

━━ 여기서 또 다른 편견이 드러난다. 엄마가 직장을 다닐 경우

집안일이나 양육에 쏟아 부을 시간과 힘이 상대적으로 부족해진다. 하지만 양적인 측면에서 어쩔 수 없다 할지라도 질적으로 강도 높은 관계를 유지하는 것은 가능하다. 직장 생활을 하기 때문에 발생하는 부족한 점들 역시 상쇄할 수 있다. 경제적 자립과 독립을 이루고 정체성과 자긍심이 강화된다. 또 가족 내에서 엄마의 위상을 높일 수 있다.

열한 살 먹은 토비아스의 엄마 카렌이 말한다. "사무실에 있으면 시간이 잘 가고 기분도 좋아요. 살아갈 힘이 나지요. 집에 돌아와 아들을 볼 때 더욱 기쁘고요. 그런데 아침에 집에서 나갈 때 아이가 절 슬프게 바라보면 온몸에서 힘이 빠져나가는 것 같아요. 아이가 주저하거나 뭔가 과잉 반응을 보이면 '난 나 혼자만 생각하는 사람인가? 모든 게 다 내 잘못이야' 하고 자책하게 돼요. 정말 지긋지긋해요!" 그녀는 말을 이었다. "전 제 직장이 좋아요. 일도 열심히 해요. 하지만 매일같이 모든 걸 혼자서 처리하는 게 힘들긴 해요. 요술지팡이라도 하나 있으면 좋겠어요."

어린이에게 좋지 않은 영향을 끼치는 것은 엄마의 직장 생활 자체가 아니라 생업과 가사일, 양육 문제까지 모두 잘해내야 된다는 스트레스다. 혼자서 아이를 양육하는 부모는 많은 일을 짧은 시간 안에 처리해야 한다는 압박감에 시달린다. 또 '아이한테 내가 필요할 때 난 거기 없잖아'라고 자책한다. 사실 시간이 부족해서 고민하고 부담을 느끼는 편부나 편모가 많다. 아이를 혼자 키워야 하는 부모들은 대개 유아원이나 어린이집 혹은 조부모에게 아이를 맡긴다. 일이 끝나면 쏜살같이 달려가 아이를 데려오고 가능한 함께 놀아주고 숙제를 검사하고 책을 읽어주며 재운다. 하지만 아이가 어릴수록 조화로운 일상을 기대하기 힘들어진다. 게다가 집안일도 해야 한다. 자신을 위한 시간을 갖거나 여가를 즐기는 것은 꿈도 꾸지 못할 일이다. 행여 부족한 게 생길까 봐 편부, 편모는 기꺼이 자신을 희생하는 것이다. 이들을 위해 몇 가지 방법을 제안한다.

#. 일상생활에 우선순위를 매겨라. 날마다 집 안을 꽝낼 필요는 없다.
#. 아이, 친구들과 함께 혹은 당신 혼자 '혼란의 날'을 정하라. 경제적인 여유가 없다고 해도 얼마든지 재미있게 살 수 있다. 하루 중 몇 시간만이라도 자유롭게 보내면 그다음엔 훨씬 생기 있게 생활할 수 있다.
#. 다른 사람과 비교하지 말라! 자기의 상황에 맞춰라!
#. 당신을 정서적, 물질적으로 지원하는 친구나 친지들과 유대 관계를 형성하고 마음을 터놓아라. 관계를 끊고 집 안에만 있다든지 긴장을 풀지 않고 직장과 육아, 가사에만 전념한다면 언제든 위기가 발생할 수 있다.

이런 조언들을 실행하기란 사실 쉬운 일이 아니다. 그러나 타인과 대화를 나누면 짐을 덜고 모든 것을 완벽하게 처리해야 한다는 부담감에서 어느 정도 벗어날 수 있다.

"전 아이들을 모두 혼자 키웠어요." 세 아이의 엄마 앙케가 말했다. "정말 힘들었지요. 이혼하기 전에도 애는 혼자 키운 거나 다름없었어요. 남편이 전혀 도와주지 않았거든요. 집에 있을 때도 잔뜩 어질러놓을 줄만 알았지 제대로 하는 게 없었으니까요. 그러다 어느 순간 더 이상 서로 맞추기가 힘들어졌고, 결국 헤어졌어요. 지금은 그저 말할 상대가 없다는 느낌 정도예요. 어쨌든 이제는 모욕적이고 기분 나쁜 싸움을 하지 않아도 되니까 마음은 편해요. 애들도 나쁜 영향을 받지 않아 좋고요." 그녀는 잠시 말을 더듬었다. "가끔 다른 남자랑 사는 걸 상상할 때가 있어요. 그렇게 되면 일을 전적으로 분담하고 싶어요. 약간의 구속이야 수용할 수 있지만! 그 남자가 제 아이들을 인정해야 하고요."

아이를 혼자 키우는 부모들은 대개 스트레스를 많이 받으면서도 자기에게 놓인 상황을 정확히 인식하고 장점을 발견한다. 그들은 위기를 극복했다고 생각한다. 또 자신의 능력이 열리고, 자의식이 성장하는 것을 경험하고, 아이들과의 관계를 안정적으로 만들어간다. 이런 태도들은 자기의 인생이 실패했다거나 그 때문에 아이가 행복을 잃었다는 생각을 극복할 때 비로소 가능하다.

이혼하더라도 언제나 사랑해줄 것을 각인시키기

스물한 살이 된 클라우디아가 말한다. "부모님이 헤어진다고 말했을 때 전 정말 세상이 두 쪽 나는 줄 알았어요. 충격이었지요. '매일 밤마다 부모님들이 다시 같이 살게 해주세요' 하고 기도했어요. 기도가 이루어지진 않았지만요!"

"전 기도뿐 아니라 제가 할 수 있는 건 뭐든 다 했어요." 도미니크가 말했다. "두 분이 헤어지는 게 혹시 나 때문은 아닌가 고민도 많이 했지요. 한 번 그런 생각을 하니 빠져나올 도리가 없었어요. 나 때문에 부모님이 싸우고, 그래서 아빠가 집을 나간 거라고 생각하니까 정말 미치겠더라고요. 얌전히 굴면 두 분이 다시 사랑하게 되지 않을까 하는 상상도 많이 했어요."

모니카도 대화에 끼어들었다. "예전에 저는 거칠고 말썽 많은 아이였어요. 부모님이 경찰서에 저를 데리러 온 적도 있으니까요. 아빠는 이미 집을 나간 뒤였죠. 아빠가 몇 시간이나 걸리는 먼 데서 절 데리러 와서 엄마 집으로 데려다주셨는데 두 분이 같이 있는 모습을 보니까 울음이 나오더군요. '드디어 두 사람이 같이 있게 됐구나' 하는 생각에 가슴이 뭉클했어요. 정말 순진했죠. 아빠가 엄마한테 온갖 나쁜 말을 퍼부으며 비난하기에 저도 엄마한테 화풀이를 했어요."

"부모님이 헤어진 지 벌써 15년이 됐네요." 스물한 살 된 크리스토퍼가 자기의 경험을 털어놓았다. "전 아무 생각도 없어요. 그냥 무덤덤해요. 처음엔 아무것도 생각나지 않고, 모든 게 다 실망스럽더라고요. 시커먼 구덩이에 빠져서 다시는 밖으로 나가지 못할 것 같았죠. '헨젤과 그레텔'처럼 혼자 버려진 것 같았어요."

"저는 좀 달라요." 동갑내기 베른트가 말했다. "아빠가 집을 나간다고 선언했을 때 전 드디어 해방이구나 생각했어요. 지금 와서 부모님이 이혼한 걸 미화하고 싶지는 않아요. 사실 그때 저는 '신경 쓰이게 만들던 싸움이 드디어 끝났구나, 이제 숨을 좀 쉴 수 있겠구나' 했어요. 두 분이 저 때문에 같이 살고 있다는 걸 진즉 알고 있었거든요. 벌써 헤어져야 했을 분들인데."

━━ 부모는 자녀에게 정서적, 물질적 욕구를 충족시키면서 안전을 보장하고 세상이 무너진다 해도 믿고 의지할 수 있는 든든한 후원자들이다. 이 같은 긍정적인 부모의 모습은 자녀에게 신뢰감을 형성해주고 독립심과 자의식을 길러준다. 부모가 이별하게 되면 아이들이 간직하던 긍정적인 이미지는 온통 뒤흔들린다. 그래서 아이들은 부모가 이별하는 것을 막기 위해 노력한다. 헤어지지 말라고 빌어 보고, 부모가 다시 함께 사는 꿈을 꾸며, 갑자기 몸이 아프기도 하고, 사고를 내기도 하고, 부모가 갈라서는 것을 자기 탓으로 돌리기도 한다. 하지만 이따금 부모의 이혼을 해방으로 여기는 자녀도 있다.

자녀 때문에 이혼을 미루고 함께 사는 부모들도 많다. 또 자녀가 변화한 상황에 적응할 수 있을 만큼 자랄 때까지 기다리는 사람도 있다. 어느 정도 나이가 들면 부모의 마음을 헤아려줄 거라고 생각하기 때문이다. 하지만 그것은 궤변에 불과하다. 부모가 서로 이해하지 못하고 일상생활에서 줄곧 차이를 드러내면 자녀들은 이 사실을 정확하게 감지한다. 지나치게 얌전한 태도를 취하거나 슬퍼하고 퇴행 현상을 보이기도 하며 공격적으로 변하기도 한다. 이런 행동은 모두 과제에서 해방되길 원하거나 부모와의 관계를 더욱 공고히 하길 바라는 마음이 표현된 것이다.

아이들은 어떤 상황에 부딪쳤을 때 자기가 무슨 역할을 해야 할지 정확하게 안다. 헤어진 부모라 할지라도 자녀가 볼 때는 여전히 엄마, 아빠다. 같이 살든 헤어져 살든 자녀의 양육을 책임질 부모라는 점은 변하지 않는다. 환경이 달라지더라도 여전히 사랑하고, 보호해줄 거라고 분명하게 각인시켜준다면 아이들 역시 극복하는 법을 배우게 된다. 물론 고통이 따르지 않는 이별은 없다. 헤어짐에는 고통과 슬픔, 눈물이 따르게 마련이다.

부모가 헤어질 무렵 알렉산더는 겨우 여섯 살이었다. 처음에는 별다른 증상이 나타나지 않았다. 전보다 조용해졌을 뿐이다. 하지만 날이 갈수록 아이는 무기력해졌다. 주위 사람들은 아이를 예전 상태로 돌려놓기 위해 노력했지만 소용없었다. 부모는 가능한 파장을 줄이고자 조용히 헤어지려고 노력했다. 알렉산더는 그 슬픔을 혼자 안고 살았다. 약 반년이 지난 뒤 부모에 대한 아이의 실망감은 파괴적인 행동으로 나타났다. 다른 아이들을 때리고 물건을 부수었다.

양육자가 특별히 주의를 기울이고 신경을 썼지만, 알렉산더의 행동은 수그러들지 않았다. 아이는 사람들이 자신을 무시한다고 생각했다. 계속 말썽을 피웠고 경계를 침범했다. 알렉산더의 엄마는 자기에게 모든 책임이 있다고 생각하고 아이를 설득하려 했지만, 오히려 공격의 목표물이 되었다. 마침내 엄마가 화를 내며 거의 정신을 잃을 때쯤 알렉산더가 외쳤다. "엄마는 날 사랑하지 않아! 난 엄마를 사랑하는데!"

알렉산더는 집에서 나간 아빠를 우상화했다. 완벽하고 멋진 대상으로 떠받들기 시작했다. 어느 날 모든 상황이 돌변했다. 아이가 아빠를 조정해서 엄마에게 싸움을 붙인 것이다. 자기가 원하는 것을 얻지 못하면 다음엔 아빠를 찾아가지 않았다.

그러는 동안 알렉산더는 열두 살이 되었다. 상황은 보다 안정되었다. 아이는 양쪽 부모와 적당히 거리를 둘 줄도 알게 되었고, 친밀감을 유지하는 법도 배웠다. 자연스럽게 이별하는 법과 타협하는 법도 깨우쳤다. "엄마, 아빠는 왜 둘이 같이 어려움을 이겨내지 못했을까, 왜 함께 살지 못할까 생각하면 지금도 슬퍼요. 하지만 이젠 좋은 면만 보려고 해요. 아빠랑 같이 있을 때면 내가 독차지할 수 있으니까요. 지금은 엄마랑 같이 살아요. 엄마가 예전처럼 아빠 때문에 스트레스를 받지 않으니까 분위기는 더 좋아졌어요. 옛날에는 또 두 분이 싸우면 그게 다 내 탓이라고 생각했는데 지금은 그럴 일도 없어요."

━━ 마레이케의 경우는 조금 달랐다. 아이의 아빠는 마레이카가 열세 살 때 집을 나갔다. 아이는 방에 틀어박힌 채 그 누구와도 말하지 않았고, 외부와 단절했다. 외부 사람은 물론 엄마조차도 받아들이지 않았다. 철저하게 외부 사람을 배격하던 태도는 열일곱 살이 될 때까지 계속되었다. 여자 친구 둘만이 유일한 대화 상대였다. 아이는 10대 취향의 소설에 빠졌고, 할리우드 영화를 보러 다녔다. 부모는 걱정이 태산이었다. 마레이케는 아빠를 보러 가긴 했지만, 둘 사이의 관계가 좋아지지 않았다.

마레이케는 약 3년 반이 지나서야 말문을 열었다. 그러나 상황은 부모가 기대했던 것과 전혀 달랐다. 엄마에게 공격적으로 행동했고, 더 이상 아빠를 만나러 가지 않았다. 약속 날짜를 지키지 않았고 엄마도 돕지 않았으며 걸핏하면 욕을 했다. 필요한 것이 있을 때만 겨우 입을 열었고, 엄마와 의견이 어긋나면 아빠에게 가버리겠다고 협박했다.

시간이 흘러도 문제가 해결되지 않자 이들 가족은 중재자에게 도움을 요청했다. 먼저 아빠가 4주 동안 딸을 데리고 있겠다고 제안했다. 그렇게 하면 마레이케는 다니던 학교에 갈 수 있고, 근처에 사는 친구들과도 자주 만날 수 있었다. 2주 뒤 아빠를 도와야 할 일이 많아지자 마레이케는 다시 엄마에게 돌아가겠다고 우겼다. 그러나 약속 기간이 4주였으므로 아이는 어쩔 수 없이 남은 시간을 아빠의 집에서 보내야 했다.

반년 쯤 시간이 흐른 뒤 긴장의 강도가 더욱 높아졌다. 마레이케가 선물로 받은 휴대폰을 마구 사용한 나머지 첫 달 요금으로 1,000유로가 청구된 것이다. 지불할 능력이 없었던 마레이케는 결국 경고장을 받았다. 아이가 법원에 불려 갈 처지에 놓이자 부모는 빚을 청산해주는 대신 아이에게 집안일을 돕게 했다. 마레이케는 마지못해 동의했고, 그 후 상황이 조금씩 진정되었다. 이제 마레이케는 스무 살이다. 그녀는 집에서 독립할 계획을 세우고 직업 훈련을 받기 시작했다. 아빠를 만나러 가는 시간을 융통성 있게 조절하되 반드시 1년에 한 번 아빠와 휴가를 가기로 했다. 그러는 동안 엄마와의 관계는 정상으로 돌아왔다. 마레이케는 지금 아빠가 대주는 생활비에서 일부를 엄마에게 드린다.

성장기에 있는 아이들은 부모가 이별한 상황에 다양하게 반응한다. 이는 아이들의 나이, 기질, 발달 단계에 따라 다르다. 부모가 헤어지는 방식과도 관계가 있다. 아이들은 사실 부모의 이별 그 자체보다 헤어지는 방식에 부담을 느낀다.

#. 눈에서 멀어지면 마음에서도 멀어진다는 말을 믿고 집에서 나가는 배우자와 접촉을 끊게 하려고 애쓰는 부모들이 있다. 이는 잘못된 판단이다. 아이가 엄마, 아빠를 모두 만나기 원한다면 충분히 배려해야 한다.

#. 같이 살던 한쪽 부모를 깎아내리는 것은 좋지 않다. 아이가 어느 쪽에 충성을 바쳐야 하는지 갈등하고 고민하기 때문이다. 과거의 배우자가 아이와 함께 하는 일이나 행동을 폄하하거나 헤어진 배우자가 아이에게 관심을 덜 갖는다고 비판하는 것도 옳지 않다.

#. 자녀는 헤어진 부부의 소식통이 아니다. 양쪽의 의사를 전달하는 심부름꾼도 아니다. "아빠가 뭐라고 하든?", "네가 ……면 엄마는 뭐라고 말하니?" 같은 질문을 피하라. 자녀는 과거 배우자의 현재 삶을 보고하는 스파이가 아니다.

#. 다른 배우자를 방문하는 권리는 위기에 처한 어린이에게 약간이나마 위안이 된다.

#. 자녀는 한쪽 부모의 대체물이 아니다. 외로움을 달래려고 아내나 남편 대신 아이를 끼고 자는 것은 부담만 줄 뿐이다. 이제 막 사춘기에 접어든 아이를 자기의 모든 것을 털어놓을 수 있는 대화 상대로 여기는 것도 곤란하다. 이별에 대한 감정을

나누고 싶다면 다른 대화상대를 찾아야 한다.

#. 이유가 불분명한 이별은 아이에게 큰 부담이 된다. 아이가 왜 헤어졌느냐고 물을 때 분명하게 대답하지 못하거나 배우자 중 한쪽이 집에 들어오고 나가는 행동을 반복할 때, 또 아이에게 다른 배우자와 만나는 것을 금지하거나 부부 싸움에 끌어들일 때 아이들은 불안해한다.

헤어져 사는 부모와 정확하게 만날 수 있도록 배려해주면 아이는 신뢰와 안정을 구축한다. 2주에 한 번 주말에만 만나게 한다든지 주중 하루를 정하되 오후 시간만 허락한다면 만남을 기다리는 아이는 경직될 수 있다. 그러므로 날짜를 정하지 않고 융통성 있게 시간을 조정하는 것이 좋다. 방문권과 관련된 의식은 안정을 의미한다. 생텍쥐페리의 『어린왕자』를 보자. 여우는 왕자가 언제 다시 자기를 찾아올지 궁금해한다. 기다리는 시간을 즐겁게 보내고 싶기 때문이다. 여우는 이렇게 말한다. "네가 아무 때나 오면 내 마음이 언제부터 좋아해야 할지 모르잖아." 아이가 방문 의식을 신뢰하고 익숙해지면 좀 더 융통성을 발휘해도 좋다. 이때 다음 세 가지 관점을 중시해야 한다.

#. 방문하는 아이를 맞이할 부모 측은 가능하면 평상시처럼 행동해야 한다. 아이와 함께 대화하고 보통 때처럼 노는 것이 호들갑을 떨며 놀이공원을 방문하는 것보다 중요하다. 또 아이가 한 공간을 자기만의 장소로 지정할 수 있도록 하라. 그

곳에 좋아하는 장난감들을 두면 아이는 훨씬 마음을 놓는다.

#. 아이가 안절부절못하거나 반항해도 너그럽게 받아들여라. 어른들은 자녀가 다른 한쪽 부모를 찾아가는 데 스트레스를 받는 것 같으면 차라리 방문을 그만두게 하는 게 낫지 않을까 생각한다. 이것은 아이를 우습게 보는 처사다. 아이들에게는 고통스러운 이별일지라도 극복해내는 힘이 있다. 반대로 아이가 집에서 나간 부모를 보고 싶어 하지 않는 경우도 있다. 이때는 아이, 상대편 배우자와 미리 이야기를 나누고 다른 방법을 강구해야 한다.

새로운 상황에 적응할 때까지 과도기 의식을 마련하거나, 상대편 배우자에게 갈 때 익숙한 물건을 들려 보내는 것도 좋은 방법이다. 또 정신적인 안정감을 잃지 않도록 전화해주는 것도 좋다. 그러나 부모의 뜻을 관철시키기 위해 무엇인가를 강제로 요구하거나 윤리와 도덕의 잣대로 아이에게 압력을 행사하면 안 된다.

#. 부부 사이의 갈등이 해결되지 않아 방문 의식이 제대로 이루어지지 않으면 조금 특별한 과도기 의식을 마련해 보라. 아이를 방문할 부모에게 데려다주고 데려 오는 일을 중재자에게 맡길 수도 있다. 배우자들끼리 상대방에게 아이를 넘겨주면서 다툰다면 자녀는 스트레스를 받고 정서적으로 위축된다. 나중에는 아이가 자기감정을 솔직하게 겉으로 드러내지 않고 아예 은폐할 수도 있다. 예를 들어 2주 만에 아빠를 만난 아이는 당연히 기뻐하면서 포옹을 한다. 엄마는 아이가 전 남편

을 마음껏 포옹할 수 있도록 허락해야 한다. 도저히 그런 행동을 용납하지 못하겠다면 다른 방법을 강구해서라도 아이가 방해받지 않고 아빠를 만날 수 있도록 배려해야 한다.

이별은 고통을 주고 헤어짐은 아픔을 준다. 헤어졌다 하더라도 부모는 아이들에게 여전히 엄마고 아빠다. 아이는 두 사람이 처음 선택한 사랑의 결과다. 그러므로 부모는 아이의 행복을 위해 최소한의 사랑을 유지할 책임이 있다. 환경이 달라졌다 해서 원칙까지 변하면 안 된다. 헤어진 배우자 역시 아이에게 존중받고 관심의 대상이 될 수 있는, 부모로 인정받을 권리가 있다. 계속해서 헤어진 배우자를 깎아내리면 아이는 갈등에 휩싸이고 점점 더 부모가 이별한 상황에 타협하기 힘들어진다.

아이는 엄마와 아빠가 헤어진다 하더라도 여전히 두 사람 모두를 좋아한다. 부모는 아이의 이런 감정을 파괴할 권리가 없다. 부모 중 한 사람이 가족에게서 분리되어 전 아내나 남편 혹은 아이에 대한 관심을 끊을 때도 이 점을 명심해야 한다. 아무리 늦어도 사춘기 정도 되면 아이들은 다른 쪽 부모를 찾아 나서게 마련이다.

삶의 일부분인 죽음, 상실, 이별을 숨기지 마라

다섯 살 반 베니는 유치원생이다. 나는 아이가 다니는 유치원에 여러 번 방문한 적이 있는 터라 안면이 있다. 어느 날 아이가 나에게 달려와 안기며 말했다.

"우리 할아버지가 돌아가셨어요." 내가 위로의 말을 건네자 아이가 대답했다. "조금 슬퍼요!" 잠시 뜸을 들이던 베니가 돌연 나를 쳐다보고 말했다. "할아버지는 나빠요. 나한테 통나무 굴을 지어준다고 약속하셨단 말이에요." 베니는 고개를 흔들었다. "통나무 굴 말이에요!"

내가 몸을 일으켜 세우려고 하자 베니가 나를 꽉 붙잡으며 물었다. "아저씨, 엄마가 그러는데 할아버지는 하늘나라로 가셨대요. 아저씨도 그 말 믿어요?" 나는 고개를 끄덕였다. 베니가 빙긋 웃었다. "나도 믿어요!" 그러더니 뭔가 의심쩍다는 눈초리로 다시 물었다. "아저씨, 우리 할아버지가 하늘나라에서 잘 지내고 계실까요?"

"넌 어떻게 생각하니?" 내가 되묻자 아이가 자리에서 일어나며 대답했다. "그럼요, 잘 계실 거예요!" 나는 아이의 생각이 궁금해졌다. "그래? 어떻게 계시는 것 같은데?" 베니가 활짝 웃으며 대답했다. "이제 소주를 마실 때마다 할머니한테 혼나지 않아도 되잖아요."

다섯 살짜리 미리암이 주방에 있는 엄마에게 다가와 물었다. "엄마도 죽어?" 엄마는 딸을 흘깃 쳐다보았다. "그게 무슨 소리야?" 미리암은 엄마의 말을 귓등으로 흘려버리고 또다시 물었다. "엄마도 죽느냐고?" 엄마는 딸의 곁으로 갔다. "너 뭐 안 좋은 일 있었니?" 미리암은 여전히 진지했다. "엄마도 죽을 수 있어?"

엄마가 왜 그런 걸 알고 싶어 하냐고 묻자 미리암이 고개를 흔들며 대답했다. 여섯 살짜리 친구인 로만이 엄마와 죽을 수 있는지 없는지에 대해 토론을 했다는 것이다.

엄마는 "로만이 뭐라고 했는데?" 하고 물었다. 미리암은 "걔네 엄마는 안 죽는다고 했대. 하지만 로만은 그 말이 맞는지 틀리는지 잘 모르겠대, 엄마" 하고 대꾸했다. 아이의 눈빛은 진지했다. "죽는다는 게 무슨 뜻이야, 엄마?" 미리암은 몹시 혼란스러운 모양이었다. "엄마도 죽어? 솔직하게 말해줘." 엄마는 총을 한 방 맞은 기분이었지만 "그래!" 하고 대답해주었다.

"그래도 빨리 죽지는 않는 거지?" 미리암은 흥분한 것 같았다. "그럼, 내 생각에 엄마는 아주 오래 살 것 같아." 아이가 다시 말했다. "엄마가 죽고 나면 엄마 침대를 내 방에 놓고 써도 될까?" 엄마가 깜짝 놀라 물었다. "그건 또 무슨 소리야?" 딸이 고개를 들고 엄마의 눈을 쳐다보며 대답했다. "엄마 침대가 내 침대보다 훨씬 푹신하거든. 내가 그걸 갖고 싶어!"

엄마가 그래도 된다고 말하며 다정하게 안아주자 미리암은 활짝 웃으며 일어났다. 그러더니 "로만한테 가서 니네 엄마가 거짓말한 거라고 말해줄래요."

▄▄▄ 위에서 보듯 아이들 역시 죽음에 대해 생각하고 나름대로 관점을 갖는다. 동시에 이에 반응하는 어른들의 불안도 관찰한다.

실제로 죽음을 경험하든 그렇지 않든 아이들은 다섯 살에서 여섯 살 사이에 이르면 죽음에 대해 생각하고 묻기 시작한다. 이런 관심은 어린이가 얼마나 성숙했는지에 따라 다르다. "나는 어떻게 태어났어?", "난 어디서 왔어?"에서 시작된 아이의 궁금증은 "나는 어디로 가?", "엄마도 죽어?" 등으로 이어진다.

그러나 예닐곱 살 정도의 아이들에게는 죽음이 완전한 끝을 의미하지 않는다. 죽음의 범위를 정확하게 모르기 때문이다. 그래서 아이들은 아무런 두려움 없이 그런 질문을 한다. 문제는 불안감이 내포된 어른들의 대답이다. 아이들은 그들의 대답에서 불안을 엿본다.

아이들은 대개 검은 옷을 입은 남자, 어두움, 밤, 질병, 부상, 고통 등을 죽음과 관련지어 생각한다. 죽음과 슬픔, 신과 하늘에 대해 아이들이 의문을 갖는 것은 지극히 정상적인 일이다. 반면 어른들은 죽음과 관련된 주제를 회피하거나 거부하고 그런 질문을 받으면 부담감을 느끼는 경우가 많다. 하지만 어른들이 삶의 일부분인 죽음을 감추고 덮어놓을수록, 그에 대한 답변이 모호할수록 아이들은 자신뿐 아니라 가까운 어른들 모두 홀로 버려질 거라는 생각에서 헤어나지 못한다. 사실 아이들은 죽음에 대해 질문하면서 삶의 핵심적 의미를 알고자 하는 것이다.

아이들은 죽음을 이별과 관련지어 생각한다. 이별이나 헤어짐 속에는 죽음이 지닌 의미인 '끝'이라는 요소가 포함되어 있기 때문이다. 자의식과 정체성을 확보하고 난 뒤 '혼자서 할 수 있다'고 생각하거나 '난 더 이상 부모가 필요 없어' 하고 느끼는 것 역시 이별, 헤어짐과 관련이 있다.

죽음이 갖는 상징성과 죽음이란 단어에 연상되는 여러 가지 그림을 포함하지 않은 삶이란 가난하고 불완전하다. 어린이는 본능적으로 그것을 느낀다. 이들은 현실의 양극성을 느끼면서 삶을 완전하게 경험하는 것이다. 삶에는 죽음이 포함되어 있다. 건강의 이면에 질병이 있고, 행복과 슬픔은 동전의 양면 같은 것이며, 실패와 승리 또한 불가분의 관계이고, 노력 없이는 축제가 즐겁지 않다는 것, 밤이 지나면 아침이 온다는 사실, 갈등과 화해 역시 맞물려 있다는 것을 아이들은 성장하면서 자연스럽게 깨우쳐간다. 이런 과정을 통해 아이들은 죽음이 끝을 의미하는 것이 아니라고 느끼게 된다.

━━ 모순적인 감정에도 불구하고 자녀가 죽음과 슬픔에 대해 질문을 할 때 어른들이 건설적인 관점에서 대답해줄 수 있는 길은 얼마든지 있다. 가족이나 친척들 중 누군가 죽었을 때 아이들은 나이에 따라 다르게 받아들이고 다르게 질문한다. 아이들은 성장하면서 신체에 대한 자의식을 형성한다. 신체가 지니는 힘과 능력을 의식하게 된다. 하지만 어른에 비해서 자기가 아직 약하고 작은 존재라는 것도 알게 된다.

아이들은 서서히 시간을 의식하게 되고 어디서 와서 어디로 가는가 생각하기 시작한다. 그러면서 긴장감이 싹튼다. 이런 감정은 아이들에게 불안을 의미하는 동시에 지식욕과 호기심을 불러일으킨다.

아이들이 죽음에 대해 생각하고 묻는 것은 성숙의 징표다. 아이들은 관심 분야가 확대될수록 이제까지 알고 있던 지식에 만족하지 못한다. 변화된 상황을 받아들이고 이해하며 현실에 접근할수록 또 다른 질문을 하게 된다. 한편으로 아이들은 확실하고 신뢰할 수 있는 안정감을 얻기를 바란다. 뭔가 불안하고 두려움을 주는 문제에 대한 답을 요구하는 동시에 보살핌과 유대감에 대한 욕구도 버리지 못하는 것이다. 이 같은 정서적 기초가 다져진 뒤에야 비로소 아이들은 이제까지와 다른 새로운 경험을 자연스럽게 받아들이게 된다.

요즘 아이들은 일찍부터 사회적, 경제적 문제와 위기 상황을 경험한다. TV 등의 대중매체가 재앙을 보도하면 아이들은 비록 그 상황을 정확하게 이해하지는 못할지라도 그 때문에 발생하는 불안, 특히 이별에 대한 두려움을 느끼게 된다. "우리한테는 저런 일이 일어나지 않을 거야.", "무서워할 필요 없어!", "그런 상상 하지 마!"라고 대답해도 소용없다. 별로 도움이 되지 못할 뿐더러 '우리 엄마, 아빠도 별수 없구나' 하는 생각만 들기 때문이다.

아홉, 열 살 먹은 아이들은 재앙이나 사고 소식을 들을 때 제 거와 이별에 대한 두려움을 더욱 강하게 느낀다. 그러므로 부모는 적절한 대답을 하고 아이들을 안심시켜 주어야 한다. "그런 일은 우리한테도 일어날 수 있어. 하지만 내가 지켜줄 테니 걱정하지 마" 하고 아이에게 믿음을 심어주어야 한다.

제2차 세계대전이 발발하고 폭격이 난무했을 때 아이들이 어떤 행태를 보였는지 참고한다면 아이들의 두려움을 더 쉽게 이해할 수 있다. 폭격을 받았을 당시 엄마가 옆에 있던 어린이들은 혼자서 그 끔찍한 상황을 견뎌야 했던 아이들보다 악몽의 기억이 훨씬 적었다고 한다.

죽음을 주제로 한 대화는 아이가 먼저 이야기를 꺼냈을 때 시작하는 게 좋다. 그런 이야기를 외부에서 먼저 전달하려 들면 아이들은 정서적인 부담을 느낀다. 아이들이 그런 질문을 할 경우 어른은 우선 아이가 궁금해하는 게 무엇인지 핵심을 정확하게 짚어내야 한다. 확실하게 파악하지 못했으면 간단히 되물어 질문의 의미를 알아내는 것도 좋다.

"내가 죽으면 어떻게 돼요? 장례식을 멋있게 해줄 건가요?" 여덟 살 난 시빌레의 질문에 아빠가 미소를 지으며 대답했다. "우리 아들은 아주 오래 살 것 같은데. 아주아주 오래. 그건 그렇고 시빌레는 장례식을 어떻게 해주면 맘에 들 것 같니?"

할머니가 하늘나라로 가셨다는 엄마의 말을 들은 일곱 살짜리 요하네스가 물었다. "할머니가 계신 하늘나라는 어떻게 생겼어요?" 요하네스는 궁금해했다. "어떻게 생겼다니 그게 무슨 뜻이야?" 엄마가 거꾸로 아이에게 질문했다. 요하네스는 잠시 생각하다가 자기가 생각하는 바를 말했다. 이처럼 거꾸로 물어보면 아이의 상상과 환상을 알 수 있고, 아이는 부모가 자신의 말을 진지하게 받아들이고 있다고 느낀다. '내 질문을 어른들이 진지하게 생각하는구나. 이런 걸 물어봐도 무시당하지 않고, 어리다고 야단치지도 않는구나' 하는 긍정적인 감정을 경험한다.

물론 대답하기 곤란한 상황도 있다. 전혀 예상하지 못한 질문을 받고 놀랄 수도 있고, 부모 스스로 깊은 충격을 받은 상태라 선뜻 대답하기 어려울 수도 있다. 어떤 어른들은 그런 질문을 받고 '대답을 잘해줘야 해'라는 부담감을 느끼기도 한다. 그래서 본인도 모르게 그런 느낌을 아이에게 전달하게 된다. 그런 경우 다음과 같이 대답하는 것이 좋다. "지금은 바로 대답할 수 없겠는 걸? 나중에 시간을 내서 같이 얘기해 보자."

부모나 교육자 가운데는 죽음에 대한 아이들의 질문을 회피하는 사람이 있는가 하면 '기회는 이때다' 하고 생각하는 사람도 많다. 이들은 어린이가 받아들이기 어려운 정보나 별로 듣고 싶어 하지 않는 문제들까지 다양하게 제공한다. 하지만 이런 과도한 설명은 정서적으로 충분히 준비되지 않은 아이들에게 환상과 상상을 불러일으킨다. 아이를 받아들인다 함은 아이를 신뢰한다는 의미다. 당장 모든 문제를 해결하려 들지 말고 더 궁금한 것이 생길 경우 나중에 다시 물어 봐도 된다고 하면서 아이를 안심시켜야 한다.

어른들은 아이의 질문에 다음과 같이 대답할 수 있다. "더 알고 싶으면 언제든 물어 봐도 좋아." 확실하고 진실한 정보는 중요하다. 하지만 대화를 나눌 때 느끼는 정서적, 신체적 친근감 역시 중요하다. 고통스럽고 슬픈 감정을 막아줄 수는 없겠지만 아이에게 혼자가 아니라는 믿음을 줄 수 있기 때문이다.

── 아빠가 갑자기 돌아가시자 열 살짜리 클라우스는 충격에 휩싸였다. 아이는 훌쩍이면서 어느 누구도 가까이 오지 못하게 했다. 외부 환경에 전혀 반응하지 않았고, 자기감정도 드러내지 않았다. 하지만 학교생활은 정상적으로 해나갔다. 숙제도 열심히 했다. 혼란스러운 가운데 그나마 학교생활은 정상을 유지했다. 아이는 이따금 특별한 일 없이 웃음을 터뜨리기도 했고 명랑한 척했다.

반년 쯤 시간이 흐른 뒤 클라우스는 아빠에 대한 분노를 표현

했다. 거의 증오에 가까웠다. 그는 이렇게 소리쳤다. "아빠가 죽은
건 잘된 일이야!" 그러다 끝없이 울기도 했다. "아빠는 왜 벌써 죽
어서 날 혼자 남게 했어?" 격렬한 감정은 몇 주 동안 폭발했다. 그
뒤 클라우스는 다시 목석이 되어 내면으로 침잠했다. 며칠 뒤 아이
가 아빠의 잠옷을 입고 자도 되느냐고 물었다. 또 아빠가 쓰던 배
낭을 책가방으로 쓰고 싶다고도 했다. 그러면서 아이는 조심스럽
게 아빠에 대해 이야기를 해달라고 졸랐다. 가끔 아빠를 그리워하
는 마음을 드러내기도 했다. "내 생일을 아빠가 축하해주셨으면
좋을 텐데요."

클라우스는 자주 아빠가 묻힌 곳을 찾아갔다. 클라우스의 엄
마는 아이가 자기도 죽어버렸으면 좋겠다고 생각하는 것 같더라고
말했다. 그러다 충격적인 일이 발생했다. 열두 번째 생일 날 클라
우스가 아빠의 무덤에서 길길이 뛰며 소리를 질렀던 것이다. "아빠
는 우리를 버렸어! 아빠는 나쁜 사람이야! 왜 우리를 버린 거야?"
아이는 걷잡을 수 없이 화내고 소리를 질러대다가 결국 무덤 위에
쓰러지고 말았다. 그다음부터 클라우스는 아빠를 우상화하기 시작
했다. 아빠의 사진을 다섯 장 정도 추려서 자기의 방 벽에 붙이고
는 아무도 만지지 못하게 했다.

열네 살 되던 날 아침, 아이는 방에 붙여 놓았던 아빠의 사진
들을 가져와 식탁 위에 펼쳐놓았다. "엄마가 보관하세요. 나한테는
아빠 배낭이 있고 작은 사진도 있으니까 됐어요!"

엄마가 놀라면서 "어디?"에 하고 물었다. 클라우스는 씩씩한
음성으로 "여기, 내 가슴속에요!" 하고 대답했다.

━━━ 슬픔과 죽음을 받아들이고 반응하는 방법은 사람마다 다르다. 그 과정은 대개 몇 단계로 나누어지는데 연달아 이어지지 않고 겹치거나 반복되기도 한다.

#. 사실을 수용하지 않고 거부하는 단계. 아이는 누군가 죽었다는 사실을 받아들이지 않고 거부한다. 아이가 느끼는 고통이 끝나지 않았거나 여전히 부담스러울 때 사실을 있는 그대로 받아들이기를 거부하는 것이다. 이때 다양한 종류의 방어기제가 작용한다. 다른 때보다 명랑하게 행동하고 의견을 제시하기도 한다. 반대로 어떤 아이들은 스트레스를 많이 받거나 대수롭지 않은 일에 화를 내고 가슴 아파하기도 한다. 마음 속 고통이 몸에 나타나는 경우도 종종 있다. 또 어떤 아이들은 침묵하며 덮어두거나 화제를 돌린다. 학습 장애를 일으키고 만성질환을 일으키는 아이들도 있다. 퇴행성 역시 방어기제의 하나다. 우울한 놀이를 하거나 동물을 괴롭히는 아이들도 있다.

#. 죽은 사람을 우상화하는 단계. 죽은 이를 떠올릴 수 있는 물건에 의미를 부여하고, 그것을 통해 죽은 사람을 회상하며 함께 보냈던 아름다운 시간을 떠올린다. 나이가 어릴수록 죽은 사람과 일체가 되고 싶어 하는 욕구가 강하다. 죽은 사람이 남긴 옷을 입거나 같은 직업을 가지려고 한다. 이 시기의 아이들은 정체성이 확립되지 않았기 때문에 그 같은 행동이 장애 요인으로 작용할 위험도 있다.

#. 우상화와 평가 절하가 뒤섞이는 단계. 혼자 남겨졌다는 분노가 고통과 혼재된다. 죽은 사람을 부정하는 언행들은 아이가 작별을 준비하고 있다는 증거다. 슬픔을 극복하는 과정에서 너무 빨리 우상화가 진행되면 떠난 사람을 마음에서 정리하기가 어려워진다. 죽음을 현실적이고 사실적으로 수용할수록 죽은 사람을 잊고 새로운 단계로 나아갈 수 있다. 슬픔을 극복하는 데는 고통이 따른다. 그 과정에서 아이들은 정신적 변화를 겪고 많은 에너지를 쏟아낸다. 따라서 어른들은 아이가 슬픔을 이겨낼 수 있도록 충분히 시간을 주고 지켜보아야 한다.

슬픔이 어떤 식으로 진행되는지 정확하게 예측하는 것은 불가능하다. 그러나 아이들은 마지막 단계에서 죽은 사람을 전과 다르게 받아들인다. 그렇다고 슬픔이 끝나는 것도 아니고, 상처가 사라지는 것도 아니다. 다만 아이는 죽은 사람과 성숙한 관계를 맺을 수 있게 된 것뿐이다. 어른들은 일상생활을 통해 어떤 식으로 상처를 극복하고 살아가야 하는지 보여주면서 아이의 모범이 되어야 한다.

죽음, 상실, 이별은 어린이가 수용하기 힘든 사건이므로 아이들이 슬픔과 고통을 느끼는 것은 당연하다. 아이가 어리기 때문에 가능하면 그런 고통을 겪지 않게 하고, 그 같은 감정들을 피해갈 수 있도록 지도해야 한다고 생각하는 어른들이 많다. 물론 고통과 슬픔은 아이 혼자 감당하기에 버거운 경험이다. 눈물과 울음을 동반하는 것도 사실이다. 하지만 그런 감정이 아이들을 유약하게 만드는 것은 아니다.

아이가 그런 경험을 하지 못하게 원천적으로 봉쇄하려는 태도는 현실을 속이는 것이다. 철학자 바흐오펜은 이렇게 말했다. "죽음의 제국은 탄생과 더불어 시작된다." 아이들은 이것을 느낀다. 어린이는 철학자인 동시에 놀이와 의식을 통해 복잡하고 추상적인 문제를 구체적으로 밝혀내는 연구자다. 때로 아이들은 아주 생소한 길을 간다. 어른들이 놀라워하며 숨을 멈춰 버리기도 하는 길을.

—— 죽음과 슬픔이 격렬한 감정을 불러일으킨 다는 데는 이견의 여지가 없다. 죽음과 슬픔을 받아들이고 극복하는 과정은 아이마다 다르지만, 어른들이 확실하게 행동한다면 건설적인 경험이 될 수 있다.

#. 아이들은 자신이 보호받고 있으며 안전하고 부모와 긴밀하게 연결되어 있다고 느낄수록, 그리고 전체 상황에 대한 믿음이 클수록 자기가 진실하게 받아들여진다고 확신한다.
#. 아이들은 대개 놀이와 의식을 이용해서 개념을 파악하기 어려운 문제를 다루려고 한다. 자기만의 놀이와 의식을 통해 극복하기 어려운 감정들을 드러내 보고, 또 이를 다양하게 연출하면서 생각할 기회를 갖는 것이다.
#. 죽음이나 슬픔, 이별에 대해 질문을 받는다면 아이가 머릿속으로 그림을 그릴 수 있도록 상황을 설명하라. 아이들에게는 확실한 정보가 필요하다. 신중하되 지나치게 자연스럽게 행

동하려고 애쓸 필요도 없다. 객관적이고 정확한 정보라 해도 아이들의 수준에 맞지 않을 수 있다. 어린이의 눈높이와 발달 단계에 맞는 것만이 올바른 정보다. 아이들에게 필요한 것은 부모의 진심 어린 지원과 부모가 곁에 있다는 확신이다.